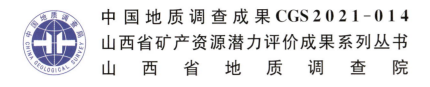

中国地质调查成果 CGS 2021-014
山西省矿产资源潜力评价成果系列丛书
山西省地质调查院

山西省典型矿床及成矿规律研究

SHANXI SHENG DIANXING KUANGCHUANG JI CHENGKUANG GUILÜ YANJIU

陈志方　侯占国　姚卫平　郭国海　李亮玉
任建勋　张　瑞　叶　枫　赵景勋　杨云亭　等编著

内容简介

本书是"全国矿产资源潜力评价"项目之"山西省矿产资源潜力评价"子项目研究成果系列丛书之一,是在完成的煤炭、铁、铝土矿、铜、金、银、锰、铅、锌、钼、硫、磷、萤石、重晶石、稀土等15个矿种资源潜力评价及全省重要矿种区域成矿规律研究基础上汇集而成。书中对山西省矿产资源现状、地质工作程度进行了概述,将共伴生矿种铜和钼、铅和锌、铝和稀土作为矿组一并进行了叙述。除煤炭外,系统总结了14个矿种33个典型矿床的矿床特征、成矿要素,建立了典型矿床成矿模式;划分了26个矿产预测类型,建立了66个预测工作区的成矿要素、成矿模式。山西省煤矿成矿规律研究是以煤田和煤产地作为单元,书中对山西省煤的成矿特征及其演化进行了详细论述。

本书可以供基础地质调查、矿产勘查、科研、教学及生产人员等参考。

图书在版编目(CIP)数据

山西省典型矿床及成矿规律研究/陈志方等编著. —武汉:中国地质大学出版社,2021.6
(山西省矿产资源潜力评价成果系列丛书)
ISBN 978-7-5625-4987-1

Ⅰ.①山…
Ⅱ.①陈…
Ⅲ.①矿床-山西 ②成矿规律-研究-山西
Ⅳ.①P617.225 ②P612

中国版本图书馆 CIP 数据核字(2021)第 170634 号

山西省典型矿床及成矿规律研究

陈志方 等编著

| 责任编辑:舒立霞 | 选题策划:毕克成 张瑞生 张 旭 | 责任校对:徐蕾蕾 |

出版发行:中国地质大学出版社(武汉市洪山区鲁磨路388号)　　邮编:430074
电　　话:(027)67883511　　传　　真:(027)67883580　　E-mail:cbb@cug.edu.cn
经　　销:全国新华书店　　　　　　　　　　　　　　　　　　http://cugp.cug.edu.cn

开本:880毫米×1230毫米　1/16　　　　　　　字数:444千字　　印张:14
版次:2021年6月第1版　　　　　　　　　　　印次:2021年6月第1次印刷
印刷:武汉中远印务有限公司

ISBN 978-7-5625-4987-1　　　　　　　　　　　　　　　　　　　定价:268.00元

如有印装质量问题请与印刷厂联系调换

"山西省矿产资源潜力评价成果系列丛书"
编委会

主　　任：李保福

副 主 任：张京俊　　王　权

委　　员：周继华　　史建儒　　孙占亮

　　　　　张建兵　　郭红党　　李建国

　　　　　张永东　　孟庆春　　冯睿宏

编著单位：山西省地质调查院

序

2006年，国土资源部为贯彻落实《国务院关于加强地质工作的决定》中提出的"积极开展矿产远景调查和综合研究，科学评估区域矿产资源潜力，为科学部署矿产资源勘查提供依据"的精神要求，在全国统一部署了"全国矿产资源潜力评价"项目，"山西省矿产资源潜力评价"项目是其子项目之一。

"山西省矿产资源潜力评价"项目于2007年启动，2013年结束，历时7年，由中国地质调查局和山西省人民政府共同出资，所属计划项目为"全国矿产资源潜力评价"；实施单位为中国地质科学院矿产资源研究所；承担单位为山西省地质调查院；参加单位为山西省煤炭地质局、中国建筑材料工业地质勘查中心山西总队、中国冶金地质总局第三地质勘查院、山西省地球物理化学勘查院、山西省第三地质工程勘察院等7家单位。为确保项目的顺利实施，山西省国土资源厅（现山西省自然资源厅）专门成立了以厅长任组长、分管副厅长任副组长、各职能部门和山西省地质调查院主要负责人为成员的项目领导小组；成立了由山西省国土资源厅地质勘查管理处主要负责人任主任、各参加单位负责人为成员的项目领导小组办公室，项目领导小组办公室设在山西省国土资源厅地质勘查管理处，主要负责指导、监督、协调参加单位的各项工作。

"山西省矿产资源潜力评价"项目2007—2013年分3个阶段进行，完成了煤炭、铁、铝土矿、稀土、铜、钼、铅、锌、金、磷、银、锰、硫、萤石、重晶石等15个矿种的矿产资源潜力评价工作、专题汇总及全省汇总工作。

第一阶段为2007—2010年，完成了全省基础数据库的更新与维护；完成了煤炭、铁、铝土矿、稀土、铜、钼、铅、锌、金、磷等矿种的资源潜力评价工作；提交了山西省1∶25万实际材料图和建造构造图及其数据库；提交了全省重力、磁测、化探、遥感、自然重砂等资料的处理和地质解释工作。

第二阶段为2011—2012年，完成了银、锰、硫、萤石、重晶石5个矿种的资源潜力评价工作和相关的成矿地质背景、物探、化探、遥感、自然重砂等资料的处理与地质解释工作；完成了全省1∶50万大地构造相图的编制和编图说明书的编写工作。

第三阶段为2013年，按照地质调查项目管理办法和《关于印发〈省级成矿地质背景研究汇总技术要求〉等省级专业汇总技术要求的通知》（项目办发〔2012〕5号）、《关于印发全国矿产资源潜力评价2013年目标任务和工作要点的通知》（项目办发〔2012〕18号）及《中国地质调查局地质调查工作项目任务书》（资〔2013〕01-033-003）等有关规定，编制完成山西省成矿地质背景、成矿规律、重力、磁测、化探、遥感、自然重砂、矿产预测、数据集成等各专业汇总报告，山西省矿产资源潜力资源评价总体成果报告和工作报告。

"山西省矿产资源潜力评价"项目以科学发展观为指导，以提高矿产资源对经济社会发展的保障能力为目标，充分开发应用已有的地质矿产调查、勘查、多元资料与科研成果，以先进的成矿理论为指导，使用全国统一的技术标准、规范而有效的资源评价方法与技术，以各类基础数据为支撑，以山西省已开展的基础地质、矿产勘查和已有的资源评价工作为基础，全面、准确、客观地评价山西省重要矿产资源潜力以及空间布局；预测未来10~20年山西省矿产资源的勘查趋势，推断开发产能增长趋势、矿产资源开发基地的战略布局。目的是更好地规划、管理、保护和合理利用矿产资源，也为部署矿产资源勘查工作提供基础资料,为山西省编制中长期发展规划提供科学依据,为全国矿产资源潜力评价提供基础资料。同时通过工作提高对山西省区域成矿规律的认识水平,完善资源评价理论与方法,并培养一批科技骨干及工作队伍。

"山西省矿产资源潜力评价"项目运用大陆动力学的观点,全面系统地总结了山西省的成矿地质构造背景,总结了山西省沉积岩、变质岩、火山岩、侵入岩和大型变形构造特征,进行了岩石构造组合的划分,研究了其大地构造环境,为成矿预测提供了预测底图。对15个矿种从预测类型及时空分布、矿床特征、成矿要素及成矿规律等方面进行了全面总结。对除煤炭外14个矿种的33个典型矿床的矿床特征、成矿要素、预测要素、矿床模式、预测模型作了系统总结。对全省成矿区(带)进行了划分,运用最新成矿理论,结合对全区重力、磁测、化探、遥感、自然重砂资料的研究应用,对煤炭、铁、铝土矿、稀土、铜、钼、铅、锌、金、磷、银、锰、硫、萤石、重晶石15个矿种完成了矿产资源潜力评价工作、专题汇总及全省汇总工作,划分了矿产预测类型,圈定了综合成矿远景区和重点勘查矿集区,对区域成矿规律进行了全面总结,并提出了今后工作部署建议。根据煤炭资源潜力评价结果,提出近期及中长期的煤炭资源勘查部署建议及规划方案。

根据省内区域地质、矿产勘查等工作程度,综合各预测矿种的潜力评价结果,提出了基础地质调查、矿产勘查、找矿理论和技术方法、综合研究等工作部署建议。对重要矿种供需、现状进行了分析,对未来开发进行了预测。

概述了山西省基础数据库维护情况、新建数据库数量、数据库现状等。对本次工作编图成果、专题数据库、综合信息集成的数据库情况作了介绍,并对数据库质量进行了评述。

"山西省矿产资源潜力评价"项目,是山西省第一次大规模对全区重要矿产资源现状及潜力进行的总结评价,先后有300多名地质工作者参与了这项工作。该项目是继20世纪80年代完成《山西省区域地质志》《山西省区域矿产志总结》之后集区域地质背景、区域成矿规律研究、物探、化探、自然重砂、遥感综合信息研究,以及全区矿产预测、数据库建设之大成的又一重大成果,是中国地质调查局和山西省国土资源厅高度重视、完善的组织保障和中央、省财政坚实的资金支撑的结果,更是山西省地质工作者7年辛勤汗水的结晶。为了使该项研究成果发挥更大的作用,现将其主要成果以丛书方式编撰出版,丛书共分为4册,分别为:《山西省成矿地质条件》《山西省典型矿床及成矿规律研究》《山西省矿产预测》《山西省区域成矿规律》。

本项目是在国土资源部(现自然资源部)、中国地质调查局、天津地质调查中心、全国矿产资源潜力评价项目办公室、全国成矿规律汇总组等各级主管部门领导下完成的,各级主管部门在资金、管理、协调等方面均给予了极大的支持和指导,成书过程中得到了各项目参加单位的大力配合,在此一并表示感谢!

编委会

2019年10月

前　言

为了贯彻落实《国务院关于加强地质工作的决定》中提出"积极开展矿产远景调查和综合研究,科学评估区域矿产资源潜力,为科学部署矿产资源勘查提供依据"的精神要求,国土资源部部署了"全国矿产资源潜力评价"项目。"山西省矿产资源潜力评价"项目是其子项目之一,本专著是其中典型矿床及成矿规律研究成果的集成。

成矿规律研究是矿产预测的主要工作内容,是将地质构造、矿产勘查、矿山开采等资料,以及物探、化探、自然重砂、遥感等所显示的地质找矿信息,运用科学的方法将其有机联系起来,总结矿产的时间、空间、物质组分分布规律和形成规律,并据此预测未发现的矿产地的空间分布、矿种、规模、数量。

典型矿床及成矿规律研究是进行全省区域成矿规律研究的重要组成部分,也是矿产预测评价的基础。主要研究目的是为矿产预测提供典型矿床成矿模型资料和区域成矿规律资料,研究内容主要包括成矿地质构造环境研究、区域成矿特征研究、典型矿床研究、典型矿床(矿床式)成矿模式建立、预测工作区区域成矿模式建立,进而总结区域成矿谱系、划分成矿系列(亚系列)、划分成矿区(带)、编制区域成矿规律图等。

本专著全面总结了山西省15个矿种的矿产资源概况、预测类型及时空分布、矿床特征、成矿要素及成矿规律等方面内容;对除煤炭外的14个目标矿种按其成因机制划分为26个预测类型(矿床式):沉积变质型铁矿(鞍山式铁矿、袁家村式铁矿)、侵入岩体型铁矿(邯邢式铁矿)、沉积型铁矿(宣龙式铁矿、山西式铁矿)、克俄式古风化壳沉积型铝土矿、胡篦式沉积变质型铜矿、铜矿峪式变斑岩型铜矿、刁泉式矽卡岩型铜矿、与变基性岩有关的铜矿、南泥湖式斑岩型铜钼矿、岩浆热液型金矿、火山岩型金矿、花岗—绿岩型金矿、陆相沉积型砂金矿、支家地式火山岩型铅锌矿、西榆皮热液型铅锌矿、支家地式火山岩型银矿、刁泉式矽卡岩型银矿、小青沟热液型银矿、辛集式沉积型磷矿、平型关式变质基性—超基性岩型磷矿、小青沟式热液型锰矿、上村式沉积型锰矿、阳泉式沉积型硫铁矿、云盘式沉积变质型硫铁矿、柳扒店式热液充填型萤石矿、宋官瞳式热液充填型重晶石矿;系统总结了除煤炭外14个矿种的33个典型矿床[如克俄铝土矿(稀土矿)、山羊坪铁矿、袁家村铁矿、铜矿峪铜矿、篦子沟铜矿、刁泉铜银矿、支家地银铅锌矿、义兴寨金矿、东腰庄金矿、后峪铜钼矿、小青沟银锰矿]的矿床特征、成矿要素和矿床模式;建立了66个预测工作区的成矿要素、成矿模式,为山西省的成矿区(带)、矿集区、成矿系列的划分提供了依据。

编著者

2019年8月

目 录

第1章 地质工作程度 ·· (1)
  1.1 区域地质调查及研究 ·· (1)
    1.1.1 1∶20万区域地质调查 ·· (1)
    1.1.2 1∶5万区域地质调查与区域矿产调查 ·· (2)
    1.1.3 1∶25万区域地质调查 ·· (2)
    1.1.4 专题研究 ··· (2)
    1.1.5 科 研 ·· (4)
  1.2 物化遥自然重砂调查及研究 ··· (4)
    1.2.1 重 力 ·· (4)
    1.2.2 磁 测 ·· (5)
    1.2.3 地球化学 ··· (14)
    1.2.4 遥 感 ·· (16)
    1.2.5 自然重砂 ··· (17)
  1.3 矿产勘查及研究 ··· (17)
  1.4 成矿规律研究 ·· (18)

第2章 技术路线、工作流程与工作方法 ·· (24)
  2.1 技术路线 ·· (24)
  2.2 工作流程 ·· (24)
    2.2.1 准备工作 ··· (26)
    2.2.2 典型矿床研究 ··· (27)
    2.2.3 研究区域成矿特征 ··· (28)
  2.3 工作方法 ·· (30)
    2.3.1 成矿规律研究 ··· (30)
    2.3.2 典型矿床研究 ··· (30)
    2.3.3 区域成矿规律研究 ··· (30)
    2.3.4 典型矿床研究图件 ··· (31)
    2.3.5 区域成矿规律研究图件 ··· (31)

第3章 典型矿床及成矿规律 ··· (32)
  3.1 矿产资源概况 ·· (32)

3.1.1 铁 矿 …………………………………………………………………………………… (32)
3.1.2 铝土矿(稀土矿) ……………………………………………………………………… (32)
3.1.3 铜(钼)矿 ……………………………………………………………………………… (33)
3.1.4 金 矿 …………………………………………………………………………………… (33)
3.1.5 银 矿 …………………………………………………………………………………… (33)
3.1.6 锰 矿 …………………………………………………………………………………… (33)
3.1.7 铅锌矿 ………………………………………………………………………………… (34)
3.1.8 硫铁矿 ………………………………………………………………………………… (34)
3.1.9 磷 矿 …………………………………………………………………………………… (34)
3.1.10 萤石矿 ………………………………………………………………………………… (34)
3.1.11 重晶石矿 ……………………………………………………………………………… (35)
3.1.12 煤 炭 …………………………………………………………………………………… (35)
3.2 矿产预测类型划分及其分布 ……………………………………………………………… (35)
3.2.1 铁矿预测类型划分及其分布 ………………………………………………………… (35)
3.2.2 铝土矿(稀土矿)预测类型划分及其分布 …………………………………………… (38)
3.2.3 铜(钼)矿预测类型划分及其分布 …………………………………………………… (38)
3.2.4 金矿预测类型划分及其分布 ………………………………………………………… (40)
3.2.5 银矿预测类型划分及其分布 ………………………………………………………… (42)
3.2.6 锰矿预测类型划分及其分布 ………………………………………………………… (45)
3.2.7 铅锌矿预测类型划分及其分布 ……………………………………………………… (45)
3.2.8 硫铁矿预测类型划分及其分布 ……………………………………………………… (48)
3.2.9 磷矿预测类型划分及其分布 ………………………………………………………… (50)
3.2.10 萤石矿预测类型划分及其分布 ……………………………………………………… (50)
3.2.11 重晶石矿预测类型划分及其分布 …………………………………………………… (53)
3.3 铁矿典型矿床及成矿规律 ………………………………………………………………… (53)
3.3.1 铁矿典型矿床 ………………………………………………………………………… (53)
3.3.2 铁矿预测工作区成矿规律 …………………………………………………………… (62)
3.4 铝土矿(稀土矿)典型矿床及成矿规律 …………………………………………………… (71)
3.4.1 铝土矿(稀土矿)典型矿床 …………………………………………………………… (71)
3.4.2 铝土矿(稀土矿)预测工作区成矿规律 ……………………………………………… (74)
3.5 铜(钼)矿典型矿床及成矿规律 …………………………………………………………… (77)
3.5.1 铜(钼)矿典型矿床 …………………………………………………………………… (77)
3.5.2 铜(钼)矿预测工作区成矿规律 ……………………………………………………… (87)

3.6 金矿典型矿床及成矿规律 …………………………………………………………… (101)
 3.6.1 金矿典型矿床 ……………………………………………………………………… (101)
 3.6.2 金矿预测工作区成矿规律 ………………………………………………………… (109)
3.7 银矿典型矿床及成矿规律 …………………………………………………………… (124)
 3.7.1 银矿典型矿床 ……………………………………………………………………… (124)
 3.7.2 银矿预测工作区成矿规律 ………………………………………………………… (130)
3.8 锰矿典型矿床及成矿规律 …………………………………………………………… (136)
 3.8.1 锰矿典型矿床 ……………………………………………………………………… (136)
 3.8.2 锰矿预测工作区成矿规律 ………………………………………………………… (138)
3.9 铅锌矿典型矿床及成矿规律 ………………………………………………………… (139)
 3.9.1 铅锌矿典型矿床 …………………………………………………………………… (139)
 3.9.2 铅锌矿预测工作区成矿规律 ……………………………………………………… (142)
3.10 硫铁矿典型矿床及成矿规律 ………………………………………………………… (144)
 3.10.1 硫铁矿典型矿床 ………………………………………………………………… (144)
 3.10.2 硫铁矿预测工作区成矿规律 …………………………………………………… (148)
3.11 磷矿典型矿床及成矿规律 …………………………………………………………… (151)
 3.11.1 磷矿典型矿床 …………………………………………………………………… (151)
 3.11.2 磷矿预测工作区成矿规律 ……………………………………………………… (153)
3.12 萤石矿典型矿床及成矿规律 ………………………………………………………… (158)
 3.12.1 萤石矿典型矿床 ………………………………………………………………… (158)
 3.12.2 萤石矿预测工作区成矿规律 …………………………………………………… (159)
3.13 重晶石矿典型矿床及成矿规律 ……………………………………………………… (161)
 3.13.1 重晶石矿典型矿床 ……………………………………………………………… (161)
 3.13.2 重晶石矿预测工作区成矿规律 ………………………………………………… (162)
3.14 山西省煤的成矿特征及其演化 ……………………………………………………… (163)
 3.14.1 山西省煤田及煤矿区的划分与分布 …………………………………………… (164)
 3.14.2 含煤地层及对比 ………………………………………………………………… (164)
 3.14.3 沉积环境及聚煤规律 …………………………………………………………… (194)
 3.14.4 煤盆地构造演化及煤田构造 …………………………………………………… (199)

主要参考文献 ……………………………………………………………………………… (209)

第1章 地质工作程度

1.1 区域地质调查及研究

以近代地质学方法为基础的山西地质调查始于1862年美国人庞培(Pumpolly),但有一定影响的先驱者,当推德国人李希霍芬(Richthofen),他于1868—1872年间对山西省进行了粗略的路线地质概察,首次对山西省的地层进行了笼统的划分,他所提出的一些地层名称,如五台(系)、滹沱(页岩)、震旦(系)、山西(系)虽在后来的调查研究中对其内容和含义进行了多次厘定而发生了改变,但这些名称均为后来地质学家沿用。美国人维理士(Wilis)和布拉克维尔(Blakwdlder)于1903年对五台山区进行了区域性的路线地质调查,他所提出的五台山区前寒武纪地层的划分方案,一直影响着中国前寒武纪地层划分半个世纪之久。最早来山西省进行区域地质调查的我国地质学家是王竹泉,他于1911—1925年间曾5次进行地质调查,足迹达66个县,编制了包括山西大部分(4/5以上)的太原榆林幅1:100万地质图及说明书,对山西的地质概貌进行了较全面的总结和论述,是对山西区域地质调查做出较大贡献的先驱者。在此期间瑞典人那琳(Norin)、赫勒(Hall)的研究为山西省石炭系—二叠系的划分及时代确定奠定了基础。

孙建初(1928)、王绍文(1932)、杨杰(1936)等地质学家涉足五台山、恒山进行了路线地质调查,粗线条地勾画了区内地层系统和地质构造轮廓,更正了早期地质学家对山西地层划分上的一些错误。1937—1945年日本人森田日子次初步划分了大同煤田地层,将区内中生代火山岩称为浑源统。

1951年以王曰伦为首的五台队和1955—1956年以马杏垣为首的北京地质学院实习队先后对五台山区进行了区域地质调查,大大提高了五台山区(特别是前寒武纪)的研究程度。

20世纪50年代,区域地质调查主要是随国家急需矿产勘探区而进行的围绕一些矿产的普查工作,在不同程度上提高了山西的地质研究程度,提供了一定范围的大、中比例尺地质图。1959年全国地层会议的召开,可以说是20世纪前半个世纪我国地质调查研究(包括山西省在内)在地层方面的总结。此次会议的组成部分——石炭纪、二叠纪地层现场会在山西召开,而中国科学院山西队刘鸿允等在准备工作阶段所进行的石炭系、二叠系及三叠系的专题研究,对以后的研究更是产生了深远的影响。山西省正规的1:20万区域地质调查(简称"区调")于1963—1979年间完成,以传统填图方法进行了系统的地质调查,随后于20世纪70年代末开展了1:5万区调,2000年开展了1:25万区调。

1.1.1 1:20万区域地质调查

山西省1:20万图幅共涉及38个标准图幅。1960—1979年全面完成山西省1:20万区调图幅28幅,其中包括完整图幅23幅、不完整图幅(省内部分)5幅;其余10幅不完整图幅由邻省区调队完成。完成实测面积15.6万 km^2,覆盖比例为100%。本次工作全面收集了剖面资料、化石资料、岩石分析样品等原始资料和成果资料。

与此同时,各普查勘探队对一些矿区外围进行了深入综合性地质调查,为以后的区域地质调查研究提供了丰富的第一手资料。

1.1.2 1∶5万区域地质调查与区域矿产调查

山西省共涉及1∶5万标准图幅449幅(其中跨省不完整图幅为125幅),需要山西省完成的图幅数为390幅。涉及2/3以上黄土的图幅数为43幅,全部为黄土的图幅为30幅。

1∶5万区调开始于1977年,截至2007年底,共完成图幅144幅,其中山西省完成125幅(包含砂河镇幅和下关幅各半幅、12幅城市区调),河北省完成跨省图幅14幅,河南省完成跨省图幅2幅。省内完成实测面积57 274.72 km², 占全省总面积的34.79%。截至2012年底,可提交野外验收的有74幅,占全省总面积的52%左右。山西省1∶5万区调与区域矿产调查(简称"矿调")工作程度见图1-1-1。

1.1.3 1∶25万区域地质调查

1∶25万区域地质调查始于2000年,截至目前,山西省共完成1∶25万区调图幅7幅(应县幅、忻州市幅、岢岚县幅、侯马市幅、新乡市幅、临汾市幅、长治市幅),本次编图全部收集、利用了上述图幅的原始资料与成果资料。另外,本次编图也大量利用了正在实施的大同市幅、偏关县幅阶段性成果资料。

1.1.4 专题研究

1959年山西省地质厅王植总工程师主持编制的《山西矿产》是山西地质矿产的首次全面总结,其附图山西省地质图、山西大地构造图是山西省第一代1∶50万地质图和大地构造图。

1970年地质部华北地震地质大队编制了1∶50万《山西地区构造体系图》。

20世纪70年代中期—80年代初期,在完成了大部分1∶20万图幅区调工作之后,山西省区域地质调查队完成了《华北地区区域地层表·山西分册》的编制,逐步开展并完成了地层断代总结和各类岩浆岩总结,非公开出版了一系列总结性丛书,计有20本之多,书中收录了大量实际资料,对后续的区调工作具有重要的指导意义。随后完成了山西第二代1∶50万地质图及说明书,1979年山西省区域地质调查队、山西省地质科学研究所完成了山西省1∶50万构造体系图及说明书。

1989年由山西省区域地质调查队武铁山主编完成的《山西省区域地质志》,是在上述1∶20万断代总结的基础上,利用和参考各普查勘探、矿山和地质科研成果综合编写而成,其所附1∶50万山西省地质图、山西省构造岩浆岩图,是山西省第三代公开出版的最全面、最系统的区域地质调查总结。

1997年武铁山等主编完成的《山西省岩石地层》和陈晋镳、武铁山主编完成的《华北区区域地层》,以现代地层学理论为指导对山西省沉积岩(含变质表壳岩和新生界)的地层单位进行了系统的总结和清理,对近几年开展的区调和基础地质调查均发挥了基础性的作用。

1998年武铁山等主编了《山西省1∶50万数字化地质图》。

进入21世纪以来,山西省区域地质调查方面专题性研究工作开展得较少,2005年山西省地质调查院完成了"山西大地构造划分、成矿旋回与演化"研究,并附有1∶50万山西省大地构造图。2007年山西省地质矿产勘查开发局(简称"山西省地矿局")立项编制新一代山西省1∶50万地质系列图,其中山西省地质调查院完成了山西省1∶50万地质图、构造岩浆岩图、矿产图的编制工作。

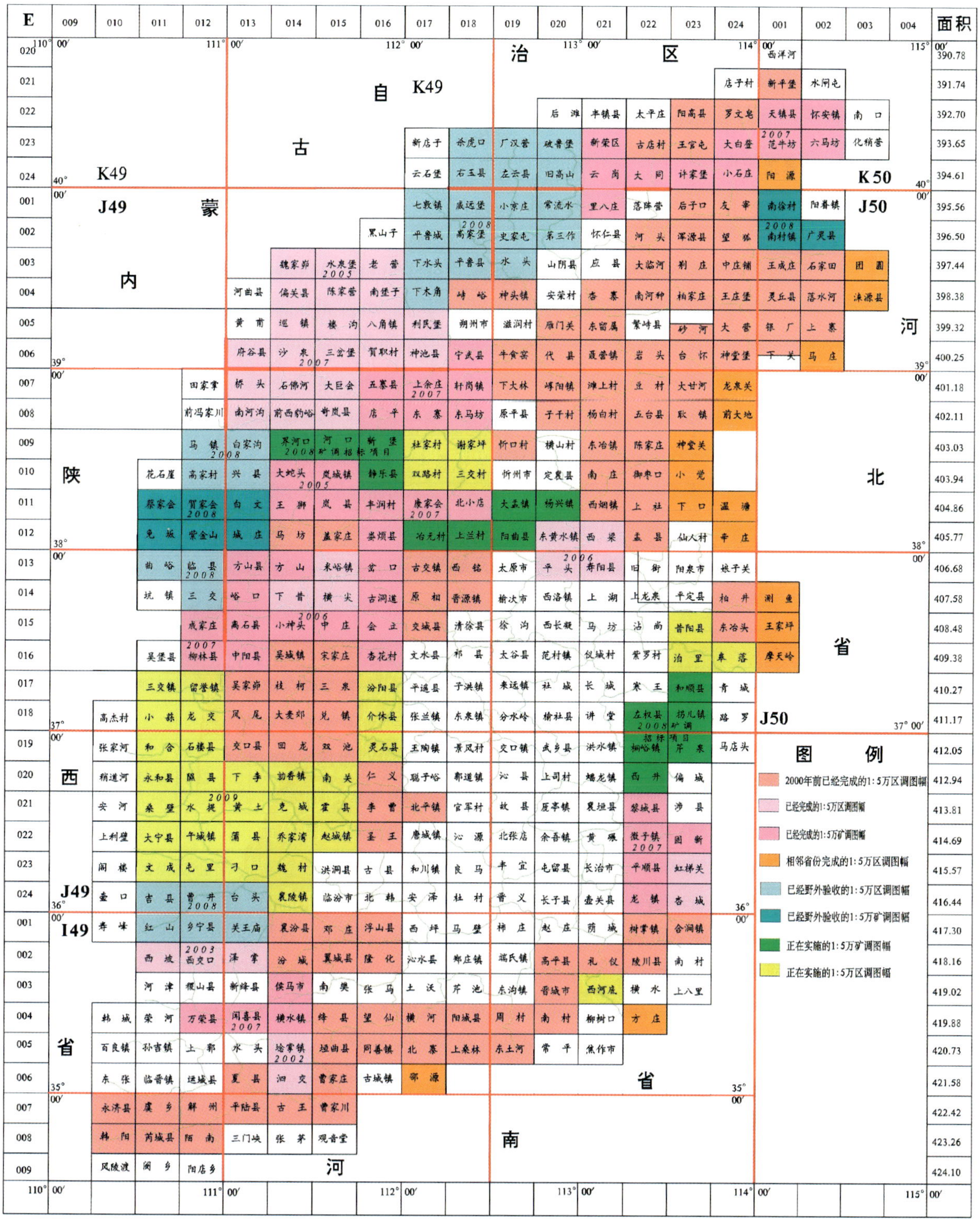

图 1-1-1　山西省 1∶5 万区调与矿调工作程度图

注：1. 面积单位为平方千米（km²）；2. 本图资料截止时间为 2012 年。

1980年以来,完成的主要专著有:《五台山区变质沉积铁矿地质》(李树勋等,1986)、《五台山早前寒武纪地质》(白瑾等,1986)、《中浅变质岩区填图方法——五台山区构造-地层法填图研究》(徐朝雷,1990)、《中条山前寒武纪年代构造格架和年代地壳结构》(孙大中等,1993)、《中条裂谷铜矿床》(孙继源等,1995)、《五台山-恒山绿岩带地质及金的成矿作用》(田永清,1991)、《恒山早前寒武纪地壳演化》(李江海等,1994)、《中条山前寒武纪地质》(白瑾等,1997)等。

综合性矿产研究成果主要有:《山西省矿产志》(王植,1959)、《山西省1:100万矿产图及说明书》(地质部科学院等,1962)、《1:50万山西成矿规律图与成矿预测及说明书》(山西省地质局,1966)、《山西省矿产资源概况》和《山西省矿区概况》(山西省地质局等,1975)、分册编制的《山西省铁矿、铜矿、金矿、磷矿资源》(山西省地质局,1976)。近十几年来完成的矿产研究专著、图件主要有:山西省区域地质调查队(1986)分幅编制了《山西省区域地质、能源、金属、非金属矿产地质研究程度图》及《山西省金矿地质特征及其远景》,以及《五台山区变质沉积铁矿地质》(李树勋等,1986)、《山西省区域矿产总结》(赵善富等,1987)、《山西省非金属矿产及利用》(山西省计划委员会和山西省地质矿产局,1989)、《中条山铜矿成矿模式及勘查模式》(冀树楷等,1992)、《山西省金矿综合信息成矿预测及方法研究》(山西地质矿产局和长春地质学院,1994)、《中条裂谷铜矿床》(孙继源等,1995)、《中国矿床发现史·山西卷》(王福元等,1995)、《华北陆台北缘地体构造演化及其主要矿产》(胡桂明等,1996)、《山西铝土矿岩石矿物学研究》(陈平等,1997)、《五台山-恒山绿岩带金矿地质》(沈保丰等,1998)、《山西铝土矿地质学研究》(陈平等,1998)。

1.1.5 科 研

山西省早前寒武纪地质一直是国内外研究的热点,也是我国早前寒武纪研究的奠基地区,故科研文献以此方面居多,当然其他方面也有涉及。主要学者有李江海、钱祥麟、刘树文、王凯怡、伍家善、刘敦一、赵国春、Kusky、赵宗溥、Kroner、Wilde、翟明国、赵风清、万渝生、耿元生、于津海、徐朝雷、田永清、苗培森、陆松年、王惠初等,他们采用当今最先进的测试手段,开展了构造环境、大地构造划分、同位素年代学、构造演化等方面的研究,取得了一大批分析测试数据和同位素年代学方面的新资料,提出了一批新观点与新认识,对基础地质调查研究产生了重要的影响。

从上述讨论中可知,山西省的基础地质调查工作程度较高,区调工作取得了较为丰富的基础性、实用性的实际地质资料,准确填绘出了各地质体空间分布,并对部分地质体进行了深入探讨,但存在分析测试手段落后、一些先进技术手段应用不足、研究深度不够的问题。科研方面,虽然指导理论、技术手段先进,但调查缺乏系统性。

1.2 物化遥自然重砂调查及研究

1.2.1 重 力

山西省区域重力调查工作程度见表1-2-1。

表 1-2-1　山西省区域重力调查工作程度一览表

类别	项目名称	比例尺	完成面积/km²	完成图幅数/个	备注
重力	山西省西南地区1∶20万区域重力调查	1∶20万	18 606	5	2012年完成图幅11幅，完成面积58 719.72km²
	晋东北地区1∶20万区域重力调查	1∶20万	20 542	7	
	山西省东南地区1∶20万区域重力调查	1∶20万	12 000	3	
	山西省西北地区1∶20万区域重力调查	1∶20万	23 000	6	
	山西省忻州、阳泉、元氏图幅1∶20万区域重力调查	1∶20万	13 098.88	3	
	山西省静乐、盂县1∶20万区域重力调查	1∶20万	10 612.4	2	
	合计		97 859.28	26	
	沁水盆地沁县—武乡地区重力测量	1∶10万	1000		
	山西省太原坳陷重力普查	1∶20万	6100		
	山西省沁水坳陷中部重力普查	1∶20万	5000		
	山西省1∶50万重力调查	1∶50万	覆盖全省		

山西省1∶50万的重力测量工作于1986年完成并编写了报告。"山西省1∶50万区域重力调查"是山西省地质矿产局物探队承担的大调查项目。工作起止年限：1982—1986年。报告名称：《山西省1∶50万区域重力调查成果报告》。成果报告完成时间：1987年。原始数据存放地：山西省地质矿产局地球物理勘探队。

从20世纪80年代初到90年代中期相继进行1∶20万重力测量，截至1999年共完成22个1∶20万图幅的重力测量，并编写了重力报告。2001年又完成了忻州、阳泉、盂县3个图幅。2012年完成山西省中部剩余11个1∶20万图幅的重力测量，但目前尚未提交报告。

"晋东北地区1∶20万区域重力调查"是山西省地质矿产局地球物理勘探队承担的大调查项目。工作起止年限：1980—1989年。报告名称：《晋东北地区1∶20万区域重力调查成果报告》。成果报告完成时间：1991年。原始数据存放地：山西省地质矿产局地球物理勘探队。

"山西省西北地区1∶20万区域重力调查"是山西省地质矿产局地球物理勘探队承担的大调查项目。工作年限：1981年、1989年、1991年、1995年4个年度完成。报告名称：《山西省西北地区1∶20万区域重力调查成果报告》。成果报告完成时间：1996年。原始数据存放地：山西省地质矿产局地球物理勘探队。

"山西省东南地区1∶20万区域重力调查"是山西省地质矿产局地球物理勘探队承担的大调查项目。工作年限：1993年、1994年两个年度完成。报告名称：《山西省东南地区1∶20万区域重力调查成果报告》。成果报告完成时间：1995年。原始数据存放地：山西省地质矿产局地球物理勘探队。

"山西省西南地区1∶20万区域重力调查"是山西省地质矿产局地球物理勘探队承担的大调查项目。工作起止年限：1987—1991年。报告名称：《山西省西南地区1∶20万区域重力调查成果报告》（包含韩城幅、侯马幅、运城幅、三门峡幅、洛南幅）。成果报告完成时间：1992年。原始数据存放地：山西省地质矿产局地球物理勘探队。

1.2.2　磁　测

1. 航磁测量工作程度

山西省航磁测量开始于20世纪60年代，至2000年先后开展过1∶2.5万～1∶20万航空磁测，共进行了 14 个区块的测量(表 1-2-2)。其中大部分为金属航空磁测,部分地区进行过构造航空磁测;使用的航磁仪器种类较多,测量精度高低不一。20 世纪 80 年代利用 1∶2.5 万～1∶20 万航空磁测资料进行了 1∶50 万航空磁测系统查证、编图、建卡等工作,该项工作共圈定磁异常 706 个,合编为 381 个异常范围,缩绘到 1∶50 万航磁异常图上,并建立了 460 个航磁异常卡片。据统计共有甲 1 类异常 101 个,甲 2 类异常 87 个,乙类异常 101 个,丙类异常 86 个,丁类异常 331 个。一级工程验证的 204 个,二级详细地面检查的 158 个,三级踏勘检查的 103 个,尚未做任何地检工作的 241 个。

表 1-2-2 山西省航磁工作程度一览表

项目名称	比例尺	完成面积/km²
呼和浩特—大同航磁测量	1∶5 万	4872
晋北五台地区航磁测量	1∶5 万	15 239
吕梁地区航磁测量	1∶5 万	15 603
晋南临汾地区航磁测量	1∶5 万	8375
中条山地区航空物探勘探工作	1∶5 万	5085
合计		49 174
晋西北地区航磁测量	1∶5 万～1∶10 万	18 351
太行、吕梁、五台、恒山航磁测量	1∶10 万～1∶20 万	17 338
沁水盆地航磁测量	1∶20 万	33 871
陕甘宁地区航磁测量	1∶20 万	11 498
鄂尔多斯中部航磁测量	1∶20 万	3261
晋南、豫北地区航磁测量	1∶20 万	16 565
合计		100 884
晋中航磁测量	1∶2.5 万	10 687
晋南二峰山—塔儿山航磁测量	1∶2.5 万	4157
晋东南豫西北冀西南航磁测量	1∶2.5 万	8476
合计		23 320

根据异常的地球物理特征及所处地质环境,结合地理位置,将全省的航磁异常划分为 5 个异常区、17 个异常亚区。对每个异常亚区进行了分析评述,着重归纳、总结出山西省各种铁矿类型的航磁异常特征,并对玄武岩、安山岩以及前震旦纪变质岩的磁场特征进行了总结。对山西省的找矿远景地段提出了意见及建议,概略地评述了找矿远景。利用航磁资料推断断裂构造 61 条,其中属太古宙的断裂 19 条,中生代的断裂 18 条,新生代的断裂 24 条。结合重力资料认为有 6 处已知岩体可以扩大范围,有 8 处局部异常推断为燕山期侵入体引起。

2. 地磁测量工作程度

山西省地磁测量从 20 世纪 50 年代开始至 70 年代末止,共计完成工作区 202 个(表 1-2-3),测量面积达 20 507.87km²。其工作内容包含铁矿普查,航磁异常检查,配合地质填图,圈定基性岩(火成岩)范围,间接寻找磷矿、铝土矿等。80 年代前编制了工作区工作程度图,编写了工作区磁测工作报告,对异常进行了定性解释,部分铁矿区做了定量解释和勘查验证工作,提交了储量报告。

表 1-2-3　山西省地磁测量一览表

测区编号	报告名称	工作单位	工作年度	比例尺	面积/km²	备注
1	天镇瓦窑口地区物探试验工作总结	物探三分队	1961			实验剖面
2	阳高县薛家窑、石门沟地区铁矿地面磁测简报	物探三分队	1959	1∶1万	2	鞍山式铁矿
3	阳高县三屯地区磁铁矿地面磁测结果简报	物探三分队	1959	1∶1万	1	鞍山式铁矿
4	阳高县周家山地区磁铁矿地面磁测结果简报	物探三分队	1959	1∶1万	1.2	鞍山式铁矿
5	阳高县东盘道地区磁铁矿地面磁测结果简报	物探三分队	1959	1∶1万	0.7	鞍山式铁矿
6	大同户堡金云母矿区物探工作结果报告	北京地质学院实习队	1959	1∶2000~1∶4000	3	圈出14个磁性岩脉
7	大同市北郊石墨矿区物探工作结果报告	物探三分队	1960	1∶1万	50.2	辉绿岩脉
8	右玉县滴水沿赤铁矿点重磁工作简报	物探六分队	1974	1∶1万	0.52	圈定接触带
9	山西省航磁检查结果简报	物探二分队	1966	1∶5万	20	北部为岩体异常
10	广灵—阳高六稜山铁矿区1967年度报告	物探六分队	1967	1∶1万	8	发现4个矿异常
11	山西省航磁检查结果报告	物探二分队	1966	1∶10万	118	片麻岩异常
12	山西省航磁检查结果报告	物探二分队	1966	1∶10万	20	片麻岩异常
13	浑源岔口地区物探地质工作简报	物探六分队	1967	1∶5000	0.9	多为凝灰岩异常
14	山西省航磁检查结果简报	物探二分队	1966	1∶10万	47	震旦系磁性岩层
15	晋西北地区航磁异常检查结果简报	物探队航检组	1980	1∶5万	3	正长闪长斑岩
16	山西省航磁检查结果报告	物探二分队	1966	1∶10万	89	喷出岩
17	广灵县聂家沟—炭堡一带地质普查报告	二一一地质队	1974	1∶4万	16.9	
18	灵邱县太那水一带磁测化探报告	物探四分队	1970	1∶2.5万	55	磁铁矿或岩体
19	灵邱县刁泉—马家湾地区磁测报告	物探队	1966	1∶5万	180	铁矿或岩体
20	灵邱县刁泉—马家沟地区磁测报告	物探直属一组	1966	1∶万	8	未定性
21	灵邱县太那水一带磁测化探报告	物探四分队	1970	1∶5000	5.8	2个铁矿异常
22	灵邱县孙庄—石家窑磁异常评价报告	二一七地质队	1974	1∶1万	12.27	岩体异常
23	山西省灵邱县塔地航磁异常检查简报	二一七地质队	1975	1∶2.5万	7	松脂岩、珍珠岩
24	晋北地区航磁异常检查报告	物探一分队	1959	1∶1万	18	铁矿异常
25	晋北地区航磁异常检查结果报告	物探一分队	1959	1∶1万	6	无异常
26	晋北地区航磁异常检查结果报告	物探一分队	1959	1∶1万	10	鞍山式铁矿
27	灵邱县刁泉—马家湾地区磁测报告	物探队直属一组	1966	1∶1万	3	推测矿异常
28	五台地区落水河测区内1978年物探工作总结	山西冶金物探队	1978	1∶1万	151	3处铁矿异常
29	五台—恒山地区航磁异常检查结果报告	物探队航检组	1979	1∶5万	63	铁矿异常
30	晋北地区航磁异常检查结果报告	物探一分队	1959	1∶5000	1	推测铁矿
31	繁峙县义兴寨地区磁测结果报告	物探二分队	1966	1∶5000	4	矿异常
32	繁峙中虎峪1976年物探工作总结	山西冶金物探队	1976	1∶1万	80	性质不明
33	山西省五台地区大营—平型关测区1977年物探工作总结	山西冶金物探队	1977	1∶2.5万	231	多为铁矿异常
34	山西五台地区大营—平型关测区1977年物探工作总结	山西冶金物探队	1977	1∶1万	91	推测铁矿

续表 1-2-3

测区编号	报告名称	工作单位	工作年度	比例尺	面积/km²	备注
35	灵邱县下车河普查简报	物探队航检组	1969	1∶2.5 万	24	石英斑岩
36	山西省灵邱县太白维山一带磁测及地质普查报告	二一七地质队	1975	1∶2.5 万	100	隐伏铁矿
37	灵邱县野里铁矿区磁测工作报告	北京地质学院实习队	1959	1∶5000～1∶1 万	4	隐伏铁矿
38	晋北地区航磁异常检查结果报告	物探一分队	1959	1∶1 万	32.65	铁矿异常
39	灵邱县刘庄铁矿磁测详查报告	物探二分队	1966	1∶5000	12.9	矽卡岩型
40	山西繁峙县南峪口测区 1976 年物探工作总结	山西冶金物探队	1976	1∶2.5 万	105	铁矿异常
41	神池县八角乡大马军营铁矿物探工作结果简报	物探队	1958	1∶1 万	7.5	铁矿异常
42	神池县八角堡测区物化探成果报告	物探一分队	1975	1∶2.5 万	90	未发现异常
43	代县胡家滩测区物化探成果报告	物探一分队	1973	1∶1 万	28	推测铁矿
44	山西代县黄土梁工区超基性岩区物化探工作结果报告	物探四分队	1972	1∶1 万	18.4	超基性岩
45	晋西北地区航磁异常检查结果简报	物探队航检组	1980	1∶5 万	7.5	基底磁性岩层
46	晋西北地区航磁异常检查结果简报	物探队航磁阻	1980	1∶5 万	3.5	紫色砂岩
47	五台地区庄旺测区 1978 年物探工作总结	山西冶金物探队	1978	1∶1 万	56	推测矿异常
48	代县黑山庄铁矿普查评价报告	六二四地质队	1978	1∶1 万	42.7	铁矿异常
49	代县山羊坪测区地面磁测工作总结	山西冶金物探队	1979	1∶1 万	105.8	性质不明
50	山西省五台山宽滩—岩头一带铁矿普查报告	二一一地质队	1978	1∶2.5 万	155	鞍山式铁矿
51	山西省代县半梁—繁峙县大西沟工区磁测普查成果报告	物探六分队	1979	1∶1 万	99.94	铁矿异常
52	五台山细碧角斑岩东冷沟含铜黄铁矿点普查报告	物探二分队	1966	1∶2 万	2.5	异常与铜矿无关
53	五台山大明—太平沟磁测普查成果报告、五台县麻皇沟—铺上地区磁测普查成果报告	物探二分队、三分队、六分队	1978—1979	1∶1 万	183.7	铁矿异常
54	山西省代县赵村磁异常检查报告	二一一地质队	1974	1∶2.5 万	26	矿异常 2 个
55	山西省代县赵村磁异常检测报告	二一一地质队	1974	1∶1 万	3.85	超基性岩
56	山西省五台山地区皇家庄一带铁矿普查报告	二一三地质队	1978	1∶2.5 万	68	鞍山式铁矿
57	代县白峪里铁矿 1∶1 万磁测普查成果报告，原平皇家庄—山碰工区磁测成果报告	物探二分队、六分队	1978—1979	1∶1 万	78	矿异常
58	山西省原平县 46/142 航磁异常检查结果简报	二一一地质队	1972	1∶5 万	100	性质不明
59	山西省原平县孙家庄—代县八塔磁测普查成果报告	物探四分队、六分队	1980	1∶1 万	215.28	铁矿异常
60	晋北地区航磁异常检查结果报告	物探一分队	1959	1∶1 万	20	鞍山式铁矿异常
61	五台县宝山怀地区铁矿磁测工作报告	物探七分队	1967	1∶5000～1∶1 万	15.5	铁矿异常
62	山西省晋西北地区航磁异常检查结果简报	物探队航检组	1980	1∶5 万	25	基底磁性层
63	晋北凤凰山地区磁法放射性综合普查结果报告	物探一〇一分队	1960	1∶2.5 万	400	2 个铁矿点

续表 1-2-3

测区编号	报告名称	工作单位	工作年度	比例尺	面积/km²	备注
64	山西省晋西北地区航磁异常检查结果简报	物探队航检组	1980	1:10万	81	鞍山式铁矿
65	山西省晋西北地区航磁异常检查结果报告	物探队航检组	1980	1:5万	32	基底磁性层
66	定襄县铁山测区综合物探报告	山西冶金物探队	1979	1:5000	17.5	赤铁矿方法试验
67	山西省忻定盆地地面磁测检查报告	二一一地质队	1968—1972	1:1万	4.95	推测矿异常,钻探未见
68	山西省忻定盆地地面磁测检查报告	二一一地质队	1968—1972	1:10万	700	5个异常,性质不明
69	马坊—五寨一带航磁异常检查结果报告	物探二分队	1960	1:10万	1200	变基性火山岩
70	忻县小岭底(后河堡)超基性岩区物化探工作报告	物探四分队	1972	1:1万	5.42	超基性岩体
71	忻县小岭底一带超基性岩区物化探工作报告	物探四分队	1972	1:1000	0.24	超基性岩体
72	山西省忻定盆地地面磁测检查报告	二一一地质队	1968—1972	1:1万	6.6	不详
73	忻定县铁矿磁法普查结果报告	北京地质学院实习队	1959	1:2.5万	800	金山为铁矿异常
74	忻定县铁矿磁法详查结果报告	物探一分队	1959	1:5000	13.5	鞍山式铁矿
75	忻定县铁矿磁法详查结果报告	物探一分队	1959	1:5000	31.5	角闪岩
76	山西省忻定盆地地面磁测检查报告	二一一地质队	1968—1972	1:1万	63	花岗岩夹薄层铁矿
77	忻县铁矿磁法详查结果报告	物探一分队	1959	1:5000	6	角闪片麻岩
78	山西省忻定盆地地面磁测检查报告	二一一地质队	1968—1972	1:1万	11	有可能为铁矿异常
79	忻定县铁矿磁法详查结果报告	物探一分队	1959	1:2.5万	75	未发现有意义异常
80	山西省忻定盆地地面磁测检查报告	二一一地质队	1968—1972	1:1万	4	性质不明
81	定襄县王家庄工区磁测报告	物探六分队	1967	1:1万	4.5	磁性岩层
82	岚县地区磁测普查结果简报	物探三分队	1976	1:2.5万	496	铁矿
83	山西省岚县地区重磁普查结果报告	物探三分队	1978	1:5万	185	无异常
84	山西省晋西北地区航磁异常检查结果报告	物探队航检组	1980	1:10万	23	辉绿岩、伟晶岩
85	山西省1972年度航磁异常检查报告	物探队航检组	1972	1:2.5万	9	角闪岩、辉绿岩
86	盂县潘家会岩体地质物探普查报告	六二四地质队	1976	1:2.5万	65	辉长岩
87	盂县潘家会辉长岩体地质物化探工作总结	六二四地质队	1978	1:5000	35	辉长岩
88	忻定县铁矿磁法详查结果报告	物探一分队	1959	1:5000	2	磁铁石英岩
89	盂县车轮—南北河航磁异常区地磁详查报告	六二四地质队	1974	1:1万	18	火成岩
90	盂县车轮地区磁法精查工作阶段报告	物探二分队	1961	1:2000	2	推测矿异常
91	山西省1972年度航磁异常检查报告	物探队航检组	1972	1:10万	30	火成岩
92	盂县苌池测区物探工作报告	六二四地质队	1975	1:1万	44	基底磁性层异常
93	盂县下王地区磁测成果报告	物探二分队	1960	1:1万	20	无规律异常
94	盂县下王地区磁测成果报告	物探二分队	1960	1:2000	0.64	圈定矿体
95	盂县下王村矿点磁测检查报告	北京地质学院实习队	1958	1:5000~1:1万	3.5	2个有意义异常带
96	盂县东梁—铜炉地区磁测普查报告	物探三分队	1971	1:5万	104	无有价值异常

续表 1-2-3

测区编号	报告名称	工作单位	工作年度	比例尺	面积/km²	备注
97	临县紫金山地区1961年物化探年终报告	物探二分队	1961	1：万	14	碳酸盐岩含铌、钽
98	静乐县袁家村(岚县)铁矿磁法详查结果报告	北京地质学院实习队	1959	1：5000	15.75	确定了铁矿范围
99	山西省岚县袁家村铁矿区外围磁测评价报告	二一五地质队	1978	1：1万	5.8	2个铁矿异常
100	太原市尖山矿区磁法工作总结	山西冶金物探队	1979	1：1万	215	矿异常
101	山西省娄烦县东水沟铁矿磁测结果报告	二一五地质队	1978	1：1万	6	矿异常
102	太原关口工区航磁异常检查报告	物探七分队	1973	1：2.5万	48	性质不明
103	交城县狐堰山外围磁测结果报告	物探一〇三分队	1960	1：2.5万	600	圈定火成岩范围
104	狐堰山地区磁测成果报告	物探二三七分队	1978—1975	1：1万	162.7	有意义异常55个，部分为矿异常
105	狐堰山铁矿区磁测结果报告	物探队	1967	1：2.5万	82	无有意义异常
106	山西省太原市狐堰山铁矿矿泉—上百泉一带磁测结果报告	二一五地质队	1972	1：2000	1.14	6个矿异常
107	山西省晋西北地区航磁异常检查结果简报	物探队航磁组	1980	1：10万	16	辉长岩
108	山西省太原市狐堰山铁矿矿泉—上百泉一带磁测结果报告	二一五地质队	1976	1：5000	0.64	干扰异常
109	山西省太原市狐堰山铁矿矿泉—上百泉一带磁测结果报告	二一五地质队	1977	1：2000	0.51	非矿异常
110	1966年狐堰山铁矿区磁法详查报告	物探四分队	1966	1：5000	8.5	推测铁矿
111	1966年狐堰山铁矿区磁法详查报告	物探四分队	1966	1：5000	5.3	非矿异常
112	交城县上长斜地区磁测化探结果简报	物探二分队	1960	1：5000	8	无异常
113	太原清徐一带地热物探普查工作报告	第一水文队	1972	1：5000	155	金异常与水关系密切
114	山西省航磁检查结果报告	物探队航检组	1966	1：5万	39	基底异常
115	晋阳县孔氏、王寨地区,平定县郭家山地区磁法初查报告	六二四地质队	1974	1：5万	13	玄武岩
116	晋阳县孔氏、王寨地区,平定县郭家山地区磁法初查报告	六二四地质队	1974	1：5万	9	安山岩等综合异常
117	晋阳县孔氏磁异常查证报告	六二四地质队	1974	1：1万	5.12	安山岩、铁矿综合
118	晋阳县孔氏、王寨地区,平定县郭家山地区磁法初查报告	六二四地质队	1974	1：2.5万～1～5万	20	无叙述
119	晋阳县界都地区航磁异常检测报告	六二四地质队	1973	1：1万	2.4	玄武岩
120	祁县航磁异常检查结果报告	物探队重磁组	1972	1：5万	70	火成岩、老基底
121	沁水盆地1973年重磁普查年终报告	物探队重磁组、物探六分队	1972—1973	1：10万	1375	无异常
122	山西省左权县铜峪—栗城地区物化探工作结果报告	物探四分队	1977	1：1万	45.6	2个铁矿带
123	山西省航磁检查结果报告	物探队航检组	1966	1：10万	30	玄武岩
124	左权铜峪超基性岩区物化探工作年终报告	物探四分队	1974	1：1万	7.5	Cr、Ni远景区
125	左权县—黎城县超基性岩物化探工作年终总结	物探四分队	1972	1：5000	33.64	磁铁矿、Cr、Ni

续表 1-2-3

测区编号	报告名称	工作单位	工作年度	比例尺	面积/km²	备注
126	沁水盆地襄垣、长治一带重磁力普查结果报告	北京地质学院实习队	1960	1:20万	3150	结晶基底
127	1966年西安里地区磁法普查详查报告	物探一分队直属三组	1966	1:5万	70	无明显异常
128	山西省1972年度航磁异常检查报告	物探队航检组	1972	1:5万	18	贫含磁铁砂岩
129	1966年西安里地区磁法普查详查报告	物探一分队直属三组	1966	1:5万	76	无明显异常
130	1966年西安里地区磁法普查详查报告	物探一分队直属三组	1966	1:5万	90	无明显异常
131	平顺、壶关县一带磁法放射性工作成果报告	物探一〇四分队	1960	1:2.5万	600	火成岩
132	壶关寺头—蒲水沟及陵川浙水地区磁测结果报告	物探一分队	1959	1:1万	1.76	无明显异常
133	壶关县、平顺县一带磁测结果报告	北京地质学院实习队	1958	1:1万	14	多个小矿体
134	壶关寺头—蒲水沟及陵川浙水地区磁测结果报告	物探一分队	1959	1:5000	1.03	4个小矿体
135	壶关寺头—蒲水沟及陵川浙水地区磁测结果报告	物探一分队	1959	1:5000	2.2	多个小矿体
136	西安里外围地区1967年磁测结果年终报告	物探队	1967	1:4000	2.8	无明显异常
137	西安里地区1975年度物探普查报告、西安里地区磁测普查申家坪工区年度成果报告	物探四分队	1975 1977	1:1万	125	6个有意义异常
138	平顺壶关县一带磁法放射性工作成果报告	物探一〇四分队	1960	1:1万	3.2	小铁矿及火成岩
139	平顺县杏城公社赵城—蒲水一带磁测简报	二一二地质队	1971	1:1万	11.5	1个推测铁矿
140	1966年西安里地区磁法普查详查报告	物探一分队直属三组	1966	1:5000	13.5	铁矿异常6个，不明异常2个
141	西安里外围地区1967年磁测结果年终报告	物探队	1967	1:2000	0.21	3个铁矿异常
142	1966年西安里地区磁法普查详查报告	物探一分队直属三组	1966	1:5000	5.1	小矿异常
143	平顺西安里铁矿区1963年磁测结果报告	物探二分队	1963	1:1万	26	多个小矿异常
144	平顺西安里铁矿区1963年磁测结果报告	物探二分队	1962、1963	1:2000	0.96	5个矿异常
145	1966年西安里地区磁法普查详查报告	物探一分队直属三组	1966	1:5万	50	无异常
146	平顺西安里铁矿区1963年磁测结果报告	物探二分队	1962—1969	1:2000	0.52	11个矿异常
147	平顺壶关县一带磁法放射性工作成果报告	物探一零四队	1960	1:2000~1:5000	2.7	5个矿异常
148	乡宁县管头公社土崖底一带磁铁矿磁法普查结果简报	物探一分队	1960	1:2.5万	70	磁性基底
149	晋南专区二峰山塔儿山卧虎山一带物探工作报告	物探队磁法二队、磁法三队	1959	1:2.5万	1560	7个矿异常带

续表 1-2-3

测区编号	报告名称	工作单位	工作年度	比例尺	面积/km²	备注
150	山西省晋南塔儿山—二峰山地区磁测普查成果报告	物探四分队、六分队,二一三地质队,长春地质学院实习队	1974—1977	1∶1万	937.7	矿异常47个,有价值异常16个
151	1966年西安里地区磁法普详查报告	物探一分队直属三组	1966	1∶2.5万	92	矿异常4个
152	壶关县寺头—蒲水沟及陵川县浙水地区铁矿磁测结果报告	物探一分队	1959	1∶1万	8.5	推测小矿异常
153	壶关县寺头—蒲水沟及陵川县浙水地区磁铁矿磁测结果报告	物探一分队	1959	1∶1万	0.91	无异常
154	晋南专区二峰山、塔儿山、卧虎山一带物探工作报告	物探队磁法二队	1959	1∶5000	7.2	火成岩
155	襄汾县宋村磁测结果报告	山西冶金物探队	1972	1∶5000	11.3	3个矿异常
156	二峰山—塔儿山一带铁矿床物探工作报告	物探一分队	1966	1∶5000	5.5	26个矿异常
157	晋南专区二峰山、塔儿山、卧虎山一带物探工作报告	物探队磁法二队、磁法三队	1959	1∶2000	0.84	推断矿异常
158	晋南专区二峰山、塔儿山、卧虎山一带物探工作报告	物探队磁法二队、磁法三队	1959	1∶2000	1	3个小矿体
159	塔儿山、刁凹、马家咀铁铜矿磁测工作报告	物探队	1967	1∶2000	0.93	推测3个矿异常
160	二峰山、塔儿山一带铁矿床物探工作报告	物探一分队	1966	1∶5000	4	推测磁异常为矿体
161	塔儿山、马家咀、刁凹铁铜矿床磁测工作报告	物探队	1967	1∶5000	0.5	岩体加矿综合异常
162	二峰山—塔儿山一带铁矿床物探工作报告	物探一分队	1966	1∶5000	1.71	无异常
163	二峰山—塔儿山磁测普查年终报告	物探六分队	1975	1∶5000	3.24	矿异常
164	山西省襄汾县四家湾铁铜矿床磁法详查报告	物探队	1968	1∶2000	2	6个矿异常
165	山西省临汾地区塔儿山—二峰山一带1979年度物探工作报告	二一三地质队	1979	1∶5000	5.36	无异常
166	山西省临汾地区塔儿山—二峰山一带1976年度物探工作报告	二一三地质队	1979	1∶5000	7.86	1个矿异常,1个不明
167	晋南专区二峰山、塔儿山、卧虎山一带物探工作报告	物探队磁法二队、磁法三队	1959	1∶2000	1	推断矿异常
168	晋南专区二峰山、塔儿山、卧虎山一带物探工作报告	物探队磁法二队、磁法三队	1959	1∶2000	0.97	3个矿异常,1个岩体
169	晋南专区二峰山、塔儿山卧虎山一带物探工作报告	物探队磁法二队、磁法三队	1959	1∶2000	0.54	3个矿体(3000万t)
170	晋南专区二峰山、塔儿山、卧虎山一带物探工作报告	物探队磁法二队、磁法三队	1959	1∶5000	1.2	矿体(1500万t)
171	晋南专区二峰山、塔儿山、卧虎山一带物探工作报告	物探队磁法二队、磁法三队	1959	1∶2000	1.35	已知矿体加隐伏
172	晋南专区二峰山、塔儿山、卧虎山一带物探工作报告	物探队磁法二队、磁法三队	1959	1∶2000	2.02	矿(1000万t)

续表 1-2-3

测区编号	报告名称	工作单位	工作年度	比例尺	面积/km²	备注
173	襄汾县塔儿山矿区磁测结果报告	北京地质学院实习队	1958	1∶5000	8.1	矿体
174	晋南专区二峰山、塔儿山、卧虎山一带物探工作报告	物探队磁法二队、磁法三队	1960	1∶2000	8.7	岩体加矿
175	晋南专区二峰山、塔儿山、卧虎山一带物探工作报告	物探队磁法二队、磁法三队	1960	1∶5000	9.6	岩体加矿
176	山西省九原山地区物探工作报告	物探三分队	1971 1972	1∶2.5万	235.75	火成岩或磁性基底
177	山西省九原山地区物探工作报告	物探三分队	1972	1∶1万	17.5	火成岩
178	侯马市北董磷矿区及其外围（云邱山—龙门山）中普查评价报告	物探队	1961	1∶2.5万	120	小规模磷、铁矿
179	晋南地区侯马市北董矿区磁铁矿点检查报告	物探一分队	1960	1∶1万	7	磁性杂岩夹细脉铁矿群
180	河津地区1∶1万地面磁测工作报告	山西冶金物探队	1979	1∶1万	134	岩体,夹细脉铁矿群
181	山西省航磁检查结果报告	物探队航磁组	1966	1∶5万	15	性质不明
182	山西省临猗县—万荣地区磁测普查成果报告	物探四分队	1978—1979	1∶2.5万	1214	推测含磁铁矿
183	晋南专署闻喜万荣一带磁铁矿普查年终结果报告	物探一分队	1960	1∶2.5万	640	接触带可能成矿
184	临猗县西陈翟航磁异常、重磁、电综合检查报告	物探三分队、四分队	1971	1∶5000	4.9	推测叠加矿异常
185	中条山地区综合地质普查勘探报告	物探一分队	1964	1∶5万	255.8	圈定了岩体范围
186	山西省垣曲县西沟—绛三岔河工区物化探普查报告	物探一分队	1979	1∶1万	4.7	角闪岩、变火山岩
187	闻喜县柳林铜矿区物探工作报告	物探队实验分队	1964	1∶1万	4	划分了闪长岩范围
188	中条山1961年度综合普查勘探年终报告物化探部分	物探一分队	1961	1∶5万	213	非矿异常
189	山西省闻喜县刘庄冶—柳林马家窑—金古洞工区物化探普查报告	物探一分队	1978	1∶1万	13	非矿异常
190	中条山矿区物探工作报告	物探局中条山物探队	1955		0.5	含铁角闪岩
191	中条山胡家峪—曹家庄物探结果报告	物探一分队	1963	1∶5万	92	划分岩相构造
192	夏县超基性岩1971年度物化探工作报告	物探一分队	1971	1∶1万	17.5	超基性岩,4个超基性岩异常
193	夏县超基性岩1971年度物化探工作报告	物探一分队	1971	1∶2000	1.5	9个超基性岩异常
194	1958年中条山地区探测结果报告	物探局	1956	1∶2.5万～1∶5万	305.5+175	无异常
195	垣曲县宋家山一带磁铁矿磁测结果报告，垣曲县宋家山铁矿物化探结果报告	物探一分队	1960 1965	1∶1万	42	
196	垣曲县宋家山铁矿物化探结果报告	物探一分队	1965	1∶5000	1.92	

续表 1-2-3

测区编号	报告名称	工作单位	工作年度	比例尺	面积/km²	备注
197	垣曲宋家山一带磁铁矿磁测结果报告	物探一分队	1960	1∶2000	2.5	
198	垣曲宋家山一带磁铁矿磁测结果报告	物探一分队	1960	1∶2000	5	
199	垣曲县宋家山铁矿物化探结果报告	物探一分队	1965	1∶2000	0.83	
200	闻喜县桃沟卫家沟铅锌矿综合物探结果报告	物探一一二分队	1960	1∶1万	13	
201	山西省1972年度航磁异常检查报告	物探队航检组	1972	1∶1万	7.8	
202	平陆县下坪铝土矿区电磁实验结果报告	物探队电法二队	1959			
合计					20 507.87	

1.2.3 地球化学

山西省地球化学工作为山西省的地质勘查找矿工作做出了巨大贡献,其工作概况如下。

1. 1∶20 万地球化学调查

山西省 1∶20 万区域地球化学扫面工作始于 1985 年,结束于 1998 年,已覆盖全省。工作方法为水系沉积物测量,分析元素或氧化物数量各图幅不一致,32~38 个不等,各图幅分析元素数量见图 1-2-1。工作技术要求执行地矿部颁发的《区域化探全国扫面工作方法若干规定》。

1∶20 万区域地球化学扫面包括 34 个 1∶20 万图幅,具体有:三门峡、运城、侯马、平型关、广灵、浑源、阜平、天镇、凉城、大同、离石、静乐、榆次、原平、忻县、盂县、晋城、洛阳、长治、陵川、临汾、汾阳、平遥、沁源、清水河、五寨、平鲁、紫金山、柳林、石楼、大宁、韩城、阳泉、左权,控制面积 130 120 km²,占全省面积的 83.4%。

山西省 1∶20 万区域地球化学要求测试分析 39 种元素或氧化物,分别为:Ag、As、Au、B、Be、Ba、Bi、Cd、Co、Cr、Cu、F、Hg、La、Li、Mn、Mo、Nb、Ni、P、Pb、Sb、Sn、Sr、Th、Ti、U、V、W、Y、Zn、Zr、Al_2O_3、CaO、Fe_2O_3、K_2O、MgO、Na_2O、SiO_2。其中 Sn 元素全省未进行测试分析。共圈出单元素地球化学异常 180 399 个,综合异常 1801 处,查证综合异常 123 个。在异常查证、解释推断的基础上,提交了单幅或多幅合编的地球化学图说明书 12 份。在分幅成矿预测的基础上,统一编制了山西省地球化学图及成果报告。根据元素的区域分布和多元素组合特征,结合成矿地质规律,对全省金及多金属矿进行了远景预测,为山西省基础地质研究、理论地球化学研究、环境保护、卫生保健等提供了全新、宝贵的基础地球化学资料。

山西省资源潜力评价中,1∶20 万地球化学调查水系沉积物测量成果是重点基础数据,但是工作中发现 1∶20 万数据存在很多问题:

(1)部分图幅地球化学图,大量元素出现台阶。三层套合法检验认为采样误差掩盖了地球化学变化。

(2)在一些贵金属重要成矿区(带)(主要是五台山、中条山),异常与已知矿点、矿床对应程度差。

(3)成图方法落后单一,对异常研究及异常查证程度低。

(4)山西省测试分析元素或氧化物数量各图幅不同,32~38 个不等,Sn 全省未测试分析。

(5)山西省 1∶20 万区域地球化学数据库建设仅将分析数据入库,没有将报告和图形数据入库。

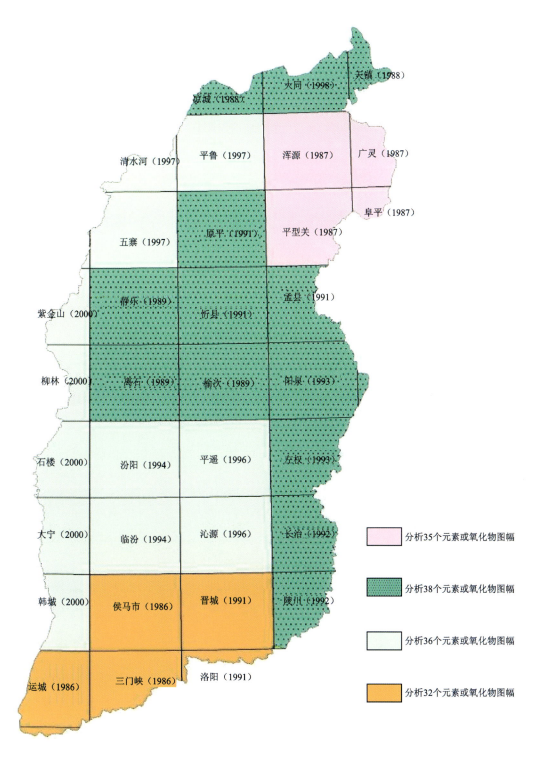

图 1-2-1　山西省 1∶20 万区域地球化学工作程度

2. 1∶5 万地球化学调查

20 世纪 80 年代中期以来,地球化学普查具有双重性质,既是矿产普查的重要手段,又要研究基础性地质问题,主要布置在五台山、中条山等区域地球化学异常区或成矿远景区内,为缩小找矿靶区和直接找矿提供了信息(图 1-2-2)。共完成 48 幅 32 个水系沉积物测量项目,普查面积 19 200km², 占全省面积的12.3%。圈定综合异常714个,取得十分显著的找矿效果。

3. 1∶1万地球化学调查

20世纪80年代后期以来,在1∶20万成果圈定出的异常区(带)和1∶5万异常查证的基础上,开展了多个区块1∶1万的土壤和岩石地球化学测量工作,为山西省在重要成矿带上的找矿工作积累了丰富的资料。

1.2.4 遥 感

山西省利用卫星遥感技术开展遥感地质调查工作较早,截至2006年底覆盖全省的遥感工作主要有1∶100万全省构造解译、1∶50万全省矿产资源遥感调查,此外还进行过1∶25万应县幅、岢岚幅、忻州幅遥感地质解译,以及局部地区配合其他项目开展的遥感地质调查工作(比例尺多为1∶20万),主要工作成果见表1-2-4。

表1-2-4 山西省遥感地质工作程度表

项目名称及完成年份	工作比例尺	范围大小	完成单位及资料归属单位
山西省1∶100万卫星相片地质构造解译(1979)	1∶100万	覆盖全省	山西省地质科学研究所遥感站、山西省地质矿产勘查开发局
山西省矿产资源遥感调查(2000)	1∶50万、1∶25万和1∶10万	覆盖全省,重点区为中比例尺	山西省地质科学研究所遥感中心、山西省地质调查院
中华人民共和国应县幅1∶25万区域地质调查遥感解译(2001)	1∶25万	单幅	山西省地质科学研究所遥感中心、山西省地质调查院
中华人民共和国岢岚幅1∶25万区域地质调查遥感解译(2001)	1∶25万	单幅	山西省地质科学研究所遥感中心、山西省地质调查院
中华人民共和国忻州幅1∶25万区域地质调查遥感解译(2002)	1∶25万	单幅	山西省地质科学研究所遥感中心、山西省地质调查院
山西省卫星相片航空相片典型地质影像图集(1984)	不等	覆盖全省	山西省地质科学研究所遥感站、山西省地质调查院
关帝山内生金属矿产成矿远景区遥感地质解译(1985)	1∶20万,重点区为1∶3.5万和1∶4万	东经111°57′—112°06′,北纬37°20′—38°06′	山西省地质科学研究所遥感站、山西省地质调查院
太原地区断裂构造遥感解译(1986)	1∶20万 1∶5万	太原市城、郊区和郊区县 8100km²	山西省地质科学研究所遥感站、山西省地质调查院
山西省中条山铜、金遥感地质解译(1990)	1∶20万	东经110°15′—112°08′,北纬34°35′—35°30′	山西省地质科学研究所遥感站、山西省地质调查院
中条山遥感地质解译及铜矿靶区预测(1991)	1∶20万	垣曲县一带	山西省地质科学研究所遥感站、山西省地质矿产勘查开发局
晋东北金矿综合信息成矿预测及方法研究(1993)	1∶20万	繁峙县—灵丘县一带	山西省地质矿产局区调队、山西省地质矿产勘查开发局
山西省金矿综合信息成矿预测及方法研究(1994)	1∶50万	覆盖全省	山西省地质矿产局区调队、山西省地质矿产勘查开发局
晋南金矿综合信息成矿预测及方法研究(1996)	1∶20万	临猗县一带	山西省地质矿产局区调队、山西省地质矿产勘查开发局
山西省中条山区遥感地质解译及信息提取(2004)	1∶10万 1∶2.5万	3988km²	山西省地质科学研究所遥感中心、山西省地质调查院

山西省的遥感工作虽然开展工作时间较早,研究水平在当时来讲较高,但由于20世纪90年代遥感工作的断档,使得许多工作不连续,从未系统地进行过全省规模的、较为全面和系统的大比例尺遥感地质调查解译工作,只在中条山、五台山等地区开展过局部的、辅助性的遥感地质工作,或是配合其他矿种和其他研究工作进行过一些中比例尺的遥感地质解译工作,且由于2002年以前的所有遥感解译成果均为手工转绘成图,对解译要素属性未进行系统描述,因此其成果仅供参考。总之,山西省的遥感研究基础较差,在全国处于中等偏下的水平。

1.2.5 自然重砂

1. 1∶20万自然重砂测量

山西省1∶20万自然重砂测量工作,始于20世纪50年代末,结束于20世纪70年末。该项工作伴随1∶20万区域地质调查工作同时开展,对山西省基岩出露区进行了全面的1∶20万自然重砂测量。共完成1∶20万图幅28幅,并于1982年由山西省区域地质调查队提交了《1∶50万自然重砂异常图说明书》,共采集了自然重砂样品38 227件,圈定有用矿物异常区230多个,积累了大量有价值的重砂原始资料,为地质找矿、基础研究提供了大量有用信息。

2. 1∶5万自然重砂测量

20世纪80年代初,在重要成矿区(带)开展1∶5万区域地质调查工作的同时,又在1∶20万自然重砂测量的基础上,对30多个1∶5万区调图幅进行了1∶5万自然重砂测量工作。采集自然重砂样品8000余件。

1.3 矿产勘查及研究

山西省是全国重要的能源重化工基地,既分布有丰富的矿产资源,也是资源开发利用大省,在全国矿业开发中占有重要地位。

全省已发现矿产118种(金属矿产29种,非金属矿产82种,能源矿产4种,水气矿产3种),其中有探明资源储量的矿产62种(固体矿产59种,水气矿产3种)。

1. 矿产勘查工作程度

山西省主要矿种的地质勘查程度较高,其中达勘探(精查)程度比例较高的矿种是煤炭、水泥灰岩、银矿、熔剂用灰岩、金矿;达详查程度比例较高的矿种是硫铁矿、铁矿、耐火黏土、铜矿、铝土矿;非金属矿产的勘查程度相对较低。矿产勘查的控制深度,煤矿一般为600~700m,近年来拓展到1000m以上;铁、铜、金、银、锰等内生金属矿产多为300~400m;部分矽卡岩型铁矿近年来拓展到近1000m;部分沉积变质铁矿床为500~600m;铝土矿不超过300m,非金属矿产一般为100~200m。

从地域上看,全省普查工作程度总体较高,较低的地区主要位于大同盆地、忻定盆地、黄河东岸南部和沁水盆地;全省详查工作程度总体较高,高区主要在五台山地区、中条山地区、大同地区和阳泉一带,沁水盆地和黄河东岸工作程度较低甚至出现大面积空白区;全省勘探工作程度总体较低,工作程度较高的地区主要位于交口和阳泉一带。

2. 全省矿产地勘查总数情况

山西省矿产地数据库建设工作于1997年启动,由山西省地质矿产勘查开发局组织实施,2000年山西省地质调查院在1999年建立的矿产地数据库的基础上,完成除煤炭以外的矿产地数据库建设并通过中国地质调查局验收,评为"优秀级"。数据库共收集完成584个矿产地,其中金属矿矿产地312个,包括:铁矿111个,锰矿4个,铬矿1个,钛矿4个,钒矿1个,铜矿28个,铅矿1个,锌矿2个,铝矿73个,钴矿11个,钼矿6个,金矿33个,银矿11个,锂矿1个,铷矿1个,锗矿2个,镓矿22个。非金属矿矿产地271个,包括:石墨矿4个,含钾砂页岩矿1个,硫铁矿16个,压电水晶矿1个,熔炼水晶矿2个,石棉矿3个,云母矿3个,长石矿6个,石榴子石矿1个,蛭石矿1个,沸石矿1个,芒硝矿5个,石膏矿11个,重晶石矿3个,萤石矿1个,电石灰岩矿5个,熔剂用灰岩矿14个,玻璃用灰岩矿1个,水泥用灰岩矿39个,建筑石料用灰岩矿1个,冶金用白云岩矿3个,熔剂用石英岩矿1个,玻璃用石英岩矿5个,玻璃用砂岩矿4个,水泥配料用砂岩矿4个,熔剂用脉石英矿2个,高岭土矿1个,陶瓷土矿4个,耐火黏土矿66个,膨润土矿2个,铁矾土矿13个,砖瓦用黏土矿2个,水泥配料用黏土矿11个,水泥配料用红土矿1个,水泥配料用黄土矿4个,花岗岩矿1个,饰面用花岗岩矿5个,珍珠岩矿1个,饰面用大理岩矿4个,盐矿5个,镁盐矿4个,磷矿9个。

1.4 成矿规律研究

成矿规律研究是在地质矿产调查与勘查工作的基础上展开的,起步相对较晚,并且与地质找矿和矿产勘查工作密切结合。同时它与国民经济发展的需求息息相关,因而具有强烈的时代特点。例如,为了提高找矿效果,寻找大型和隐伏矿体,山西省20世纪70—80年代开展了铁矿地质研究工作,80—90年代开展了金、铜、铝地质研究工作。从研究对象上讲,有针对所有矿种的区域矿产总结工作,也有对某些急需矿种(如铜、金、铁、铝等)的专题、专项研究;从层次上讲,有国家科技攻关或重点科研项目(如"七五"的中条铜矿,"八五"的五台山绿岩带金矿),部级科技攻关和国家专项基金项目(如"七五"的五台山绿岩带金矿、一、二轮成矿区划研究及典型矿床研究等),还有山西省地矿局自立的大量区域成矿规律专题研究项目;从研究内容上讲,有成矿区划研究、成矿规律研究、成矿模式和成矿系列研究,还有典型矿床研究。总之,研究面广,深度较大,形式多样,参与的单位包括国内重要的科研、教学单位,如天津地质矿产研究所、中国科学院地球化学研究所、冶金工业部天津地质研究院、长春科技大学(现吉林大学)、中国地质大学(北京)等,还有山西省地矿局、冶金工业部第三勘查局等生产单位。

山西省除针对铝土矿、铁矿、金矿开展过全省范围的成矿规律研究和成矿预测以外,其他研究都针对局部,多数分布于五台山地区、中条山地区、塔儿山地区(图1-4-1),山西省成矿规律研究主要成果见表1-4-1。

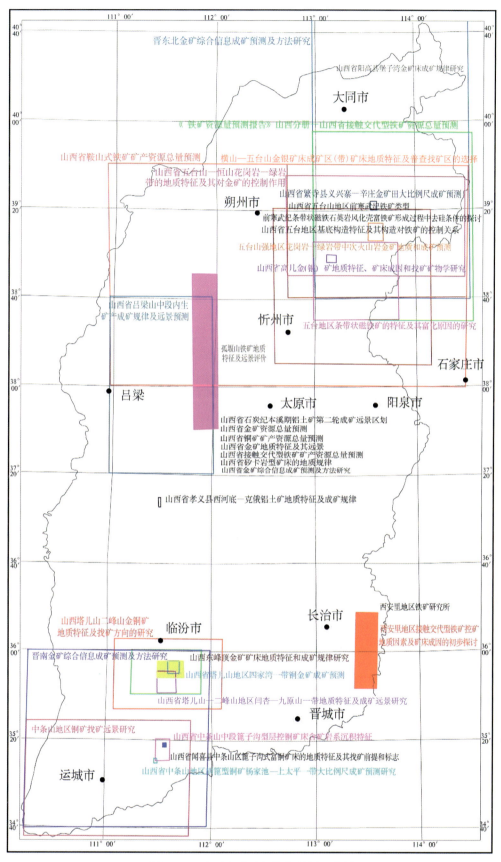

图 1-4-1　山西省成矿规律与预测程度图

表 1-4-1 山西省成矿规律研究主要成果一览表

序号	时间	研究成果（报告）名称	主要研究成果	完成者
1	1967	五台山区变质砾岩金矿找矿与研究	通过研究，讨论了与"兰德"型金矿的可对比性，指出了找矿的方向	山西省地矿局二一一地质队、中国地质科学院东北地质研究所
2	1976	山西省金矿资源	简述了省内主要金矿床点的地质特征	山西省地质局
3	1978	中条山铜矿地质	对区域成矿地质背景、成矿规律以及各类型铜矿床特征进行了系统阐述	中条山铜矿编写组
4	1980	山西省固体矿产第一轮区划		山西省地质局
5	1983	山西省娄烦—繁峙主要硅铁建造型铁矿床及找矿远景的研究	讨论了吕梁山—五台山地区变质铁矿床的形成环境和条件，附有主要铁矿区地质略图和矿床规模统计表，并指出了找矿远景	冶金工业部天津地质调查所、山西冶金地质勘查公司
6	1985	山西省中生代构造演化及其对某些内生矿产分布的控制作用	论述了中生代构造对内生矿产的控矿作用，编制了1：50万山西省中生代构造及内生矿产分布图	山西省地质科学研究所
7	1985	山西省繁峙县义兴寨金矿床成矿地质条件及成矿规律研究	全面论述了义兴寨金矿典型矿床地质特征、控矿条件及成矿规律	山西省地矿局二一一地质队
8	1986	山西省孝义县西河底—克俄铝土矿地质特征及成矿规律研究	研究了该典型矿床的地质特征、控矿条件及铝土矿的成矿规律	山西省地矿局二一六地质队
9	1986	山西省岚县袁家村前寒武纪变质—沉积铁矿床的地质构造特征与形成条件研究	研究了袁家村铁矿的形成条件以及变形变质对铁矿床所起到的变质改造作用和构造聚矿作用，指出了找矿远景和方向	山西省地质科学研究所
10	1986	山西省金矿地质特征及其远景	论述了主要金矿床类型、地质特征、成矿规律及找矿远景	山西省地矿局区调队
11	1987	山西省金矿总量预测		山西省地矿局二一七队
12	1987	绿岩带金矿地质及其与五台山地区的类比情报调研	翻译出版了20世纪80年代以来世界主要绿岩带金矿的经典论文，汇集了大量文献资料，讨论了五台山绿岩带金矿的成矿远景	山西省地质科学研究所、地科院情报所
13	1987	山西省区域矿产总结	论述了成矿地质背景，对30种矿产和区域地球化学、地球物理、自然重砂异常特征进行了分述，讨论了成矿控制因素、成矿规律，并进行了成矿区划和成矿预测，有各种附图多达42幅	山西地矿局区调队
14	1988	晋东北与次火山岩有关的金矿床成矿特征和找矿问题		冶金工业部第三勘查局

续表 1-4-1

序号	时间	研究成果(报告)名称	主要研究成果	完成者
15	1989	山西省五台山区金银成矿规律及预测	讨论了各类型金矿的成矿规律,并进行了远景区预测	山西省地质科学研究所、山西省地矿局二一一队
16	1989	中条山胡-篦型铜矿田控矿构造研究	出版了专著	中国地质大学(武汉)
17	1990	中条山铜矿找矿远景研究		山西省地质科学研究所
18	1990	山西省五台山—恒山花岗岩-绿岩带的地质特征及其对金矿的控制作用	讨论了五台山—恒山花岗岩-绿岩带的地质特征及其演化,绿岩带金矿的类型、矿化特征及其成矿条件,并对绿岩带金矿进行了远景区预测,附有1:20万绿岩带地质图及金矿成矿预测图	山西省地质科学研究所
19	1990	山西省高凡金矿地质特征、矿床成因和找矿矿物学研究	总结了高凡金矿的地质特征、成矿条件及其成因模式,并对金矿的找矿矿物学进行了研究	山西省地矿局二一一队、中国地质大学(武汉)
20	1990	中条山式热液喷气成因铜矿床	出版了专著	中国地质科学院矿床所孙海田等
21	1990	中条铜矿峪型铜矿成矿地质环境和找矿远景研究		山西省地球物理化学勘查院
22	1990	中条山铜矿地球化学评价准则,航地磁异常分析及隐状矿体预测研究		山西省地质科学研究所
23	1991	山西省灵丘北山绿岩型层控金矿地质条件和地球化学特征	评价了鹿沟金矿点,研究了该类型金矿的形成条件以及它的地球化学特征	山西省地质科学研究所
24	1991	繁峙义兴寨地区金矿成矿预测	进行了远景区预测	山西省地矿局二一一队
25	1991	襄汾地区四家湾金矿成矿预测	对四家湾金矿的远景进行了预测	山西省地矿局二一三队
26	1991	中条山铜矿成矿模式及勘查模式	出版了专著	冀树楷等
27	1992	山西省东峰顶金矿床地质特征和成矿规律研究	论述了该金矿的地质特征,控矿条件及成矿规律	山西省地矿局二一三队、中国地质大学(武汉)
28	1992	中条山北段绛县群隐状铜矿找矿研究		山西省地质科学研究所
29	1993	山西省吕梁山中段内生矿产成矿规律及远景预测	研究了吕梁山中段内生矿产的成矿条件及成矿规律,进行了远景区预测,附有1:20万成矿区预测图	山西省地质科学研究所
30	1993	中条山区铜矿大比例尺(1:1万)成矿预测		山西省地矿局二一四队、中国地质大学(武汉)
31	1993	灵丘太白维山银锰多金属矿成矿预测		山西地矿局二一七队
32	1993	山西省阳高县堡子湾金矿床成矿规律研究	探讨了堡子湾金矿的地质特征、成矿条件、控矿因素、矿床成因及其成矿规律与成矿远景	冶金工业部第三勘查局研究所

续表 1-4-1

序号	时间	研究成果（报告）名称	主要研究成果	完成者
33	1993	五台山东部绿岩带铁建造金矿地质特征及远景预测	出版了专著	天津地质矿产研究所
34	1993	五台山绿岩带岩头—宽滩—康家沟一带绿岩型金矿找矿前景	以康家沟金矿的范例，论述了该地区绿岩带中与铁建造有关的层控型金矿的形成条件及成矿远景	冶金工业部第三勘查局研究所
35	1993	恒山义兴寨—辛庄地区金矿地质特征及靶区预测	以义兴寨-辛庄金矿为范例，对其矿床地质特征、成矿条件、控矿因素进行了研究，并进行了找矿靶区预测	天津地质矿产研究所
36	1993	五台山绿岩带变质砾岩型金矿床成矿地质条件、找矿远景的研究	探讨了五台山地区变质砾岩中金矿的成矿地质条件以及砾岩型金矿的找矿远景	冶金工业部天津地质研究院
37	1993	山西省灵丘太那水—刁泉地区花岗岩-绿岩地体中次火山岩热液金矿床地质特征及远景预测		冶金工业部天津地质研究院、山西冶金地质研究所
38	1994	山西省主要成矿区（带）矿床成矿系列成矿模式研究	以五台山-恒山、中条山、塔儿山-二峰山等成矿区（带）为重点，进行了矿床成矿系列划分，建立了区域成矿模式，出版了专著，并有多种附图	山西省地质局陈平等
39	1995	中条山裂谷铜矿床	出版了专著	孙继源、冀树楷等
40	1995	山西铝土矿岩石矿物学、矿床成因及矿床模式研究	出版了专著2本，发现了铝土矿中的稀有稀土矿	山西省地质科学研究所、长春科技大学
41	1996	五台山太古宙地质与金矿床	出版了专著	王安建等
42	1998	五台山地区太古宙铁建造金矿成矿规律及靶区预测	出版了专著	天津地质矿产研究所、山西省地质科学研究所
43	1998	五台山—恒山绿岩带金矿地质	出版了专著	天津地质矿产研究所、山西省地矿局、山西省地质科学研究所
44	1998	山西省五台山中西部含金三角区新类型金矿成矿规律研究及靶区预测	探讨了金矿类型、成矿条件和成矿规律，进行了靶区预测，附有1：20万成矿区预测图	长春科技大学、山西省地质科学研究所
45	2000	晋东北次火山岩型银锰金矿	出版了专著	李生元等
46	2000	五台山区元古宙砾岩金矿研究	总结了五台山区砾岩型金矿的矿床地质特征、成矿条件，进行了远景区预测	长春科技大学、山西省地矿局区域地质调查队
47	2001	山西省地球化学异常研究报告	针对Au的化探异常特征进行了筛选，做出了远景预测，附有大量异常平面图和异常登记表	山西省地球物理化学勘查院
48	2001	华北地台成矿规律和找矿方向综合研究（山西省部分）	按照区域成矿特点及物化遥等特征，将山西省的金、银等10余种矿产的成矿预测区划分为46个	山西省地质调查院

续表 1-4-1

序号	时间	研究成果（报告）名称	主要研究成果	完成者
49	2002	山西省矿床成矿系列特征及主要成矿区（带）的形成规律与成矿远景	对山西省的矿床成矿系列进行了系统划分，总结了成矿系列特征及成矿规律，进行了远景区划和远景预测，附有1：50万山西省矿床成矿系列图	山西省国土资源厅、山西省地质调查院、山西省地质科学研究所
50	2003	山西省金矿资源评价及前景调查	对全省金矿进行了系统总结和远景预测，有1：50万～1：20万附图4幅	山西省地质调查院

以往预测工作或单一，或笼统，单一矿种（组）主要针对内生金属矿产，对非金属矿产几乎没有开展过专门的预测评价。在主要矿种的预测深度、范围、边界确定等细节上缺乏全面、详尽的规范。

山西省煤炭资源预测工作进行了3次：

第一次全国煤田预测：1958—1959年，煤炭工业部组织开展了我国第一次全国性的煤田预测，编制了1：200万的中国煤田地质图及其他图件，预测的全国煤炭资源总量为93 779亿t，对于指导我国煤炭工业建设的规划布局，发挥了极其重要的作用。但限于当时的客观条件，这次预测的资源量数字的准确性较差。

第二次全国煤田预测：1973—1980年，煤炭工业部组织开展了第二轮全国煤田预测。这次煤田预测以地质力学的理论为指导，运用沉积相分析的方法，充分研究了构造控煤及古地理环境对煤层沉积、煤质变化的影响，以及不同时代含煤地层的含煤性变化规律，获得了对聚煤规律的新认识，提高了煤田预测的科学性。预测工作从矿区开始，进而到煤田、省（区）、全国，编制了《中华人民共和国煤田预测说明书》和1：200万中国煤田地质图等一整套图件，成为中华人民共和国成立以来比较系统地反映我国煤田地质条件和煤炭资源状况的资料。但是，第二次全国煤田预测工作只对煤炭资源的前景进行了预测，没有对我国煤炭资源形势和煤炭资源对煤炭工业建设的保证程度进行分析。

第三次全国煤田预测：1992—1997年，煤炭工业部组织开展了第三次全国煤田预测（全国煤炭资源预测和评价）。山西省第三次煤田预测于1992—1995年进行，对六大煤田和5个煤产地分别编制了预测和评价报告共9本、各类图纸47张、附表6本，以及全省的汇总报告和图纸24张。结果显示，山西省截至1992年底，累计探明煤炭资源/储量2 539.66亿t，保有储量2 500.91亿t，预测资源量3 899.14亿t（＜2000m）。山西煤炭资源总量6 400.05亿t，另有2000m以深的煤炭资源量850.06亿t未计入其中。

第 2 章　技术路线、工作流程与工作方法

2.1　技术路线

全国重要矿产资源潜力预测评价的技术路线是全面利用地质构造、综合信息、成矿规律研究成果，建立区域成矿模型。要求深入解析区域地质构造，主要控矿因素，物探、化探、遥感、自然重砂等综合信息，矿化特征，确定预测要素，建立预测模型，对未知区进行类比预测。成矿规律研究是矿产预测工作的主要工作内容，是将地质构造、矿产勘查、矿山开采等资料，以及物探、化探、自然重砂、遥感等所显示的地质找矿信息，运用科学的方法有机地联系起来，总结矿产的时间、空间、物质组分分布规律和形成规律，并据此预测未发现的矿产地的空间分布、矿种、规模、数量。本次成矿规律研究工作以成矿系列等理论为指导，总结区域成矿规律主要通过分析地质构造与区域矿产的时空关系，归纳区域控矿因素，以 2005 年全国划分的Ⅲ级成矿区（带）为基本单元，进一步划分Ⅳ、Ⅴ级成矿区（带），总结区域成矿特征，进一步完善成矿系列组合、矿床成矿系列、亚系列及矿床式的划分，建立区域成矿模式、区域成矿谱系，建立成矿体系，进行矿产预测。

典型矿床及成矿规律研究所遵循的技术路线要求如下。

(1) 矿产预测类型划分，全省矿产预测类型分布图编制。原则上不漏掉矿产预测类型。矿产预测类型尽量与全国和华北矿产预测类型相统一，省界附近的分布区范围与邻省相协调，表图对应。

(2) 根据矿产预测类型选择典型矿床，并进行典型矿床研究，完成典型矿床数据库建设。典型矿床在充分收集资料，补充新发现矿床的前提下确定。典型矿床数据库内容与矿产地数据库要求不一致。

(3) 典型矿床成矿要素研究，编制典型矿床成矿要素图及成矿模式图，建立典型矿床成矿要素数据库。成矿要素强调成矿条件，突出重点和关键性的要素，对少量成矿要素（时代）不明确的典型矿床补充相应工作。

(4) 区域成矿作用和成矿规律研究，编制区域成矿要素图及成矿模式图并建立区域成矿要素数据库。按全省[全省所有成矿区（带）]和预测工作区（矿集区）两条技术路线分别总结，建立区域成矿模式图，编制已知区与预测工作区矿产地质对比剖面（同等比例尺）。

2.2　工作流程

区域成矿规律研究工作的主要目的是为矿产预测提供典型矿床模型资料和区域成矿规律资料，工作内容主要包括成矿地质构造环境研究、区域成矿特征研究、典型矿床研究、建立典型矿床（矿床式）成矿模式、划分成矿系列（亚系列）、划分成矿区（带）、建立区域成矿模式、建立区域成矿谱系、编制区域成矿规律图等。具体工作流程见图 2-2-1。

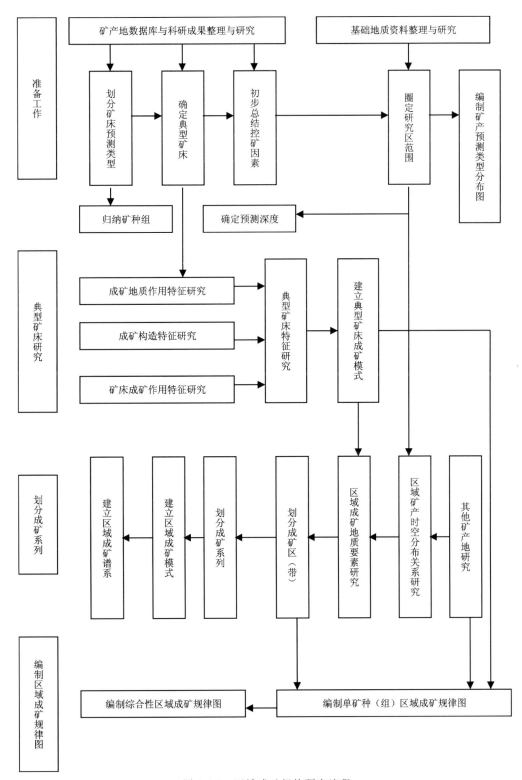

图 2-2-1 区域成矿规律研究流程

2.2.1 准备工作

1. 整理各类基础资料

(1)编制矿产地卡片:由于矿产地数据库属性内容比较详细,矿种也比较齐全,因此需要根据本次工作目标矿种,进一步综合成矿规律研究、科研论文等各方面成果,填制专用于本次矿产预测工作的矿产地卡片。

(2)整理物探、化探、自然重砂、遥感异常资料:对局部异常的推断解释方法、可信度进行分析,整理分类排序资料。

2. 确定目标矿种

依据项目目标任务,根据不同矿种的成矿地质条件,可初步将进行矿产资源潜力评价的24种矿种归纳为15个矿种:煤炭、铁、铜、铝、稀土、银、锰、金、钼、铅、锌、磷、硫、萤石、重晶石。

区域成矿规律研究是以单矿种为基础,最后以Ⅲ级、Ⅳ级成矿区(带)和矿集区进行汇总。

3. 划分矿床预测类型,确定典型矿床(点)

矿床预测类型是矿产预测的基本工作单元。正确地划分研究区矿床预测类型是本次工作的立足点。划分方法是按照矿产地数据库矿床(点)地质特征和成矿时代、大地构造环境、控矿因素、成矿作用特征等划分因素,参照《全国重要矿产和区域成矿规律研究技术要求》中的各矿种矿床预测类型划分方案和代表性矿床参考表,参考近年来对各类典型矿床成因类型的新理论认识和科研成果,将每一矿床的矿床预测类型分矿种进行归属,并确定各矿床预测类型的典型矿床。

矿床预测类型划分原则是,同一矿种二级预测要素和预测底图相同的矿床预测类型确定为同一个矿床预测类型。目前,为了确定各矿种矿床预测类型研究区范围,依照山西省已有成矿规律研究的成果,初步将山西省除煤、煤层气以外的14个矿种划分了26种矿床预测类型。后来在项目实施过程中,依据成矿规律最新研究成果,对划分方案进行补充完善,某些矿床式按全国划分方案进行了更改和归并。

典型矿床选定原则:

(1)按矿床预测类型择定每类中的一个或两个以上的矿床作为典型矿床。

(2)矿产地质工作和研究工作程度较高的矿床,至少具有成矿作用测试数据者列入选择对象。

(3)不满足第(2)条、地质工作程度比较低的地区,可以将矿产勘查工程已经控制的、已达一定规模的、具有基础地质资料的[泛指矿区地质图,典型剖面图和矿床(体)样品采样化验资料]视为典型矿床。

(4)在一个地区或某类矿床缺少典型实例时,允许借用邻区或国外的典型矿床进行类比研究。

典型矿床是归纳"矿床预测类型""矿床式"的基础,也是总结区域成矿规律、建立区域成矿模式的基础。因此,对典型矿床的选择需考虑:①代表性;②完整性;③特殊性;④专题性;⑤习惯性。

4. 圈定预测工作区范围,编制矿产预测类型分布图

在依据矿产地数据库资料形成的矿产地分布图基础上,依据矿床预测类型(式)划分结果,分矿种(组)圈定各矿床预测类型(式)研究区范围,编制矿产预测类型分布图。圈定原则:以同矿种、同矿床预测类型(式)分布范围为基准,根据典型矿床主要控矿因素,参照矿床预测类型主要划分因素和大地构造单元初步划分方案,通过区域地质特征的分析对比研究,将符合该类型主要划分因素特征的成矿有利地段或地质体和已有矿床分布区圈定在内。

2.2.2 典型矿床研究

典型矿床研究工作是成矿规律总结与矿产预测的基础,按照预测类型确定典型矿床并开展研究工作。

1. 成矿地质作用特征研究

针对不同矿床预测类型着重开展相应的控矿地质因素研究。可初步将矿床划分为沉积岩型矿产、第四纪沉积型矿产、侵入岩型矿产、火山岩型矿产、变质岩型矿产、层控内生型矿产、综合内生型矿产7类。其划分原则如表 2-2-1 所示。各类型可根据其主要成矿作用在控矿地质因素研究方面有所侧重,对复合成矿地质作用必须确定主导时空定位。

(1)对沉积型矿产,着重研究矿区沉积建造:确定地层时代,划分岩性层序,研究岩性组合、岩石特征、结构构造、矿物成分、岩石化学、微量元素,研究反映成岩特殊环境的岩石标志,研究岩相、古地理、古构造、沉积构造、盆地构造等并分析与成矿作用的关系。

表 2-2-1 典型矿床分类原则表

序号	矿床分类	分类原则
1	沉积型	由成矿成岩沉积作用时空定位的矿产
2	第四纪沉积型	现代沉积型矿产
3	侵入岩型	由成矿侵入体时空定位的矿产
4	火山岩型	由成矿火山作用时空定位的矿产
5	变质岩型	由成矿变质作用时空定位的矿产
6	层控内生型	由地质建造、变形构造、侵入岩浆作用综合因素时空定位的矿产
7	综合内生型	由侵入体及特定地层建造时空定位的矿产

(2)对火山岩型矿产,着重研究矿区火山喷发建造:确定喷发阶段,划分火山喷发序列,收集年龄数据。研究岩石结构构造、矿物成分、岩石化学成分、微量元素、同位素成分、稀土元素、气液包裹体等特征,分析火山作用和成矿作用的关系。

(3)对侵入岩型矿产,着重研究岩体特征:包括侵入期次、同位素年龄、岩体产状、侵入深度、侵入构造、岩性岩相带、接触带、侵入角砾岩、捕房体、顶垂体、蚀变带、原生构造等。研究岩石特征:包括结构构造、矿物成分、岩石化学、微量元素、同位素、稀土元素、气液包裹体、成矿元素含量。分析岩浆演化序列,分析岩浆作用与成矿作用的关系。

(4)对变质岩型矿产,着重研究矿区变质建造:包括岩性特征、结构构造、矿物成分、岩石化学、微量元素、稀土元素、同位素等,收集年龄数据。恢复原岩成分,划分变质相带。划分表壳岩和深成岩,编制矿区构造岩性图,分析变质作用与成矿作用的关系。

(5)对层控内生型矿产,着重研究沉积或变质建造、变形构造、侵入岩浆作用,分析各地质作用与成矿作用的关系。对综合内生型矿产,着重研究侵入岩浆作用和特定沉积或变质建造,分析各地质作用与成矿作用的关系。

2. 成矿构造特征研究

对各类典型矿床,要开展控岩控矿构造研究,研究内容归纳起来主要有以下几个方面:编制矿床立体图或不同中段水平投影组合图及不同勘探线剖面组合图,对工作程度较低的典型矿床或控矿因素简单的稳定沉积矿床可采用推测成图或数据表达形式。区分成矿期、成矿后构造,鉴别控矿构造的力学性质,确定控矿构造的空间形态展布特征,确定控矿构造活动期次,确定构造活动不同期次的物质成分,分析控矿构造的可能应力作用方式,研究控制岩浆侵入的构造,研究区域构造边界条件,针对不同矿床预测类型分别建立沉积成矿构造体系、火山成矿构造体系、侵入岩成矿构造体系、断裂成矿构造体系、褶皱成矿构造体系、复合成矿构造体系。

3. 矿床成矿作用特征研究

(1)矿体特征:包括形态、规模、产状、品位、主要组分、共生组分。
(2)矿石特征:包括矿物成分、矿石矿物、矿石结构构造。
(3)蚀变特征:包括矿物成分、结构构造、强度、空间变化。
(4)成矿期次:分期次说明矿体特征、矿石特征、蚀变特征。
(5)成矿物理化学条件:包括氧化还原条件、酸碱度、稳定同位素、成矿温度、成矿深度,分析可能的物质成分来源,包括金属元素、氧、硫、流体、热液、能量源等。

4. 典型矿床特征研究

综合成矿地质作用特征研究、成矿构造特征研究、矿床成矿作用特征研究成果,研究典型矿床大地构造位置、成矿时代、成矿类型、矿床规模、矿床平均品位、矿体空间组合类型、矿床剥蚀深度、矿床垂向深度等,联系沉积作用、岩浆作用、构造活动、变质作用等控矿因素,分析成矿就位机制及成矿作用过程,按矿床特征和成矿作用特征划分矿床成因类型。

5. 建立典型矿床成矿模式

依据上述典型矿床研究成果,总结典型矿床(田)成矿模式,主要包括地质背景:地层岩性、构造、侵入岩、火山岩等全部控矿地质因素。矿床空间特征:包括矿体形态、产状、不同矿化类型、矿体空间关系。成矿作用数据:包括温度、压力、酸碱度、流体成分、元素逸度等。将典型矿床研究内容归纳、简化,增加在各典型矿床大比例尺矿区地质图上,突出标明与矿床时空定位有关的成矿要素,形成典型矿床成矿地质要素图。

系统总结成矿特征和各控矿地质作用的推断关系,并利用矿床(田)成矿模式图的形式表达成矿作用过程。成矿模式图可采用小比例尺平面投影图或剖面图的形式,无法用图表达时也可用表格表达。内容包括成矿建造特征、成矿构造特征、成矿作用特征,以及时空变化及其相互关系。

2.2.3 研究区域成矿特征

1. 其他矿产地研究

在开展区域成矿特征研究之前,首先应对其他矿产地资料进行系统整理和归纳,主要有:
(1)全部列出相同预测类型的矿床、矿点、矿化点、矿化线索。

(2)研究内容包括：成矿时代、大地构造位置、成矿地质作用特征、成矿构造特征、成矿作用特征（包括矿体特征、矿石特征、蚀变特征、成矿期次等内容）。

(3)填写其他矿产地数据表。

2. 大地构造环境与区域矿产时空分布关系研究

(1)在所研究成矿区(带)内划分出各类成矿地质构造环境，研究不同矿种、不同矿床预测类型在各类成矿地质构造环境中不同区块的空间分布规律。确定区域矿产的空间分布规律，按照大地构造区块（造山带为大地构造相，陆块区为构造区块、区带）分析产出的各种矿床预测类型的空间位置。

(2)研究大地构造环境不同演化阶段与不同矿床预测类型的关系，说明各种矿床预测类型属于大地构造不同演化阶段的时间关系。

(3)研究相同大地构造环境下相同区块相同演化阶段不同地质建造与区域矿产的关系。

3. 区域成矿要素研究

区域成矿要素研究是成矿规律研究的基础工作。需要在典型矿床研究的基础上，结合地质构造背景研究成果，在相同的大地构造区块内进一步分析具体的控矿因素，研究内容主要包括：

(1)区域成矿地质作用特征：分沉积、火山、侵入、变质、大型变形、复合6类。

(2)区域成矿构造特征：分沉积构造、火山构造、侵入岩构造、大型变形构造、复合构造。

(3)区域成矿作用特征：矿床成矿类型、矿体组合特征、成矿期次特征、矿石特征、蚀变特征、成矿物理化学条件、矿床规模等区域变化情况。

依据上述区域成矿地质要素研究成果，在区域内划分成矿要素分区，并将分区结果表达在各预测类型相应的矿产预测底图上，形成区域成矿要素图。

4. 建立区域成矿模式

在完成上述各项工作的基础上建立区域成矿模式，区域成矿模式是区域矿产特征、区域成矿作用与区域地质构造特征相互关系的表达，也是区域成矿规律的表达。

(1)按照不同的成矿系列及其相对应的大地构造单元内的块体建立区域成矿模式。

(2)首先编制控制该阶段成矿作用的、表达大地构造环境特征的抽象综合地质剖面图，反映与成矿有关的地层建造、火山建造、侵入岩浆建造、变质建造、褶皱形态、断裂构造等。

在此基础上按照各类典型矿床或者矿床式，根据其产出因素表达在地质构造空间位置上，并尽量反映矿床特征的有关资料，以及与地层、侵入岩、构造等控矿因素的关系。表示能反映成矿作用以及成矿特征的各种数据。

(3)区域成矿模式只是一种概念化的空间表达。主要目的是为了形象地表达区域成矿规律，主要作用是为下一步矿产预测时进行区域类比。因此尽量依据已有资料，不宜过于发挥主观想象和复杂化、理想化。

区域成矿模式一般应是区域内主导的矿床成矿系列的成矿模式，当区域内存在矿床成矿系列组时，应为矿床成矿系列组的成矿模式，如果一个成矿区(带)中存在不同时代的矿床成矿系列，则应分别建立各自的成矿模式。区域成矿模式表达有下列几种情况：一是同一控矿地质因素组合在不同空间与同一成矿作用的不同矿化类型的关系；二是不同控矿地质因素在同一空间形成叠加改造成矿作用的关系；三是同一控矿因素组合分期演化在同一空间形成不同阶段成矿作用矿床组合的关系。

2.3 工作方法

2.3.1 成矿规律研究

在成矿规律研究方面所采取的总体技术流程主要是 4 个步骤：全面收集地质矿产资料→划分矿产预测类型→确定预测方法类型→确定整体编图方案。

根据各地成矿地质条件、各自矿种和各自预测类型的实际情况，进一步编制相应的操作更具体化的技术流程。

2.3.2 典型矿床研究

地位：典型矿床研究是成矿规律研究的基础工作。

涵义及要求：按矿产预测类型选取典型矿床，要求具有代表性和全面性。根据矿种组合、同一成矿地质作用中出现不同矿化类型等因素，应选取多个矿床。

5 个研究内容：成矿时代＋成矿地质作用＋成矿构造＋矿产＋成矿作用特征。

技术流程：在典型矿床研究方面所采取的总体技术流程主要体现为 5 个步骤：选择典型矿床→全面收集地质、物探、化探、遥感、矿产资料→确定典型矿床研究内容→确定典型矿床成矿要素内容→确定编图方案。

矿区资料的收集整理。矿区区域地质资料、矿区地质构造图、矿床地质综合平面/剖面图、矿区大比例尺物探、化探资料。

编制矿床成矿要素图和成矿模式图。在矿床成矿地质作用、成矿构造、矿产、成矿作用特征研究成果的基础上，以矿区地质构造图为底图；结合区域地质资料，综合矿床地质综合平/剖面内容，编制矿床成矿要素图、成矿模式图。

2.3.3 区域成矿规律研究

区域成矿规律（也称示范区成矿规律）的研究主要是在典型矿床研究和区域成矿作用研究的基础上，按照预测方法类型编制区域成矿要素底图、区域成矿要素图、区域成矿模式图。预测工作区成矿规律研究是矿产预测最关键的环节，集中体现了全部研究工作的成果，直接关系到预测工作的成败。主要研究内容是：根据区域地质构造特征、典型矿床研究等成果，在开展预测工作区成矿地质特征研究工作的基础上，深入研究工作区矿产资料；全面总结区域成矿地质特征、区域成矿构造特征、区域矿产特征、区域成矿作用特征，研究其相互关系及时空演化特征。

以预测工作区的地质构造专题（底）图为基础，全面收集工作区全部矿产勘查资料，精细表达模型区地质矿产资料，针对模型区全部预测要素内容，收集工作区内大比例尺地质、矿产、物探、化探等资料，补充细化原有底图地质构造内容；编制预测工作区成矿要素（规律）图。在补充细化专题（底）图地质矿产内容的基础上，研究区域成矿地质、成矿构造带、矿产、区域成矿作用，及其相互关系、时空演化规律，编制区域成矿要素（规律）图、区域成矿模式图。

区域成矿规律研究无疑是一项比典型矿床研究综合性更强的工作，其总体技术流程概括为 4 个步骤:全面收集示范区内矿产资料并编制矿产地数据表→编制成矿规律研究底图(即成矿要素图底图)→全面研究区域成矿要素(主要是根据典型矿床成矿要素内容,类比确定区域成矿要素内容并划分成矿要素类别)→编制区域成矿要素图。在成矿要素图的编制过程中,又可具体化为"审核地质构造专题底图→全面补充大比例尺地质内容并细化构造底图→划分模型区和预测目标区→增加物化遥综合信息推断地质构造相关内容"4个步骤。

2.3.4 典型矿床研究图件

典型矿床研究所需要的图件主要包括成矿要素图和成矿模式图。

1. 典型矿床成矿要素图

典型矿床成矿要素图主要反映矿床成矿地质作用、矿田构造、成矿特征等内容。

典型矿床成矿要素图以大比例尺矿区地质图为底图,突出标明与矿床时空定位有关的成矿要素。

对成矿要素进行分类:分为必要的、重要的、次要的。

典型矿床成矿要素图一般可分为平面图和剖面图两种形式,其中成矿要素平面图首选比例尺为1:1万~1:2000,如矿区内没有上述比例尺的图件,可选择1:2.5万~1:2000比例尺图件。成矿要素剖面图选择1:1000~1:500比例尺。图面图示内容包括:图名、图廓、基本图例、成矿要素表、比例尺、责任签等。比例尺为线段比例尺,上方标注数字,放在图廓下方。

2. 典型矿床成矿模式图

典型矿床成矿模式图一般以剖面或平面投影图形式简化表达成矿作用过程,表达成矿地质作用、成矿构造、成矿特征等要素内容,以及它们的时空变化及其相互关系。

2.3.5 区域成矿规律研究图件

区域成矿规律研究所需要的图件主要包括区域成矿要素图、区域预测要素图、区域成矿模式图、区域预测模型图和区域综合信息相关图。对于这些区域性图件的编制,不同示范区也在总的技术流程指导下分别制订了相应的技术流程。

1. 区域成矿要素图

编制区域成矿要素图的步骤为:①按照矿产预测方法类型确定预测底图;②在底图上突出标明与成矿有关的地质内容;③图面标明全部矿床、矿点、矿化线索、采矿遗迹、蚀变等有关内容;④综合分析成矿地质作用、成矿构造、成矿特征等内容,确定区域成矿要素及其区域变化特征。

预测工作区成矿要素图由于其内容达不到成矿规律要求,因此不称成矿规律图。预测工作区成矿要素(规律)图编制过程中尚需编制多种过渡图件。

关于大比例尺资料的要求:在编制区域成矿要素图时,收集和补充预测工作区以往矿产勘查工作形成的大比例尺地质、矿产、物探、化探资料,并尽可能表达在图面上。这是预测工作的关键工作内容,应尽量收集,直接决定了预测结果的可信度。

2. 区域成矿模式图

编制区域成矿模式图时,一般以区域地质剖面图或平面图投影形式简要表达成矿地质作用、成矿构造、成矿特征的区域变化及其相互关系,并标明区域成矿要素及其特征。

第3章 典型矿床及成矿规律

3.1 矿产资源概况

截至2010年底,山西省已发现矿产118种(金属矿产29种,非金属82种,能源矿产4种,水气矿产3种),其中探明资源储量的矿产62种。根据我国经济快速发展对矿产资源的需求,结合全国资源潜力项目办对特殊矿种的安排,针对山西省的成矿地质条件,本次预测工作,选择了煤、铁、铝、铜、金、银、锰、铅、锌、钼、硫、磷、萤石、重晶石、稀土等15种矿产进行了预测。其中铜和钼、铅和锌、铝和稀土为共伴生关系,对于共伴生矿种作为矿组一并进行了叙述。

3.1.1 铁矿

山西省铁矿资源遍布全省。按成因类型可初步划分为变质型、岩浆型、沉积型3类。截至2008年年底,全省已进行评价的矿产地有137处,累计查明的资源储量达51.70亿t。从山西省铁矿的成矿特征及其分布状况来看,137处矿产地中沉积-变质型贫铁矿占有69处,其资源储量却达465 984.29万t,占总储量的90%;岩浆-接触交代型富铁矿虽有40处,资源储量约34 886.19万t,只占总储量的7%;而分布零散的沉积型铁矿有28处,资源储量只有16 162.40万t,占总储量的3%。由此可见沉积-变质型铁矿是山西省铁矿资源的主体,它集中分布在吕梁山北段、五台山地区及太行山南段。塔儿山-二峰山则是接触交代型富铁矿的集中产出区。

3.1.2 铝土矿(稀土矿)

山西是我国的铝土矿资源大省,成因类型为古风化壳沉积型铝土矿。据山西省矿产地数据库显示,截至2007年底,共有矿床(点)199处,其中大型40处,中型62处,小型49处,矿点48处,大、中、小型矿床之和占矿床(点)总数的75%以上。共探明资源量10.06亿t,占全国总资源量的41.63%,居全国之首。中低品位的储量多,铝硅比值大于7的富矿较少,仅占全省总储量的12.89%。该矿种类型单一,所有矿床均产在晚石炭世早期含矿岩系中,由于受古侵蚀面影响程度较低,其分布范围较广。

根据现代构造盆地发育特征,全省共存在有六大铝土矿赋矿盆地,其中发育于山西省内的完整赋矿盆地有4个,即宁武赋矿盆地、五台赋矿盆地、霍西赋矿盆地和沁水赋矿盆地。山西省内的不完整赋矿盆地2个,即鄂尔多斯赋矿盆地、豫西赋矿盆地。鄂尔多斯赋矿盆地绝大部分发育于陕西省内,盆地东缘位于山西省内,即鄂尔多斯赋矿盆地河东赋矿带;豫西赋矿盆地绝大部分发育于河南省内,盆地北端位于山西省内,即豫西赋矿盆地平陆赋矿区。

3.1.3 铜(钼)矿

铜矿是山西的主要优势矿产之一,成因类型划分为变斑岩型、矽卡岩型、沉积-变质型、与变基性岩有关的复合内生型、斑岩型5类。山西省矿产地数据库中共有矿床(点)103处,其中特大型1处,中型5处,小型32处。截至2010年底,山西省累计查明铜矿资源储量442.39万t,占全国铜矿储量的5.34%,居全国第七位。主要集中分布在中条山地区,其次为繁峙、灵丘、五台等地。按区域划分,矽卡岩型铜矿分布于灵丘刁泉和塔儿山的中部,斑岩型铜矿分布在繁峙县一带,其他铜矿均分布在中条山地区。中条山区查明资源量达408.44万t,占总储量的92.33%;繁峙、灵丘一带查明资源量298 513 t,塔儿山地区查明资源量41 080 t。矿石以贫矿为主,富矿仅占总储量的26%,铜矿中常伴有钼、钴、金、银、硫等组分。

3.1.4 金 矿

山西省金矿成矿条件良好,类型众多,内生、外生、变质型金矿兼具;岩金、砂金、伴生金矿并存,独立金矿日趋增多,伴生金矿仍属重要地位。金矿主要集中产区分布于山西省东北部(产地数占59.2%)及西南部(产地数占18.4%),中部及东、西两侧分布零星。东北部以内生岩金矿集中产出,并与银、铜、钼、多金属相共生为其特征;西南部以铜矿伴金为其特色,同时亦有独立内生岩金矿产出。

山西省金矿成因类型初步划分为岩浆热液型、火山岩型、花岗-绿岩带型、沉积型4类。截至2008年底,全省已进行评价的矿产地有65处,累计查明的资源储量达89 132.703 kg。

从山西省金矿的成矿特征及其分布状况来看,65处矿产地中岩浆热液型金矿有54处,其资源储量达69 112.21 kg,占总量的78%;火山岩型金矿2处,资源储量约9607 kg,占总量的11%;花岗-绿岩带型金矿5处,资源储量约8 703.54 kg,占总量的10%;而分布零散的沉积型金矿有4处,资源储量只有1 709.953 kg,占总量的2%。由此可见岩浆热液型金矿是山西省金矿资源的主体,它集中分布在五台山地区及塔儿山—中条山一带。

3.1.5 银 矿

山西省的银矿资源量集中在晋东北地区,成因类型初步划分为陆相火山岩型、热液型、矽卡岩型。到目前为止,经地质勘查并被工业利用的有陆相火山岩型支家地银铅锌矿、矽卡岩型刁泉银铜矿和热液型小青沟银锰矿床。到2007年3个矿床分别查明资源量Ag:1 109.67t、2 359.39t、1 371.88t,合计4 840.94t。

山西省银矿主要分布在山西省天镇、阳高、恒山、广灵、灵丘等地。

3.1.6 锰 矿

山西省是锰矿资源量比较匮乏的省份,且独立的锰矿床不多,成因类型为热液型和沉积型。到2007年已进行评价的矿产地有6处,其中中型2处,小型4处。热液型矿床4处,资源储量395.94万t,

沉积型矿床2处,资源储量129.72万t。合计资源储量525.66万t。到目前为止经地质勘查并被工业利用的有小青沟热液型锰矿和上村含锰菱铁矿。

山西省热液型锰矿主要分布在灵丘一带,沉积型锰(铁)矿主要分布在山西阳泉、长治、临汾等地区。

3.1.7 铅锌矿

山西省是铅锌矿资源量比较匮乏的省份,独立铅锌矿仅有交城县西榆皮铅矿床,成因类型为热液型;共伴生铅锌矿成因类型有陆相火山岩型、矽卡岩型。到2007年已进行评价的独立铅锌矿1处(小型),共伴生铅锌矿4处(小型),查明资源储量,独立铅锌矿Pb:27 905.05t,伴生Zn:3 090.28 t;共伴生铅锌矿Pb:287 326.63 t,Zn:61 749.9 t。

山西省热液型独立铅锌矿主要分布在山西省吕梁、太原地区;共伴生铅锌矿主要分布在山西省灵丘一带。

3.1.8 硫铁矿

山西硫铁矿资源十分丰富,分布广泛,开采利用历史悠久。按成因类型可划分为阳泉式沉积型、晋城式沉积型和云盘式沉积变质型,截至2009年底,全省已进行评价的矿(点)产地有102处,各类储量达1.9亿t,其中上储量表的达14处,累计上表查明储量9 948.67万t(截至2009年10月),其中,沉积型硫铁矿11处,累计查明资源量9 315.07万t;沉积变质型硫铁矿2处,累计查明资源量520.1万t;矽卡岩型硫铁矿1处(灵丘太那水),累计查明资源量113.5万t。

山西阳泉式硫铁矿主要分布在吕梁山中南段,交口县、灵石县、霍县一带,南部吕梁山西麓、河津、稷山、新绛、乡宁、吉县一带,山西省中东部、孟县、阳泉市、平定县、昔阳县一带,山西省南部、平陆、夏县、恒曲县一带,山西省北西部吕梁山北段、河曲县、岢岚县、保德县一带。

山西晋城式沉积型硫铁矿分布在晋东南晋城市、阳城、沁水、高平、长治、长子、壶关县、陵川县等地。

3.1.9 磷 矿

山西省磷矿资源较缺乏,按成因类型可划分为辛集式沉积型和变质型,截至2008年底,全省已进行评价的矿(点)产地有109个,地质资料中有初勘报告3份,勘探报告7份,其余均为普查和踏勘报告,累计查明储量(上储量表)50 597.72万t,累计保有储量50 481.70万t,上表的矿山有6个,即永济陶家窑、芮城水峪、平陆靖家山、灵丘平型关、忻州白家山、繁峙朴子沟。

山西辛集式沉积型磷矿分布在中条山西段芮城和芮城、永济、运城、平陆交界地区。

山西变质型磷矿分布在山西省灵丘县西部白崖台、平型关和繁峙县朴子沟一带,太行山中南段左权县—黎城县,包括桐峪、东崖底西头村、故驿等地。

3.1.10 萤石矿

山西省萤石矿的地质工作程度较低,萤石矿产资源还不十分清楚,虽然全省发现10处矿点及矿化点,但大部分只进行过踏勘工作,全省仅浑源县董庄萤石矿在1988—1989年进行了地质普查工作,提交上表储量(萤石矿储量)为18.12万t,也是唯一的上表矿床。

3.1.11 重晶石矿

山西省重晶石矿主要在太行山—中条山—吕梁山呈不规则带状分布。初步定为层控内生型成因类型。截至2010年底,全省已进行评价的矿产地有2处,均为小型矿床,累计查明的资源储量达5.67万t。

山西省重晶石矿形成于中生代,分布在昔阳、浮山、翼城、平陆、离石等地,主要矿山为翼城三郎山重晶石矿、浮山华池窑重晶石矿。

3.1.12 煤 炭

山西省分布有大同煤田、宁武煤田、河东煤田、霍西煤田、西山煤田、沁水煤田等六大煤田和阳高煤产地、广灵煤产地、浑源煤产地、五台煤产地、灵丘煤产地、繁峙煤产地、平陆煤产地、垣曲煤产地等8个煤产地。

2007年度山西省矿产资源储量表列有煤炭矿产地668处。煤炭资源勘查面积23 641km²,按地质勘查工作阶段划分,达勘探(精查)程度的有298处,达详查程度的有154处,达普查程度的有122处,达预查程度的有36处,达其他勘查程度的有58处。此外,还有2001年以来勘查完成但尚未列入矿产资源储量表的43处煤炭矿产地,勘查面积1 484.2km²。其中达勘探(精查)程度的有22处,勘查面积931.4km²;达详查程度的有7处,勘查面积149.4km²;达普查程度的有13处,勘查面积388.5km²;达预查程度的有1处,勘查面积14.9km²。

据山西省国土资源厅2007年固体矿产资源基础统计数据库以及截至2007年的煤炭地质勘查成果资料,全省累计探获煤炭资源/储量为2 875.82亿t,查明保有的煤炭资源量为2 688.16亿t。对保有的煤炭资源按规划矿区和小型煤产地进行了分类、分级统计,全省查明保有的总资源量2 688.16亿t,其中储量577.82亿t,基础储量1 036.94亿t,资源量1 651.22亿t。

按利用情况区分,生产矿井占用9 671 854万t,占36%;勘查区尚未利用12 862 405万t,占47%;关闭、停产占用4 347 320万t,占17%。

3.2 矿产预测类型划分及其分布

矿产预测类型划分是按照"凡是由同一地质作用下形成的,成矿要素和预测要求基本一致,可以在同一预测底图上完成预测工作的矿床、矿点和矿化线索归为同一矿产预测类型"的原则进行的。山西省的矿产预测类型涉及了沉积变质型、接触交代型、斑岩型、海相沉积型、陆相火山岩型、热液型、砂矿型及不明成因型等26种类型。

3.2.1 铁矿预测类型划分及其分布

山西省铁矿的矿产预测类型共包括5类,分别是鞍山式沉积变质型、袁家村式沉积变质型、邯邢式矽卡岩型、山西式沉积型、宣龙式(广灵式)沉积型。

鞍山式沉积变质型铁矿：赋存在新太古界五台群石咀亚群中，可分为2类：一类产于石咀亚群柏枝岩组或文溪组中，磁铁石英岩组成矿层，矿床规模大，单矿床资源量可达上亿吨，主要分布在五台山区；另一类产于石咀亚群金岗库组，多数矿床规模较小，主要分布在五台山北缘和恒山南缘，其间夹杂的滹沱河第四系覆盖区近年来也有隐伏矿床被发现。晋东南黎城—左权一带赞皇群中的沉积变质型铁矿也可归入该类型。

袁家村式沉积变质型铁矿：分布于吕梁山一带，矿床产在与五台群层位相当的吕梁群中，主要由绿泥片岩、绢云千枚岩、碳质千枚岩、绢云绿泥片岩、石英岩及磁铁石英岩组成，其中夹少量大理岩和燧石岩，属条带状铁建造型铁矿。但由于吕梁群的形成环境与五台群截然不同，它属于浅海相正常沉积建造。吕梁群在吕梁山中北段变质程度由北向南逐渐递增，袁家村属于典型的绿片岩相变质，而到娄烦的尖山东升高为角闪岩相，但矿床的地质构造特征与袁家村铁矿无太大的差异。

邯邢式矽卡岩型铁矿：主要分布在临汾塔儿山-二峰山、平顺西安里、狐堰山3个山西省燕山期幔源型碱性偏碱性岩体周边，岩体与奥陶系马家沟组灰岩的接触部位形成邯邢式矽卡岩型磁铁矿床，为山西省唯一的富矿类型。

山西式沉积型铁矿：主要产在上石炭统古侵蚀面上，随石炭系分布而零散遍及全省，划分出5个研究区，但矿床规模小，矿体极不稳定，以往地质工作程度低，多为民采。

宣龙式(广灵式)沉积型铁矿：赋矿层位为青白口系云彩岭组(景儿峪组)，分布局限，仅在太行山北段广灵、浑源一带有少量矿床(点)。

预测工作区具体特征及分布情况见表3-2-1、图3-2-1。

表3-2-1　山西省铁矿预测工作区一览表

预测方法类型	预测类型	预测工作区名称
变质岩型	鞍山式	山西省鞍山式铁矿恒山—五台山预测工作区(1-1)
		山西省鞍山式铁矿桐峪预测工作区(1-3)
	袁家村式	山西省袁家村式铁矿岚娄预测工作区(2-1)
侵入岩型	邯邢式	山西省邯邢式铁矿狐堰山预测工作区(3-1)
		山西省邯邢式铁矿塔儿山预测工作区(3-2)
		山西省邯邢式铁矿西安里预测工作区(3-3)
沉积型	宣龙式(广灵式)	山西省宣龙式铁矿广灵预测工作区(5-1)
	山西式	山西省山西式铁矿柳林预测工作区(4-5)
		山西省山西式铁矿阳泉预测工作区(4-7)
		山西省山西式铁矿孝义预测工作区(4-9)
		山西省山西式铁矿沁源预测工作区(4-10)
		山西省山西式铁矿晋城预测工作区(4-11)

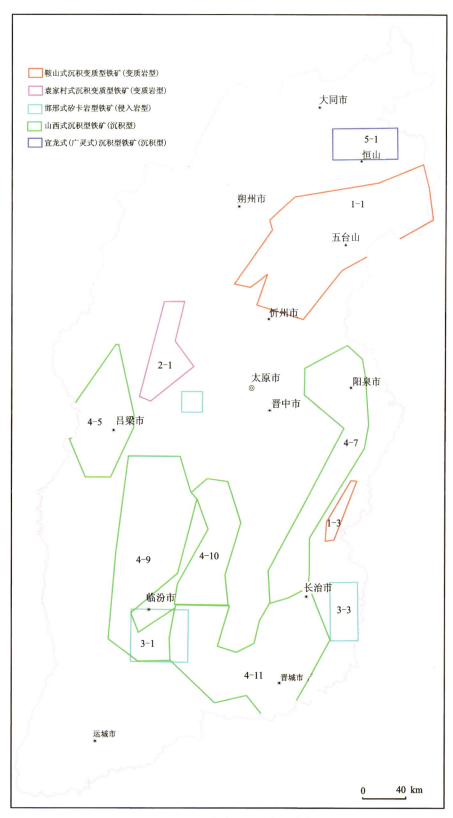

图 3-2-1 山西省铁矿预测类型分布图

3.2.2 铝土矿(稀土矿)预测类型划分及其分布

山西省铝土矿成因类型均属古风化壳沉积型铝土矿,严格受地层层位和岩性的控制,矿体呈层状或似层状产于含矿岩系中。矿产预测类型属克俄式古风化壳沉积型铝土矿。

克俄式古风化壳沉积型铝土矿基本特征:①克俄式铝土矿都产于中奥陶世碳酸盐岩侵蚀面之上,分布广泛而稳定;②克俄式铝土矿矿床规模较大,单矿体长度、宽度大都在数十米至数千米之间,矿体厚度0.5~15m不等,平均厚度2~3m,比差不大;③克俄式铝土矿有共同的岩矿组合和矿石结构构造,且相互间呈渐变关系,含矿岩系自下而上具有 Fe—Al—Si 的沉积序列规律;④克俄式铝土矿有一定规模的铝土矿体都分布在赋矿盆地与古岛之间的缓坡地带靠近古岛部位,呈层状、似层状分布于含矿岩系中部;⑤克俄式铝土矿铝土矿与黄铁矿异地共生,与其下部的山西式铁矿关系密切,铝土矿含硫均很低。

山西省铝土矿主要分布于省内六大赋矿盆地内。根据各盆地中铝土矿床的发育特征及勘查程度等特点,在较大的赋矿盆地内细化出多个预测工作区。沁水赋矿盆地划分为东、西、南、北4个预测工作区,即山西省克俄式铝土矿阳泉预测工作区(19-7)、山西省克俄式铝土矿沁源预测工作区(19-10)、山西省克俄式铝土矿古交预测工作区(19-6)、山西省克俄式铝土矿晋城预测工作区(19-11);鄂尔多斯赋矿盆地河东赋矿带分北、中、南3个预测工作区,即山西省克俄式铝土矿兴县预测工作区(19-2)、山西省克俄式铝土矿柳林预测工作区(19-5)、山西省克俄式铝土矿蒲县预测工作区(19-8);宁武赋矿盆地划分为2个预测工作区,即山西省克俄式铝土矿怀仁预测工作区(19-1)、山西省克俄式铝土矿宁武预测工作区(19-3)。其他各赋矿盆地均较小,被划为独立预测工作区,分别是山西省克俄式铝土矿五台预测工作区(19-4)、山西省克俄式铝土矿孝义预测工作区(19-9)及山西省克俄式铝土矿平陆预测工作区(19-12),全省共12个预测工作区。本书对成矿条件好的7个预测工作区进行了资源量预测总结。预测工作区具体特征及分布情况见表3-2-2、图3-2-2。

表3-2-2 山西省铝土矿预测工作区一览表

预测方法类型	预测类型	预测工作区名称
沉积型	克俄式古风化壳沉积型铝土矿	山西省克俄式铝土矿阳泉预测工作区(19-7)
		山西省克俄式铝土矿沁源预测工作区(19-10)
		山西省克俄式铝土矿古交预测工作区(19-6)
		山西省克俄式铝土矿兴县预测工作区(19-2)
		山西省克俄式铝土矿柳林预测工作区(19-5)
		山西省克俄式铝土矿宁武预测工作区(19-3)
		山西省克俄式铝土矿孝义预测工作区(19-9)

3.2.3 铜(钼)矿预测类型划分及其分布

依据全国铜矿预测类型总体划分方案划分的预测类型,山西省铜钼矿涉及的矿产预测类型有:铜矿峪式变斑岩型、刁泉式矽卡岩型、南泥湖式斑岩型、胡篦式沉积变质型、与变基性岩有关的铜矿。

铜矿峪式变斑岩型铜矿:主要分布于垣曲和绛县境内,划分出1个预测工作区——铜矿峪预测工作区。区内有著名铜矿峪铜矿床,区内出露新太古界绛县超群铜矿峪亚群竖井沟组、西井沟组、骆驼峰组。矿床赋存在绛县-中条多期变形变质带内的铜矿峪亚构造层中。

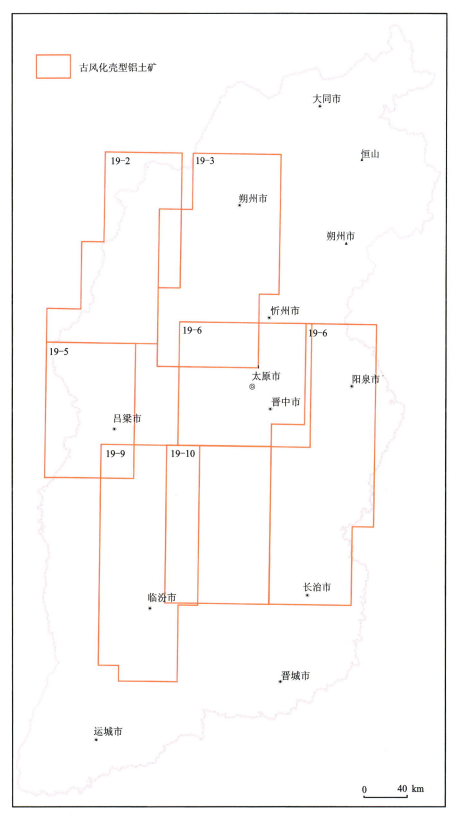

图 3-2-2　山西省铝土矿预测类型分布图

刁泉式矽卡岩型铜矿：分布于灵丘刁泉和塔儿山的中部，划分出 2 个预测工作区。塔儿山预测工作区以燕山期岩体为中心，在与中奥陶统马家沟组灰岩的接触带上，普遍大理岩化，发育有铜矿（化）体，属接触交代—热液型矿床；灵丘刁泉预测工作区矿体主要分布在侵入岩与寒武纪碳酸盐岩建造之间的矽卡岩带中，集中沿矽卡岩带分布，成矿期次划分为气成热液阶段、高温热液阶段、中温热液阶段、表生作用阶段。

胡篦式沉积变质型：布于绛县、垣曲、闻喜县一带，划分为3个预测工作区。横岭关铜矿预测工作区分布于绛县、垣曲、闻喜三县交界附近，矿床赋存于横岭关亚群铜凹组含碳绢英片岩、二云片岩及其与斜长角闪岩的接触带内，呈北东-南西向带状展布，具明显层控特征。矿源层发生多期次强烈构造变形而形成一系列轴面相互平行的紧闭同斜复式褶皱，褶皱及断裂构造组合而成韧性剪切带。已知矿床（点）在平面上显等距性特点，已查明中小型矿床10处；落家河铜矿预测工作区分布于垣曲县东部同善构造-剥蚀天窗至落家河构造-剥蚀天窗一带，分布地层为宋家山群，矿体形态呈似层状，沿走向波状起伏，均呈整合状产于绿泥片岩内；胡家峪预测工作区位于垣曲县南部，出露地层有中条群余元下组、篦子沟组、界牌梁组、龙峪组、余家山组，为已发现的胡篦式铜矿集中分布区，发现有4个中型铜矿床、10余处小型铜矿床及大量的矿化点，是中条山典型的富铜矿床预测类型。

与变基性岩有关的铜矿：分布于中条山西南段，划分出1个预测工作区——中条山西南段预测工作区。区内主要出露涑水杂岩，杂岩中斜长角闪岩、角闪岩等基性岩类（变基性火山岩和变基性岩体）广泛分布且较具规模，目前区内所发现的新铜矿点与这类岩石关系密切，在该类岩石中或边部有磁铁矿和铜矿共生。

南泥湖式斑岩型钼铜矿：分布在山西省东北部繁峙、代县一带，划分出1个预测工作区（繁峙后峪预测工作区）。与成矿有关的是燕山期长石石英斑岩（似斑状花岗岩），岩性主要为闪长岩、长石石英斑岩（似斑状花岗岩）、石英斑岩，围岩多为碳酸盐岩，在接触带成矿。

铜矿峪式变斑岩型铜矿预测工作区具体特征及分布情况见表3-2-3、图3-2-3。

表3-2-3　山西省铜（钼）矿预测工作区一览表

预测方法类型	预测类型	预测工作区名称
变质岩型	胡篦式沉积变质型	山西省胡篦式铜矿横岭关预测工作区（8-1）
		山西省胡篦式铜矿落家河预测工作区（9-1）
		山西省胡篦式铜矿胡家峪预测工作区（10-1）
侵入岩型	刁泉式矽卡岩型	山西省刁泉式铜矿塔儿山预测工作区（7-2）
		山西省刁泉式铜矿灵丘刁泉预测工作区（7-1）
	铜矿峪式变斑岩型	山西省铜矿峪式铜矿铜矿峪预测工作区（6-1）
	南泥湖式斑岩型	山西省南泥湖式钼铜矿繁峙后峪预测工作区（12-1）
复合内生型	与变基性岩有关的	山西省与变基性岩有关的铜矿中条山西南段预测工作区（11-1）

3.2.4　金矿预测类型划分及其分布

山西省金矿涉及的矿产预测类型共包括4类，分别是岩浆热液型、火山岩型、花岗-绿岩带型、沉积型。

岩浆热液型金矿：主要分布在五台山—恒山地区以及塔儿山—中条山一带，灵丘东北、南山和浑源东有少量分布，主要与中生代基性—中酸性岩及构造蚀变岩关系密切。

火山岩型金矿：主要分布在阳高县采凉山一带，其他地方有零星分布。主要与隐爆角砾岩有关。

花岗-绿岩带型金矿：主要分布在五台山地区，赋存在五台群台怀亚群柏枝岩组、鸿门岩组地层及韧性剪切带中。

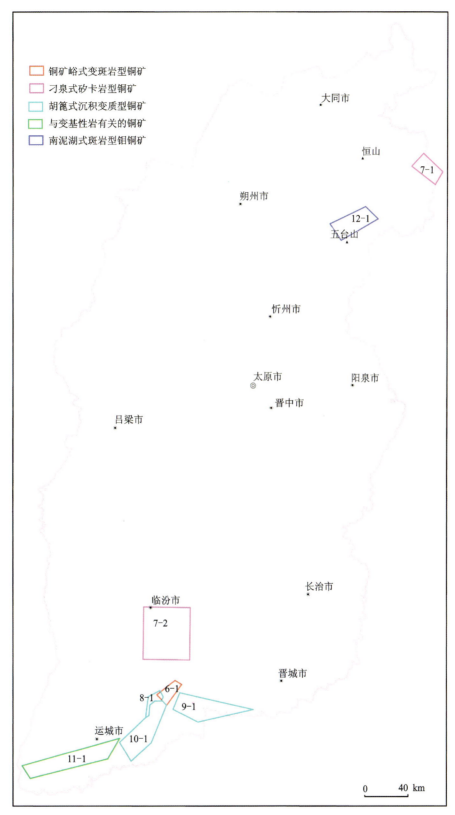

图 3-2-3 山西省铜矿预测类型分布图

沉积型金矿:主要分布在灵丘北山及垣曲一带。

岩浆热液型金矿划分出 8 个预测工作区,火山岩型金矿划分出 1 个预测工作区,花岗-绿岩带型金矿划分出 2 个预测工作区,沉积型金矿划分出 2 个预测工作区。其具体特征及分布情况见表 3-2-4、图 3-2-4。

表 3-2-4　山西省金矿预测工作区一览表

预测方法类型	预测类型	预测工作区名称
复合内生型	岩浆热液型	山西省岩浆热液型金矿塔儿山预测工作区(13-1)
		山西省岩浆热液型金矿紫金山预测工作区(13-2)
		山西省岩浆热液型金矿中条山预测工作区(13-3)
		山西省岩浆热液型金矿灵丘东北预测工作区(14-1)
		山西省岩浆热液型金矿浑源东预测工作区(14-2)
		山西省岩浆热液型金矿灵丘南山预测工作区(14-3)
		山西省岩浆热液型金矿五台山—恒山预测工作区14-4)
		山西省岩浆热液型金矿高凡预测工作区(20-1)
火山岩型	火山岩型	山西省火山岩型金矿阳高堡子湾预测工作区(15-1)
变质岩型	花岗-绿岩型	山西省花岗-绿岩带型金矿东腰庄预测工作区(16-1)
		山西省花岗-绿岩带型金矿康家沟预测工作区(17-1)
沉积型	沉积型	山西省金盆式沉积型金矿灵丘北山预测工作区(18-1)
		山西省金盆式沉积型金矿垣曲预测工作区(18-2)

3.2.5　银矿预测类型划分及其分布

山西省银矿涉及的矿产预测类型共包括 3 类,分别是支家地式陆相火山岩型、小青沟式热液型、刁泉式矽卡岩型。

支家地式陆相火山岩型银铜矿:分布在山西省东北部太白维山地区,本类型矿床受火山机构中隐爆角砾岩体控制。赋矿岩性是石英斑岩角砾岩和流纹质火山角砾岩及凝灰岩角砾岩。当中生代早白垩世规模较大的火山喷发活动趋于结束,在破火山口构造中产生石英斑岩体的上侵作用。由于岩体所携带的含矿气液在相对封闭的构造部位产生聚集—爆破形成角砾岩体和断层带,含矿热液沿着隐爆角砾岩和断层的交代充填作用形成中低温热液型银铅锌多金属矿床。

小青沟式热液型银锰矿:分布在山西省东北部太白维山地区,是与中生代白垩纪次火山岩(石英斑岩)和中元古界长城系高于庄组含锰白云岩有关的热液型银锰多金属矿。

在太白维山破火山口构造中,由于石英斑岩体(脉)上侵作用。一方面岩浆热液携带有丰富的银、铅、锌多金属成矿物质,同时其高温气液又影响了长城系高于庄组含锰灰岩,使其中的锰质产生活化、富集、转移。在含锰灰岩中形成顺层的锰矿体(脉)或银锰矿体(脉)。多数银锰成矿物质沿 NNE 向的断裂带交代充填形成 NNE 向受断层控制的银锰(铅锌)带(脉),而在石英斑岩体中则主要形成银(铅锌)矿体(脉)。

刁泉式矽卡岩型银铜矿:分布在山西省东北部灵丘刁泉地区,其成矿母岩是中生代早白垩世晚期的中酸性侵入岩。岩石组合为辉石闪长岩-黑云母花岗岩-花岗斑岩-石英斑岩,属钙碱性岩石系列。当其上侵至寒武纪碳酸盐岩时,形成总体上呈喇叭口状的侵入接触带(接触断裂构造)。在接触带及其附近产生强烈的接触交代作用(矽卡岩化)。成矿作用分 3 期:第一期为氧化物期,以形成磁铁矿为标志;第二期石英硫化物期,分为铜、铁金属硫化物和含银、金金属硫化物两个阶段;第三期为表生氧化期,分为次生硫化物阶段(斑铜矿、蓝辉铜矿、铜蓝)和表生氧化物(孔雀石、赤铜矿、黑铜矿)两个阶段。

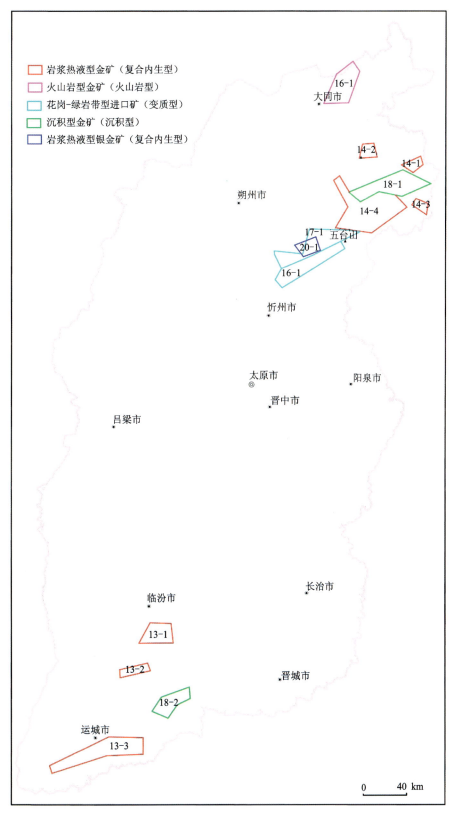

图 3-2-4 山西省金矿预测类型分布图

3 种银矿预测类型各划分出 1 个预测工作区,其具体特征及分布情况见表 3-2-5、图 3-2-5。

表 3-2-5　山西省银矿预测工作区一览表

预测方法类型	预测类型	预测工作区名称
火山岩型	支家地式陆相火山岩型	山西省支家地式陆相火山岩型银矿太白维山预测工作区(21-1)
复合内生型	小青沟式热液型	山西省灵丘县小青沟式热液型银矿太白维山预测工作区(22-1)
侵入岩型	刁泉式矽卡岩型	山西省灵丘县刁泉式矽卡岩型银矿灵丘东北预测工作区(23-1)

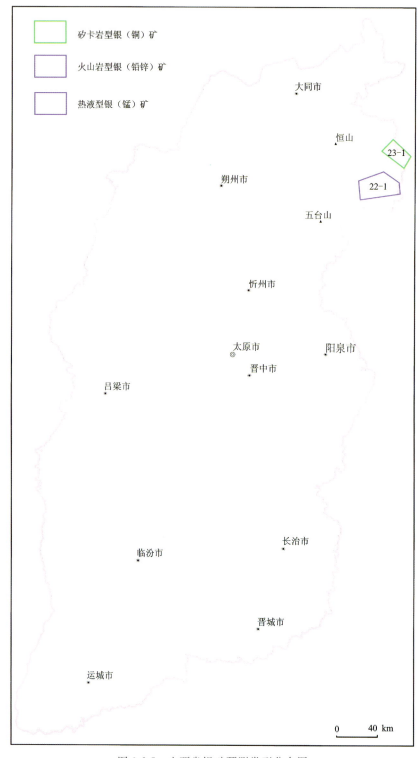

图 3-2-5　山西省银矿预测类型分布图

3.2.6 锰矿预测类型划分及其分布

山西省锰矿预测类型划分为 2 个：热液型、沉积型。

热液型为小青沟式热液型（银）锰矿，分布在山西省灵丘地区。该锰矿的形成与中生代次火山岩石英斑岩和中元古界长城系高于庄组含锰大理岩关系密切，次火山岩提供热液来源，而高于庄组是锰的矿源层。矿体产状主要有两类，一类为主矿体产于 NNE 向断层构造带中，另一类受高于庄组地层控制，产于含锰白云岩中。

沉积型为上村式沉积型锰铁矿，分布于山西省阳泉、长治、晋城、临汾地区。产于二叠系石盒子组三段含锰泥岩建造中，根据沉积物组分、颜色、沉积韵律特征分析推测，石盒子组为陆源碎屑沉积类型，沉积环境从早到晚呈还原—半还原—氧化的特征。锰铁矿产于半还原环境形成的泥岩建造中。含矿层沉积建造韵律旋回明显，石盒子组由下而上可分为 3 个旋回：复成分砂砾岩建造-含煤碎屑岩建造→长石石英砂岩建造-铝土质岩建造-泥岩建造（锰铁矿）→长石石英砂岩建造。锰铁矿产于第二个旋回的泥岩建造中。

热液型锰矿划分出 1 个预测工作区，沉积型锰矿划分出 5 个预测工作区，具体特征及分布情况见表 3-2-6、图 3-2-6。

表 3-2-6 山西省锰矿预测工作区一览表

预测方法类型	预测类型	预测工作区名称
层控内生型	小青沟式热液型	山西省灵丘县小青沟式热液型（银）锰矿太白维山预测工作区(24-1)
上村式沉积型	上村式沉积型	山西省上村式沉积型锰铁矿平定预测工作区(25-1)
		山西省上村式沉积型锰铁矿太岳山预测工作区(25-2)
		山西省上村式沉积型锰铁矿汾西预测工作区(25-3)
		山西省上村式沉积型锰铁矿长治预测工作区(25-4)
		山西省上村式沉积型锰铁矿晋城预测工作区(25-5)

3.2.7 铅锌矿预测类型划分及其分布

山西省独立铅（锌）矿涉及的矿产预测类型只有 1 种，为热液型；共、伴生铅锌矿包括 2 种，即陆相火山岩型和接触交代型。

热液型铅锌矿：主要分布在吕梁山地区，西榆皮铅矿是区内目前已知的唯一具有工业价值的小型矿床，也是矿点、矿化点最多的类型。产于新太古代变质侵入岩（TTG 岩系）中，其成矿时代为古元古代，为英云闪长质片麻岩-花岗闪长质片麻岩-花岗片麻岩变质建造类型，含矿地质体为变质侵入岩中的容矿断裂构造带（张扭性断层带）。断裂构造带往往处于变质片麻岩和界河口群变质岩系的接触带上，其中常见古元古代花岗质岩浆侵入活动。

陆相火山岩型铅锌矿：主要分布在灵丘太白维山地区，是与燕山期火山岩-浅成侵入体有关的银铅锌多金属矿床（点），本次预测类型确定为火山岩型银铅锌矿。以往工作证实为银矿伴生的铅锌矿床，是山西省目前产出铅锌资源量最多的矿床类型。最具代表性的矿床是灵丘县支家地银矿，勘查结果为伴生铅锌矿（近期已查明矿床深部出现铅锌富集趋势）。其产出与早白垩世石英斑岩、英安岩、流纹岩，及其中的爆破角砾岩、断裂构造等火山机构中地质体息息相关。

接触交代型铅锌矿：主要分布在山西省大同市灵丘县、广灵县内，是与燕山期侵入体有关的矽卡岩型银铜矿或类似的岩浆热液型多金属矿，本次预测类型确定为刁泉式矽卡岩型铜矿，铅锌在其中呈共伴生矿，亦有形成与该类型岩浆作用有关的铅锌矿。

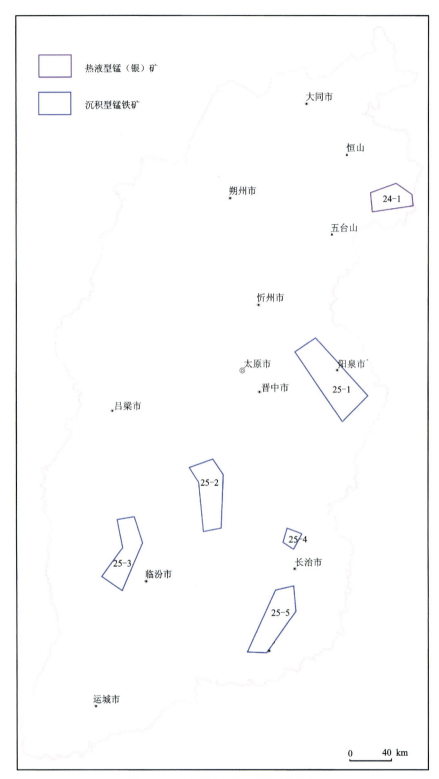

图 3-2-6　山西省锰矿预测类型分布图

热液型铅锌矿划分出 1 个预测工作区——山西省交城县西榆皮铅矿关帝山预测工作区;陆相火山岩型铅锌矿划分出 1 个预测工作区——山西省灵丘县支家地式火山岩型银矿太白维山预测工作区;接触交代型铅锌矿划分出 1 个预测工作区——山西省灵丘县刁泉式铜矿灵丘刁泉预测工作区。山西省铅锌矿预测工作区具体特征及分布情况见表 3-2-7、图 3-2-7。

表 3-2-7　山西省铅锌矿预测工作区一览表

预测方法类型	预测类型	预测工作区名称
复合内生型	热液型	山西省交城县西榆皮铅矿关帝山预测工作区(26-1)
火山岩型	陆相火山岩型	西省灵丘县支家地式火山岩型银矿太白维山预测工作区(27-1)
侵入岩型	接触交代型	山西省灵丘县刁泉式铜矿灵丘刁泉预测工作区(28-1)

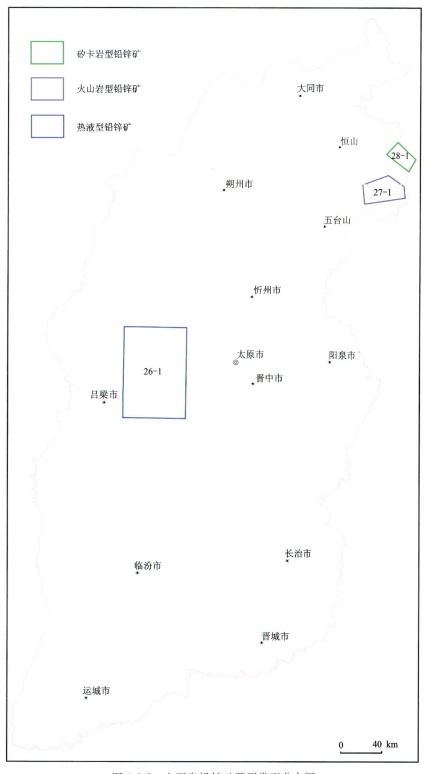

图 3-2-7　山西省铅锌矿预测类型分布图

3.2.8 硫铁矿预测类型划分及其分布

山西省硫铁矿涉及的矿产预测类型共包括 3 类,分别是阳泉式沉积型、晋城式沉积型、云盘式沉积变质型。

阳泉式沉积型:在全省分布广泛,在太行山、吕梁山均有产出。产于上石炭统月门沟群太原组湖田段(C_2t^h)底部,分布于奥陶纪灰岩侵蚀面之上。以典型矿床平定县锁簧硫铁矿为例,一般为一层矿,矿体形态似层状,受古侵蚀面形态影响,厚度和品位变化较大。

晋城式沉积型:主要分布在晋城地区。产于上石炭统月门沟群太原组(C_2P_1t)中。以典型矿床晋城市周村硫铁矿为例,一般层位稳定,厚度品位也稳定,其主要矿层为 A_2、A_4。

A_2 黄铁矿层:位于太原组湖田段中、上部,上距太原组臭煤 2~5m,伪顶为深灰色页岩、灰色铝土质页岩、厚层燧石灰岩(L_1),直接顶板为臭煤,底板为页岩,矿层分布于矿区西、南边缘,黄铁矿呈星散状或小晶体镶嵌于铝土质页岩、砂岩中,有时为黄铁矿结核,层位稳定,但厚度品位变化较大,厚 0.1~1.84m,平均厚 0.83m,S 品位 6.81%~21.9%,S 平均品位 8%~13%,此矿层由西向东,由厚变薄,由富变贫,工业意义不大。

A_4 层黄铁矿:位于臭煤层中,顶底板均为臭煤,黄铁矿呈致密块状,条带状,品位变化不大,S 一般品位 19%~25%,最高品位达 35.12%,全矿区 S 平均品位 22.68%,厚度变化较大,一般 0.7~1.1m,平均厚度 1.03m,本矿层为本区主要矿层。

云盘式沉积变质型硫铁矿:主要分布在忻州繁峙、五台山、代县一带。此类矿床均赋存在新太古界石咀亚岩群金岗库组的斜长角闪岩-黑云变粒岩夹磁铁石英岩变质建造中,岩性为含榴角闪片岩、斜长角闪岩、含榴角闪变粒岩、含榴黑云变粒岩夹条带状磁铁石英岩。以五台县金岗库硫铁矿为例,含矿地层为新太古界石咀亚群金岗库岩组,岩性复杂,主要岩性为角闪石岩、角闪石片麻岩、黑云母片岩、磁铁石英岩等,为火山沉积变质建造。矿体形态为似层状、透镜状和扁豆状。

阳泉式沉积型硫铁矿划分预测工作区 5 个,晋城式沉积型硫铁矿划分预测工作区 1 个,云盘式沉积变质型硫铁矿划分预测工作区 1 个,具体特征及分布情况见表 3-2-8、图 3-2-8。

表 3-2-8 山西省硫铁矿预测工作区一览表

预测方法类型	预测类型	预测工作区名称
变质型	云盘式沉积变质型	山西省云盘式沉积变质型硫铁矿五台山预测工作区(29-1)
沉积型	阳泉式沉积型	山西省阳泉式沉积型硫铁矿汾西预测工作区(30-1)
		山西省阳泉式沉积型硫铁矿乡宁预测工作区(30-2)
		山西省阳泉式沉积型硫铁矿阳泉预测工作区(30-3)
		山西省阳泉式沉积型硫铁矿平陆预测工作区(30-4)
		山西省阳泉式沉积型硫铁矿保德预测工作区(30-5)
	晋城式沉积型	山西省晋城式沉积型硫铁矿晋城预测工作区(31-1)

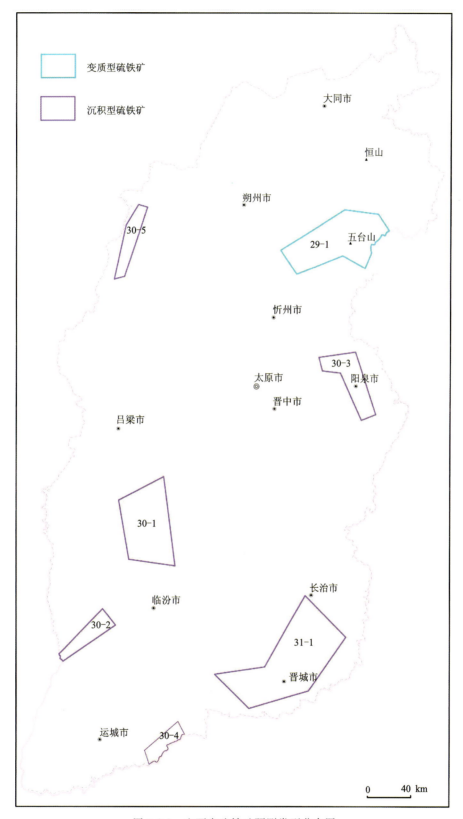

图 3-2-8　山西省硫铁矿预测类型分布图

3.2.9 磷矿预测类型划分及其分布

山西省磷矿涉及的矿产预测类型共包括两类,分别是变质型、海相辛集式沉积型。

变质型磷矿:分布在灵丘县西部白崖台、平型关和繁峙县朴子沟一带以及太行山中南段左权县—黎城县,包括桐峪、东崖底西头村,故驿等地。变质型磷矿均与变质基性—超基性岩有关。如:平型关磷矿,矿体赋存在古元古代变质煌斑岩中,矿石为含磷灰岩正长黑云片岩和混杂含磷灰岩正长黑云片岩。由于受后期多次构造变动及岩浆岩侵入的破坏,构造十分复杂。矿石中磷灰石仅以副矿物形态出现,矿体形态多为似层状、透镜状,比较复杂。

海相辛集式沉积型:分布在中条山西段芮城和芮城、永济、运城、平陆交界地区。赋存于下寒武统辛集组的下段,而矿层又分为上、下两个矿层,即下部砾状磷块岩矿层,上部砂质磷块岩矿层。矿层呈层状,透镜状,横向较稳定,矿床形成于早寒武世海侵旋回的早期阶段,虽然层位稳定,但矿体形态严格受古侵蚀面形态控制,古侵蚀面低凹处,矿体较厚,反之则薄甚至尖灭,致使矿体又呈不连续的透镜状。

海相辛集式沉积型磷矿划分出1个预测工作区,变质型磷矿划分出2个预测工作区,具体特征及分布情况见表3-2-9、图3-2-9。

表 3-2-9 山西省磷矿预测工作区一览表

预测方法类型	预测类型	预测工作区名称
沉积型	辛集式沉积型	山西省辛集式沉积型磷矿芮城预测工作区(32-1)
变质型	变质型	山西省变质型磷矿平型关预测工作区(33-1)
		山西省变质型磷矿桐峪预测工作区(33-2)

3.2.10 萤石矿预测类型划分及其分布

山西省萤石矿涉及的矿产预测类型只有1种,为董庄式岩浆热液型。

董庄式岩浆热液型萤石矿:主要分布于山西省东北部的恒山浑源县一带、西部吕梁山离石一带。以浑源县董庄萤石矿为例,产于燕山期石英斑岩或新太古代土岭花岗闪长-奥长花岗质片麻岩(恒山杂岩)硅化破碎带中,矿脉与硅化破碎带一致。萤石矿围岩主要为石英斑岩及黑云斜长片麻岩或硅化、绿泥石化黑云斜长片麻岩,矿体多富集于酸性岩浆岩及其接触带中,大断裂或次一级的断裂是成矿的主导因素,大量的石英斑岩或酸性岩浆岩沿断裂带分布,为萤石矿的形成提供了物质来源和气热液的通道,氟主要来源于燕山期石英斑岩及其伴生的高温阶段形成的萤石、磷灰石等富氟副矿物的再溶滤,石英斑岩体内接触带萤石矿的钙质来源于近矿围岩中的斜长石绢云母化析钙蚀变,岩体外接触带萤石矿的钙质来源于对钙质围岩的萃取。

萤石矿划分出2个预测工作区,具体特征及分布情况见表3-2-10、图3-2-10。

表 3-2-10 山西省萤石矿预测工作区一览表

预测方法类型	预测类型	预测工作区名称
侵入岩型	董庄式岩浆热液型	山西省董庄式岩浆热液型萤石矿浑源预测工作区(34-1)
		山西省董庄式岩浆热液型萤石矿离石预测工作区(34-2)

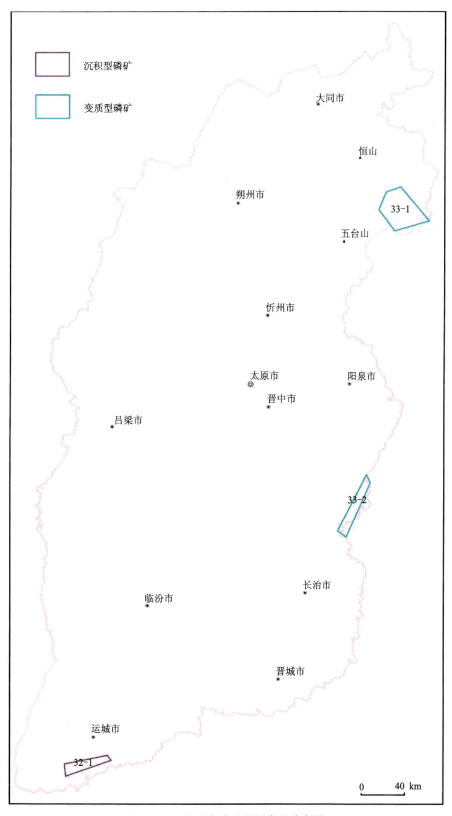

图 3-2-9 山西省磷矿预测类型分布图

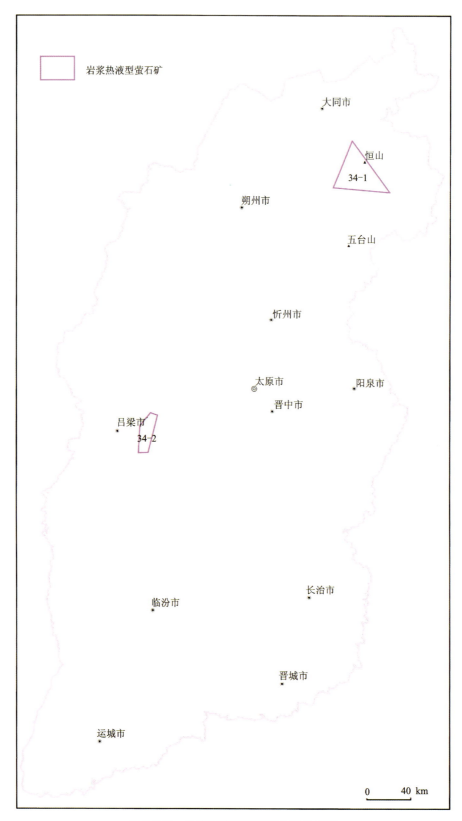

图 3-2-10 山西省萤石矿预测类型分布图

3.2.11 重晶石矿预测类型划分及其分布

山西省涉及的重晶石矿产预测类型为大池山式层控热液型。

大池山式层控热液型重晶石矿：主要分布在太行山、中条山及吕梁山等地。产出的地层及岩性多为寒武系、奥陶系的碳酸盐岩，古元古界中条群佘家山大理岩、上二叠统等地层也见有重晶石矿。重晶石矿体大都填充于构造裂隙中，其矿体的产状、形态、规模和分布规律，均取决于构造裂隙的产状、形态和规模以及裂隙系统的排布形式。区内虽然前寒武纪与燕山期侵入活动强烈，经查与重晶石矿体的形成无直接关系。重晶石矿成矿热液为地下热卤水。

大池山式层控热液型重晶石矿划分出6个预测工作区，具体特征及分布情况见表3-2-11、图3-2-11。

表3-2-11 山西省重晶石矿预测工作区一览表

预测方法类型	预测类型	预测工作区名称
层控内生型	大池山式层控热液型	山西省离石西大池山式重晶石矿预测工作区(35-1)
		山西省离石东大池山式重晶石矿预测工作区(35-2)
		山西省昔阳大池山式重晶石矿预测工作区(35-3)
		山西省浮山大池山式山重晶石矿预测工作区(35-4)
		山西省翼城大池山式重晶石矿预测工作区(35-5)
		山西省平陆大池山式重晶石矿预测工作区(35-6)

3.3 铁矿典型矿床及成矿规律

3.3.1 铁矿典型矿床

山西省涉及的铁矿矿产预测类型分别是鞍山式沉积变质型、袁家村式沉积变质型、邯邢式接触交代型、山西式沉积型、宣龙式(广灵式)沉积型5类。

1. 鞍山式沉积变质铁矿典型矿床

1) 鞍山式沉积变质铁矿典型矿床成矿要素

鞍山式沉积变质铁矿有两个主要成矿层位，下部为金岗库组，上部为柏枝岩组(绿片岩相)/文溪组(角闪岩相)。分别选取了代县山羊坪铁矿为典型矿床、代县黑山庄铁矿。

(1) 代县山羊坪铁矿典型矿床成矿要素。根据对山羊坪铁矿床地质特征的分析，新太古界五台群柏枝岩组/文溪组角闪片岩、绿泥片岩、云母片岩及铁矿层是鞍山式铁矿的含矿建造，为必要的成矿要素，根据其成矿时代、成矿环境等，总结出山羊坪式铁矿成矿要素(表3-3-1)。

(2) 代县黑山庄铁矿典型矿床成矿要素。根据对黑山庄铁矿床地质特征的分析，新太古界五台群金岗库组斜长角闪岩、斜长角闪片岩夹角闪磁铁石英岩，是鞍山式铁矿的含矿建造，为必要的成矿要素，根据其成矿时代、成矿环境等，总结出黑山庄式铁矿成矿要素(表3-3-2)。

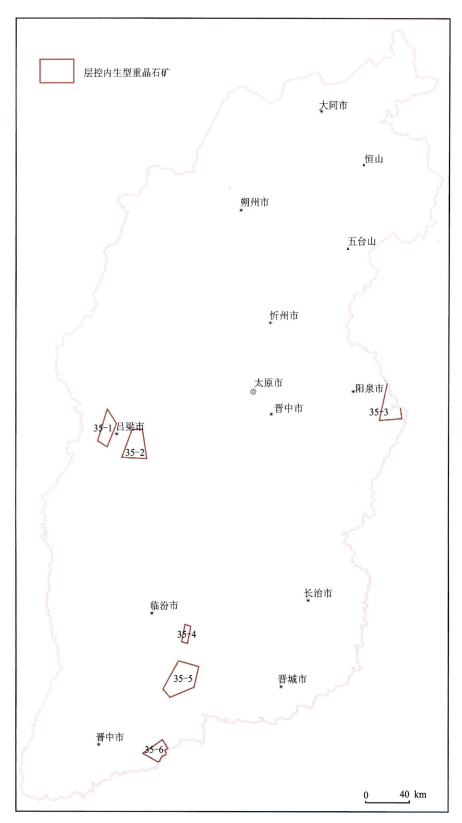

图 3-2-11 山西省重晶石矿预测类型分布图

表 3-3-1　山西省代县山羊坪铁矿典型矿床成矿要素一览表

成矿要素		描述内容		成矿要素分类
储量		2.22 亿 t	平均品位　　　MFe平均品位:23.61%	
特征描述		鞍山式沉积变质型铁矿床		
地质环境	地层	新太古界五台群柏枝岩组/文溪组		必要
	岩石组合	角闪片岩、绿泥片岩、云母片岩、云母石英片岩、磁铁石英岩、赤铁石英岩		必要
	岩石结构	中—细粒变晶结构,片状、条带状构造		次要
	成矿时代	新太古代(2600Ma 左右)		必要
	成矿环境	海相火山-沉积环境		必要
	构造背景	华北东部陆块五台-太行新太古代岩浆弧西段,五台山复向斜北翼次级构造		必要
矿床特征	矿石矿物组合	以磁铁矿及赤铁矿为主,含有石英、角闪石、云母和绿泥石。磁铁矿 15%~25%、石英 30%~45%,角闪石 15% 左右		重要
	结构	中—细粒变晶结构		重要
	构造	条带状构造		重要
	控矿条件	五台群柏枝岩组/文溪组及其不对称的复式褶皱控制		重要

表 3-3-2　山西省代县黑山庄铁矿典型矿床成矿要素一览表

成矿要素		描述内容		成矿要素分类
储量		0.759 49 亿 t	平均品位　　　TFe平均品位:31.54%	
特征描述		鞍山式沉积变质型铁矿床		
地质环境	地层	新太古界五台群石咀亚群金岗库组含铁岩系,含矿层主要为斜长角闪岩、斜长角闪片岩,次为黑云变粒岩		必要
	岩石组合	斜长角闪岩、斜长角闪片岩、角闪石岩、黑云变粒岩、二云片岩、磁铁石英岩、角闪磁铁石英岩		必要
	岩石结构	半自形粒状变晶结构,条纹状、薄层状、片状或块状构造		次要
	成矿时代	新太古代(2600Ma 左右)		必要
	成矿环境	海相火山-沉积环境		必要
	构造背景	华北东部陆块五台—太行新太古代岩浆弧西段,五台山复向斜北翼次级构造		必要
矿床特征	矿石矿物组合	以磁铁矿为主,含少量赤铁矿、次生褐铁矿,石英、角闪石及少量黑云母和绿泥石。磁铁矿 20%~30%		重要
	结构	中—粗粒半自形—自形等粒状变晶结构、半自形—自形柱状变晶结构		重要
	构造	条带状构造、块状构造		重要
	控矿条件	角闪岩相变质的金岗库组含铁岩系及简单的向斜构造控制		重要

2) 鞍山式沉积变质铁矿典型矿床成矿模式

山羊坪典型矿床、黑山庄典型矿床属于海相沉积变质型矿床,在海盆的近岸浅水盆地中形成,其成矿时代在 26 亿~18 亿年间。分三部分对成矿模式进行了总结:成矿地质背景(构造环境)、成矿机理、定位机制(图 3-3-1、图 3-3-2)。

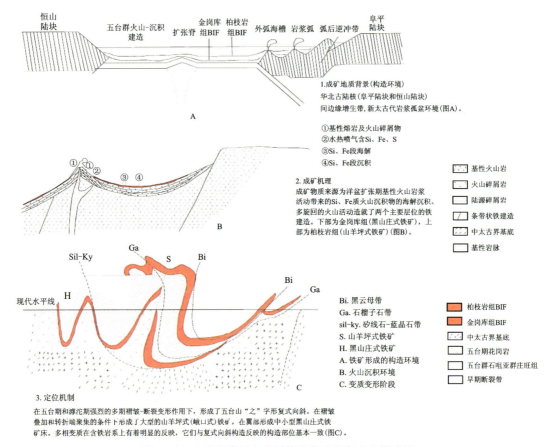

图 3-3-1　山西省代县山羊坪铁矿典型矿床成矿模式图

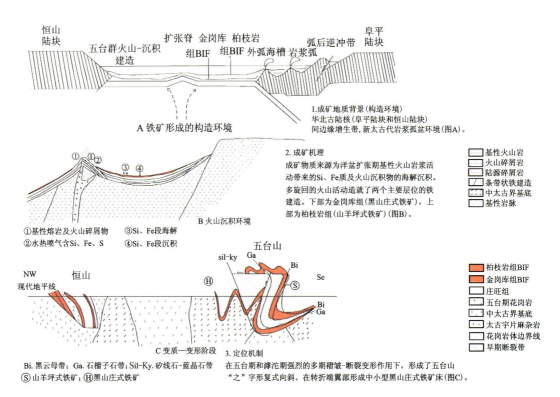

图 3-3-2　山西省代县黑山庄铁矿典型矿床成矿模式图

(1) 成矿地质背景(构造环境):华北东部陆块五台-太行新太古代岩浆弧西段,五台山复向斜北翼次级构造。

(2) 成矿机理:成矿物质来源主要为洋盆扩张期基性火山岩浆活动带来的硅、铁质及火山-沉积物的海解,并在一定的浓度、氧化还原和温压条件下沉积在海盆中,多旋回的火山活动造就了两个主要层位的条带状铁建造:下部称金岗库组,为黑山庄式铁矿所在的层位,上部称柏枝岩组(绿片岩相)/文溪组(角闪岩相),为山羊坪式铁矿所在的层位。

(3) 定位机制:在五台期和滹沱期强烈的多期褶皱-断裂变形作用下,形成了五台山"之"字形复式向斜,在褶皱叠加和转折端集聚的条件下形成大型的山羊坪式(或称峨口式)铁矿,而在翼部形成中小型黑山庄式铁矿床。多相变质在含铁岩系上有着明显的反映,石榴石-黑云母带为绿片岩相变质,石榴石-蓝晶石带为角闪岩相变质,它们与复式向斜构造的构造部位基本一致。

2. 袁家村式沉积变质铁矿典型矿床

袁家村式沉积型铁矿选取岚县袁家村铁矿为典型矿床。

1) 袁家村式沉积变质铁矿典型矿床成矿要素

根据对袁家村铁矿床地质特征的分析,古元古界吕梁群袁家村组碳质绿泥片岩、绢云片岩、绢云绿泥片岩、石英岩、含铁石英岩以及条带状铁矿层,是袁家村式铁矿的含矿建造,为必要的成矿要素,根据其成矿时代、成矿环境等,可总结出袁家村式铁矿成矿要素一览表(表3-3-3)。

表3-3-3 山西省岚县袁家村铁矿典型矿床成矿要素一览表

成矿要素		描述内容		成矿要素分类
储量		8.945 01亿t	平均品位 TFe平均品位:32.37%	
特征描述		沉积变质型铁矿床		
地质环境	地层	古元古界吕梁群袁家村组		必要
	岩石组合	含矿层主要为绿泥片岩、绢云片岩、绢云绿泥片岩、含铁绢云片岩、石英岩。石英磁(赤)铁矿、石英镜(赤)铁矿		必要
	岩石结构	半自形粒状变晶结构,片状或块状构造		次要
	成矿时代	古元古代		必要
	成矿环境	滨海-浅海沉积相型		必要
	构造背景	吕梁-中条古元古代结合带吕梁古元古陆缘盆地尖山—袁家村近南北向褶皱带内		必要
矿床特征	矿石矿物组合	以磁铁矿、磁赤铁矿为主,次生磁(赤)铁矿、褐铁矿少量,石英、角闪石及少量绿泥石		重要
	结构	细粒半自形—自形等轴粒状变晶结构、半自形—自形柱状变晶结构		次要
	构造	条带、条纹状构造,块状构造		次要
	控矿条件	吕梁群袁家村组含铁岩系及其复式褶皱控制		重要

2) 袁家村式沉积变质铁矿典型矿床成矿模式

袁家村典型矿床属于滨海—浅海沉积变质型矿床,其最终成矿时代在26亿~18亿年间。经研究,对袁家村铁矿的成矿模式分3个阶段进行了总结:成矿地质背景(构造环境)、成矿机理、定位机制。首先对其成矿环境和成矿机理进行了研究,其次对其早期变形阶段进行了分析,对其强变形期进行了分析总结,见图3-3-3。

(1) 成矿地质背景(构造环境):袁家村铁矿是在太古宙晚期至元古宙早期吕梁陆块上裂陷槽环境中形成,盆地与五台弧盆可能沟通,但被云中山冲断带隔开,与弧后盆地有某些相似(图3-3-3A)。

(2) 成矿机理:由成矿地质背景决定其物质来源具有多样性,陆源风化形成的含矿热液、洋盆中水热喷气和火山岩的海解通过上升洋流补给都是重要来源。在这一过程中海解是一个重要的成矿作用(图3-3-3A)。

(3)定位机制:含铁建造经过早期变形(图3-3-3B₁)和强期变形(图3-3-3B₂)完成袁家村铁矿在有限范围内集聚成大型矿床。

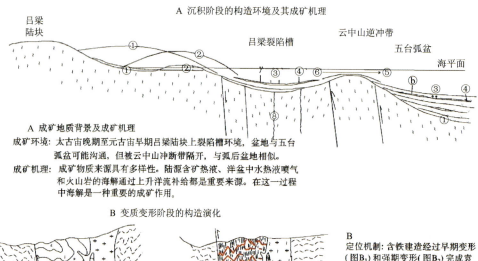

图 3-3-3　山西省岚县袁家村铁矿典型矿床成矿模式图

1.基性火山岩;2.陆源碎屑岩;3.条带状铁建造;4、5.太古宙变质基底;6.古元古代花岗岩;7.同构造期花岗岩及其片理化;8.变基性岩;9.风化岩;10.片理;①以石英长石为主的碎屑物和沉积物区;②Si、Mn、Fe、Al 化学溶液区;③Si、Fe 的溶解;④Si、Fe 的沉淀;⑤洋流上升;⑥海水对流;⑦地下水循环;⑧基性岩墙贯入

3. 邯邢式接触交代型铁矿典型矿床

1)邯邢式接触交代型铁矿典型矿床成矿要素

邯邢式接触交代型铁矿选取临汾市塔儿山尖兵村铁矿为典型矿床。

根据对尖兵村铁矿矿床地质特征的分析,总结出尖兵村邯邢式铁矿成矿要素,具体见表3-3-4。

表 3-3-4　山西省临汾市邯邢式铁矿尖兵村典型矿床成矿要素一览表

成矿要素		描述内容			成矿要素分类
储量		2 185.6 万 t	平均品位	TFe 平均品位 47.67%	
特征描述		邯邢式接触交代型铁矿床			
地质环境	侵入岩类型	主要为斑状闪长岩、二长闪长岩、正长闪长岩			必要
	围岩类型	白云质灰岩、含泥质白云质灰岩、泥晶灰岩等			必要
	蚀变岩类型	透辉石矽卡岩、金云母矽卡岩、透辉石-石榴子石-矽卡岩等			必要
	岩石结构	不等粒中粗粒结构、似斑状结构			次要
	岩石构造	块状构造、角砾状构造、条带状构造等			次要
	成矿时代	早白垩世(130Ma 左右)			必要
	成矿环境	岩浆活动中心地带,赋矿地层为中奥陶世含镁质碳酸盐岩			必要
	构造背景	吕梁山造山隆起带,汾河构造岩浆活动带,塔儿山隆起			必要

续表 3-3-4

成矿要素		描述内容			成矿要素分类
储量		2 185.6万 t	平均品位	TFe平均品位 47.67%	
特征描述		邯邢式接触交代型铁矿床			
矿床特征	岩石矿物组合	以透辉石-磁铁矿石、金云母-磁铁矿石、粒硅镁石-蛇纹石-磁铁矿石为主,其次为碳酸盐岩-磁铁矿石、透闪石-石榴子石-磁铁矿石、黄铁矿-磁铁矿石等			必要
	结构	以半自形—他形晶粒结构为主,其次为交代残余、假象结构、胶状结构等			必要
	构造	以致密块状、浸染状、条带状构造为主,次有团块状、角砾状、粉末状、脉状构造等			次要
	蚀变	透辉石矽卡岩、金云母矽卡岩、粒硅镁石矽卡岩对铁成矿有利,平面上由内向外分带依次为绿泥石化带-绿帘石化带→石榴子石矽卡岩带→透辉石磁铁矿带→粒硅镁石磁铁矿带→金云母磁铁矿带→矽卡岩化磁铁矿带→大理岩化带			必要
	控矿条件	主要为接触带控矿,次为断裂、裂隙、层间构造等,在构造复合部位成矿更为有利			必要
	风氧化	磁铁矿出露地表及浅部一般形成假象赤铁矿、褐铁矿等			次要

2) 邯邢式接触交代型铁矿典型矿床成矿模式

通过对典型矿床成矿地质构造环境、控矿的各类及主要控矿因素、矿床三维空间分布特征、矿床物质组分、成矿期次、矿床地球物理特征及标志、成矿时代、矿床成因等的研究,依据其控矿因素、成矿特征的资料,建立了该区典型矿床的成矿模式,采用二维空间图形的方式表达成矿作用的空间特征,建立一个较系统并有广泛代表性的成矿模式(图 3-3-4)。

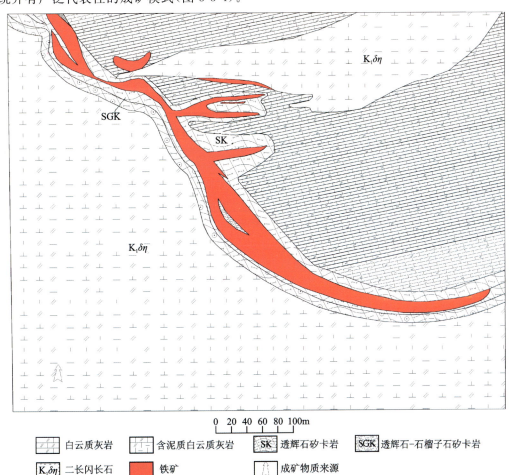

图 3-3-4 山西省临汾市尖兵村铁矿典型矿床成矿模式图

4. 山西式沉积型铁矿典型矿床

1)山西式沉积型铁矿典型矿床成矿要素

山西式沉积型铁矿选取孝义市西河底铁矿为典型矿床。

综合研究西河底矿区所有资料,如成矿时代、地质背景、岩相古地理、古风化壳、基底、顶板、岩性组合、古气候、资源量、矿体厚度、含矿岩系厚度、矿体规模、矿体倾向延伸等,在全面研究成矿地质作用、控矿因素、矿化特征后,归纳总结主要成矿要素,并将成矿要素划分为必要、重要、次要3类,据此编制典型矿床成矿要素一览表(表3-3-5)。

表3-3-5　山西省孝义县西河底铁矿典型矿床成矿要素一览表

成矿要素		描述内容			成矿要素分类
储量		1 865.2万t	平均品位	38.42%	
特征描述		山西式沉积型铁矿			
地质环境	地层	石炭系太原组湖田段存在			必要
	岩石组合	自下而上铁质岩—铝质岩—黏土岩			重要
	岩石结构构造	碎屑结构,层状构造			次要
	古地理特征	奥陶纪碳酸盐岩岩溶侵蚀面,古风化壳存在			重要
	成矿时代	晚石炭世(Rb-Sr等时年龄319~309Ma)			必要
	成矿环境	浅海—潟湖弱还原碳酸盐相			重要
	构造背景	山西台地汾西陆表海			重要
矿床特征	矿体形态	透镜状、窝状、层状或似层状			重要
	矿石结构	粉状、窝状、致密状结构			次要
	矿石构造	结核状、团块状构造			次要
	矿物组合	褐铁矿、赤铁矿并杂有高岭石、方解石、水铝石			重要
	控矿条件	基底上的负地形存在(盆地、溶洼、溶斗群)			必要
	氧化	黄铁矿、菱铁矿氧化为褐铁矿			重要

2)山西式沉积型铁矿典型矿床成矿模式

山西式铁矿成矿类型为古风化壳沉积型矿床。根据铝土矿、山西式铁矿、硫铁矿以及绿泥石铝土矿等的空间分布特点,引用成矿系列理论,即"在一定的地质历史或构造运动阶段,在一定的地质构造单元及构造部位,与一定的地质成矿作用有关,形成一组具有成因联系的矿床的自然组合"进行指导,认为该区山西式铁矿的形成主要是在陆表海的滨浅海环境中,成矿物质以胶体物、悬浮物被海水搬运,化学沉积成矿。

通过深部(潜水面以下)探矿工程揭露证实,山西式铁矿的原生矿为菱铁矿,因此参照绿泥石、菱铁矿、硫铁矿在浅海环境中沉积矿物的分带模式,综合编制该区的成矿模式剖面,也是山西省古风化壳沉积型铁矿的成矿模式剖面。在沉积盆地范围内划分了硅酸盐相、碳酸盐相、硫化物相的区间位置及渐变过渡关系。

在剖面上标明了相区内的水平分带及其pH值、Eh值数据以及含矿岩系在各个相区内沉积形成的矿石组合分带情况。

在剖面上反映出含矿岩系在垂直分带上自上而下的Fe—Al—Si的沉积规律。

通过上述成矿模式的综合描述编制了理想化的典型矿床成矿模式图,见图3-3-5。

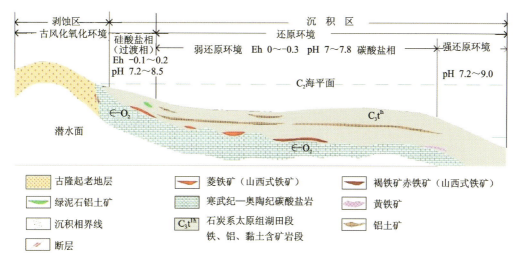

图 3-3-5 山西省孝义县西河底铁矿典型矿床成矿模式图

5. 宣龙式(广灵式)沉积型铁矿典型矿床

1）宣龙式沉积型铁矿典型矿床成矿要素

宣龙式沉积型铁矿选取广灵望狐铁矿为典型矿床。

在全面研究广灵望狐铁矿成矿地质作用、控矿因素、矿化特征后，归纳总结出主要成矿要素，具体见表 3-3-6。

表 3-3-6　山西省广灵县望狐铁矿典型矿床成矿要素一览表

成矿要素		描述内容			成矿要素分类
储量		138 万 t	平均品位	TFe 平均品位:33.27%～50.44%	
特征描述		沉积型铁矿床			
地质环境	地层	新元古界青白口系云彩岭组			必要
	岩石组合	上部铁质石英砂岩组合,下部不稳定的燧石质角砾岩为主			重要
	岩石结构构造	碎屑、鲕粒结构,层状、块状构造			次要
	成矿时代	新元古代			必要
	成矿环境	由滨岸残积—冲积扇相发展而来的三角洲前缘砂坝相			必要
	构造背景	大地构造属华北东部陆块上的燕山中新元古代裂陷带之西南缘,濒临恒山古元古代再造杂岩带及五台新太古代岛弧,后者构成成矿期的古陆			必要
矿床特征	矿石矿物组合	以赤铁矿、石英为主,赤铁矿含量变化大,由百分之几至 40%,其次是镜铁矿、燧石、方解石			重要

2）宣龙式沉积型铁矿典型矿床成矿模式

广灵望狐典型铁矿床为产于新元古界青白口系上部云彩岭组含铁石英砂岩中的沉积型铁矿床。大地构造属晋冀陆块上的燕山裂谷带之西南缘,滨临恒山-桑干古元古代再造杂岩带及五台—太行新太古代岩浆弧,后者为成矿期的古陆;成矿环境为滨岸残积—冲积扇相发展而来的三角洲前缘砂坝相;由北、西、南三面古陆环绕展布的长城系顶部侵蚀面的古地理环境控矿;岩石结构、构造以碎屑结构、层状构造为主;矿石矿物组合以赤铁矿、石英为主,赤铁矿含量变化大,由百分之几至 40%,其次是镜铁矿、燧石、方解石。

通过上述成矿模式的综合描述编制了理想化的典型矿床成矿模式图(图 3-3-6)。

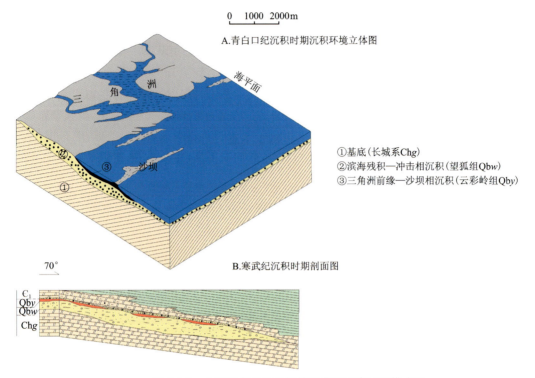

图 3-3-6　山西省广灵县望狐铁矿典型矿床成矿模式图

3.3.2　铁矿预测工作区成矿规律

1. 沉积变质型铁矿预测工作区成矿规律

沉积变质铁矿主要分布在恒山、五台山、吕梁山地区,另外在山西省东南部左权县—黎城县一带也有分布。

本次共划分 3 个预测工作区:山西省鞍山式铁矿恒山—五台山预测工作区、山西省鞍山式铁矿桐峪预测工作区、山西省袁家村式铁矿岚娄预测工作区。预测工作区内铁矿几乎全部赋存于硅铁建造中,矿床成矿类型较为单一。山西省鞍山式铁矿恒山—五台山预测工作区、山西省鞍山式铁矿桐峪预测工作区属于鞍山式沉积变质型铁矿,山西省袁家村式铁矿岚娄预测工作区属于袁家村式沉积变质型铁矿。

此次工作通过对五台山地区山羊坪、黑山庄鞍山式铁矿典型矿床的研究及岚娄袁家村式典型矿床的研究,总结区内成矿地质作用、成矿地质背景、矿田构造、成矿特征、成矿地质体、成矿构造等控矿因素,研究成矿规律,为鞍山式及袁家村式铁矿的资源预测奠定了基础。

1)沉积变质型铁矿预测工作区成矿要素

(1) 鞍山式铁矿恒山—五台山预测工作区成矿要素。在全面研究恒山—五台山预测工作区铁矿成矿地质作用、控矿因素、矿化特征后,归纳总结出主要成矿要素,具体见表 3-3-7。

表 3-3-7　山西省鞍山式铁矿恒山—五台山预测工作区区域成矿要素一览表

成矿要素		描述内容	成矿要素分类
特征描述		沉积变质型铁矿床	
地质环境	地层	新太古界五台群柏枝岩组、文溪组、金岗库组	必要
	岩石组合	柏枝岩组:磁铁石英岩-绿泥片岩-绢云绿泥片岩	必要
		文溪组:磁铁石英岩-斜长角闪岩-黑云变粒岩	
		金岗库组:磁铁石英岩-斜长角闪岩-斜长角闪片岩-黑云变粒岩	

续表 3-3-7

成矿要素		描述内容	成矿要素分类
特征描述		沉积变质型铁矿床	
地质环境	岩石结构构造	中—细粒变晶结构，片状、条带状构造	次要
	成矿时代	新太古代（2600Ma 左右）	必要
	成矿环境	海相火山-沉积环境	必要
	构造背景	华北东部陆块五台—太行新太古代岩浆弧西段，五台山复向斜北翼次级构造	必要
矿床特征	矿物组合	金属矿物以磁铁矿及赤铁矿为主，脉石矿物主要为石英、角闪石、云母和绿泥石	重要
	结构	中—粗粒半自形—自形等粒状变晶结构，半自形—自形柱状变晶结构	重要
	构造	条带状构造	重要
	控矿条件	含铁岩系地层及其不对称的简单或复式褶皱控制	必要

（2）鞍山式铁矿桐峪预测工作区成矿要素。在全面研究桐峪预测工作区铁矿成矿地质作用、控矿因素、矿化特征后，归纳总结出主要成矿要素，具体见表 3-3-8。

（3）袁家村式铁矿岚娄预测工作区成矿要素。在全面研究岚娄预测工作区铁矿成矿地质作用、控矿因素、矿化特征后，归纳总结出主要成矿要素，具体见表 3-3-9。

表 3-3-8　山西省鞍山式铁矿桐峪预测工作区区域成矿要素一览表

成矿要素		描述内容	成矿要素分类
特征描述		沉积变质型铁矿床	
地质环境	地层	新太古界赞皇岩群石家栏岩组	必要
	岩石组合	磁铁石英岩-斜长角闪岩-角闪变粒岩	必要
	岩石结构构造	半自形粒状变晶结构，条纹状、薄层状、片状或块状构造	次要
	成矿时代	新太古代（2600Ma 左右）	必要
	成矿环境	海相火山-沉积环境	必要
	构造背景	华北东部陆块太行山南段新太古代岩浆弧	必要
矿床特征	矿物组合	金属矿物以磁铁矿为主，少量赤铁矿，脉石矿物为石英、角闪石及少量黑云母和绿泥石	重要
	结构	半自形—自形等轴粒状变晶结构、半自形—自形柱状变晶结构	次要
	构造	条带状、块状构造	重要
	控矿条件	含铁岩系地层及多级褶皱构造控制	重要

表 3-3-9　山西省袁家村式铁矿岚娄预测工作区区域成矿要素表

成矿要素		描述内容	成矿要素分类
特征描述		沉积变质型铁矿床	
地质环境	地层	古元古界吕梁群袁家村组	必要
	岩石组合	碳质绿泥片岩-绢云片岩-磁铁石英岩组合	必要
	岩石结构构造	半自形粒状变晶结构，片状或块状构造	次要
	成矿时代	古元古代	必要
	成矿环境	滨海—浅海沉积相型	必要
	构造背景	吕梁—中条古元古代结合带吕梁古元古陆缘盆地尖山—袁家村近南北向褶皱带	必要
矿床特征	矿物组合	以磁铁矿、磁赤铁矿为主，次生磁（赤铁矿）、褐铁矿少量，石英、角闪石及少绿泥石	重要
	结构	半自形—自形等轴粒状变晶结构、半自形—自形柱状变晶结构	次要
	构造	条带、条纹状构造，块状构造	次要
	控矿条件	吕梁群袁家村组含铁岩系及其复式褶皱控制	重要

2）预测工作区成矿模式

五台山—吕梁山地区的沉积变质型铁矿床虽然包含在两个成矿预测工作区内，但它们在区域成矿背景和成矿作用方面均有着密切的联系,具有一致的两阶段成矿模式:第一阶段为沉积成矿阶段,形成不同典型矿床式,如袁家村式、山羊坪式、黑山庄式等;第二阶段为构造聚矿阶段,形成不同规模的铁矿床,尤其是大型和超大型铁矿,如袁家村铁矿、尖山铁矿、山羊坪铁矿、赵村铁矿、大明烟铁矿等,无不与多期和多级褶皱构造变形的聚矿效应有关。这一两阶段区域成矿模式可以用一张综合性的图式来说明(图3-3-7)。

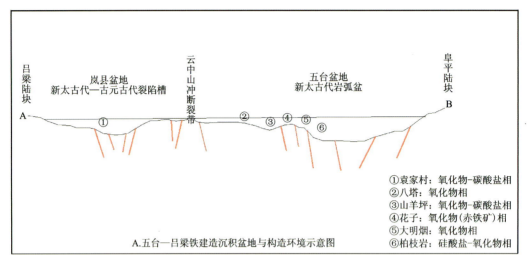

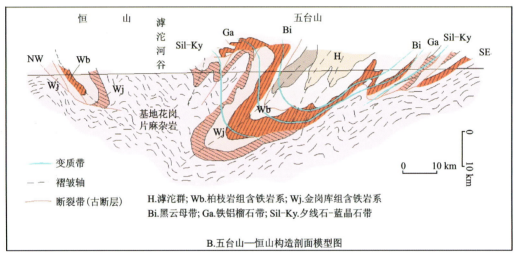

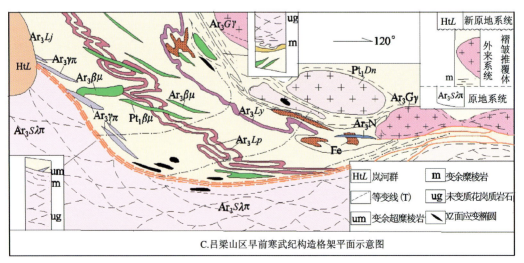

图 3-3-7 山西省鞍山式铁矿恒山—五台山预测工作区区域成矿模式图

(1)铁矿形成的构造背景。

从区域地质构造图上可以明显地看出,恒山—五台山工作区正如典型矿床的成矿要素和成矿模型所示,它们的大地构造背景是五台山新太古代的岩浆弧盆系,而在早、晚两个成矿期中形成不同层位的矿床式:下部金岗库组的黑山庄式,主要分布于五台山北部及恒山地区;上部柏枝岩/文溪组的山羊坪式,主要分布于恒山—五台山预测工作区南部地区。而吕梁山的袁家村式铁矿则属于另外一种沉积环境,尽管目前有一种观点认为它形成于古元古代,是裂陷槽型沉积产物。但从区域地层对比上吕梁群和五台群是相当的,属同一层位,只是环境略有差异,因此可以用区域成矿模式图(图3-3-7)中的A图来反映。并且在一定程度上它还说明了铁建造沉积相之间的空间关系,虽然这仅仅是以柏枝岩组铁建造为例。

(2)铁矿的褶皱变形聚矿效应。

五台山-吕梁山变质铁矿在空间分布上呈现为大、中型矿床分段集中在有一定间隔的小范围内,在这里(矿区)发育对称或不对称褶皱,而矿区与矿区之间则只有较薄且构造简单的含矿层。这些大型铁矿床的不对称褶皱又都从属于更大一级区域构造。如在五台山区,它们主要与NEE向大型复式向斜相关联,如图3-3-7B所示;在吕梁山区,则可能与其两侧逆冲型韧性剪切带的作用有关,如图3-3-7C所示。铁矿区的褶皱作用具有普遍性,属于大型构造的附加褶皱,或称寄生褶皱,它们具有多级性,同时常伴有褶皱轴部加厚和发生多期褶皱叠加等现象,如五台山的山羊坪铁矿、板峪铁矿、赵村铁矿、大明烟铁矿,吕梁山的袁家村铁矿、尖山铁矿等,其结果不仅导致在矿区内矿层多次重复出现,而且厚度也大大增加。反之,在附加褶皱不发育的地方矿层层数较少,而且厚度有限,如黑山庄铁矿、赵北铁矿和令狐铁矿等,在区域成矿模式图中我们用矿层的平面展布及剖面构造形态略图来表示,它们在区域构造部位上的分布规律在图中也一目了然。

3)沉积变质型铁矿预测工作区成矿规律

(1)代县黑山庄鞍山式沉积变质铁矿预测区铁矿主要富集于五台群金岗库组中;五台山山羊坪鞍山式沉积变质铁矿预测区铁矿主要富集于文溪组/柏枝岩组中;岚娄袁家村式沉积变质铁矿预测区铁矿主要富集于吕梁群袁家村组中;桐峪鞍山式沉积变质型铁矿预测区铁矿主要富集于赞皇岩群石家栏岩组中,分布范围较小。

(2)金岗库组含矿岩层主要为斜长角闪岩、黑云变粒岩夹磁铁石英岩岩石组合;柏枝岩组含矿岩层主要为绿片岩相的绿泥片岩、绢云绿泥片岩夹磁铁石英岩岩石组合,而文溪组含矿岩层为绿片岩相向角闪岩相过渡的岩石组合;袁家村组含矿岩层主要为碳质绿泥片岩、绢英片岩夹磁铁石英岩岩石组合;石家栏岩组含矿岩层主要为斜长角闪岩、角闪变粒岩夹磁铁石英岩岩石组合。

(3)金岗库组磁铁石英岩可分为两个不连续的带:北带位于五台山北麓和恒山南麓,沿滹沱河两岸分布,东西长约100km,宽1~4km,跨过滹沱河向云中山仍有延伸;南带位于五台山南部,长约40km,宽0.2~1km。该组磁铁石英岩厚3~30m,铁矿点众多,经过详查查明具工业价值的有5处。文溪组磁铁石英岩不稳定,主要分布在五台山东部,局部地区文溪、灵丘南山含矿3~4层,厚1.4~10.4m,构成小型工业矿床。柏枝岩组在五台山区分布广泛,含矿层位多,从底部的太平沟段到顶部的阳坡道上段均有出露。阳坡道下段中夹有3~5层磁铁石英岩,目前区内已经查明的大中型矿床都产在此层位。阳坡道上段夹有4层磁铁石英岩,但不具有工业价值。袁家村组磁铁石英岩主要分布于岚县袁家村、娄烦尖山狐孤山一带,矿体主要为SN—NNW向展布,数十条矿体大小不等,最长可达5000m,厚度也可达600m。石家栏岩组磁铁石英岩主要分布于桐峪一带,矿体主要为NNE向展布,矿体规模较小。

(4)铁矿层形成之后的多期构造变动(五台、吕梁等运动)改变了铁矿的原始产状。它们的空间位置和矿体的形态由于褶皱作用而发生变化,使矿体局部加厚、膨大形成规模较大的铁矿床。因此矿床、矿体的现今分布和形态特点与后期构造作用密切相关。

五台、吕梁等后期构造运动使矿体遭受了褶皱、断裂、透镜体化、塑性变形等改造作用,形成了复杂多样的矿体形态和分布格局。不同级别的褶皱构造对铁矿起着不同的控制作用。

铁建造在褶皱的转折部位矿层加厚已是一个普通的规律,它们出现在褶皱的转折端、核部等部位。根据对几个铁矿床褶皱翼部和核部的铁矿层厚度的统计,以及野外对中小型褶皱的直接观察,铁矿层在核部厚度一般是翼部厚度的几倍乃至几十倍。所以,矿层如果是以单层出现的地段,只有在褶皱核部才有可能找到大型铁矿,但也需是矿层比较厚的单层矿体,如山羊坪、袁家村铁矿。

(5)五台群的区域构造主要为两个一级复式向斜和一个一级复式背斜,二者组成多个"之"字形构造形态。一级复向斜和复背斜是由多个二级复向斜和复背斜组成的。铁矿床大多受其中的二级复向斜控制。所以五台群铁矿床和矿点的分布也受这一"之"字形构造控制。

(6)沉积变质型含铁建造广泛分布,1∶5万航磁异常发育。异常与五台山含铁建造相对应。异常带为柏枝岩组及金岗库组含铁建造分布区,含铁建造成矿最好者,异常亦最强,为区内主要的异常带。

航磁 ΔT 异常强度在数百至上千伽马,最大可达 2000~4200 γ,异常梯度陡。正负交替,形成多峰值异常,异常沿走向有一定长度,且规律性较强。平面图上异常呈带状、椭圆状沿 NEE 方向展布。有的异常北侧伴有范围较大、强度较高的负值。异常范围和强度与矿体厚度和聚集程度关系密切。

2. 邯邢式接触交代型铁矿预测工作区成矿规律

邯邢式接触交代型铁矿主要分布在山西省中南部临汾盆地、中部太原盆地西部、东南部与河南省交界地带太行山南端。本次共划分 3 个预测区:山西省邯邢式铁矿塔儿山预测工作区、山西省邯邢式铁矿狐堰山预测工作区、山西省邯邢式铁矿西安里预测工作区。

1)预测工作区成矿要素

在全面研究 3 个预测区铁矿成矿地质作用、控矿因素、矿化特征后,归纳总结出主要成矿要素,具体见表 3-3-10。

表 3-3-10 山西省邯邢式铁矿区域成矿要素一览表

成矿要素		要素描述	要素分类
成矿时代		中生代白垩纪	必要
大地构造位置		塔儿山、狐堰山为吕梁山造山隆起带-汾河岩浆构造带,西安里为燕辽-太行岩浆弧-太行山南端陆缘岩浆弧	次要
沉积建造/沉积作用	岩石地层单位	奥陶系马家沟组	必要
	地层时代	奥陶纪	重要
	岩石类型	碳酸盐岩	必要
	沉积建造厚度	厚到巨厚	重要
	蚀变特征	接触变质、矽卡岩化	重要
	岩性特征	碳酸盐岩	重要
	岩石组合	白云岩、灰岩、泥灰岩等	重要
	岩石结构	中细粒变晶结构、生物碎屑结构	次要
	沉积建造类型	白云质灰岩-白云岩建造	必要
		生物屑泥晶碳酸盐岩建造	次要
变质建造/变质作用	岩石地层单位	奥陶系马家沟组	必要
	地层时代	奥陶纪	重要
	岩石类型	角闪岩相变质岩	次要
	变质建造厚度	较厚	重要
	蚀变特征	接触-变质矽卡岩、矽卡岩化	重要
	岩性特征	以矽卡岩为主	必要
	岩石组合	大理岩、透辉石矽卡岩、金云母矽卡岩、粒硅镁石矽卡岩、石榴子石矽卡岩等	次要
	岩石结构	粒状变晶结构	次要
	岩石构造	块状构造为主	次要
	变质建造类型	斜长角闪岩-含矽线黑云片麻岩-镁质大理岩变质建造	必要

续表 3-3-10

成矿要素		要素描述	要素分类
岩浆建造/岩浆作用	岩石名称	斑状闪长岩、二长岩、二长闪长岩	必要
	岩石系列	碱性系列、钙碱性系列	重要
	侵入岩时代	中生代燕山期晚侏罗世—早白垩世	必要
	侵入期次	3次	重要
	接触带特征	矽卡岩化、绿泥石化	必要
	岩体形态	不规则状、透镜状、长条状	次要
侵入岩构造	岩体产状	岩基、岩株	次要
	岩石结构	中粗粒不等粒结构、似斑状结构、斑状结构	重要
	岩石构造	块状构造	次要
	岩体影响范围	500～1000m	重要
	岩浆构造旋回	燕山旋回	重要
成矿构造		主要为接触带	重要
矿体特征	形态产状	形态主要为透镜状、不规则状，产状与接触带一致	重要
	规模	单矿体较小，多呈矿群出现	重要
	蚀变组合	大理岩，透辉石、金云母、粒硅镁石、石榴子石矽卡岩	必要
	成矿期次	气成热液、高温热液、中低温热液及表生作用	重要

2）预测工作区成矿模式

根据3个预测区已发现的89个矿床(点)，综合分析研究确定塔儿山预测区尖兵村铁矿区为典型矿床。分析与此相关的成矿地质作用和成矿构造体系，包括与成矿有关的（时、空、物）成矿地质作用有沉积、侵入岩浆、变质3类，以及与成矿时空定位有关的沉积构造体系、侵入岩构造体系、蚀变等，确定主要的成矿地质背景。预测区根据区域成矿地质背景、岩浆作用、成矿作用，及演化、发展过程结合该区的各类矿床类型，综合考虑已知矿产地的成矿时代、成矿作用及其区域上空间分布特征综合编制了区域成矿模式图，简要表达了成矿地质作用、成矿构造、成矿特征的区域变化及其相互关系，见图3-3-8。

3）预测工作区成矿规律

与成矿有关的沉积建造：邯邢式矿床成矿必须具备侵入岩、围岩和构造等条件。其中围岩条件是成矿的重要因素，它不仅提供了成矿元素的物质来源，提供成矿物质的沉积场所，同时也是影响成矿作用方式、矿体产状、规模和矽卡岩类型及矿种的物质基础。有利于矽卡岩形成的围岩主要是各种碳酸盐岩，如石灰岩、白云岩、白云质灰岩（或相应的大理岩）和泥质灰岩等。

预测区绝大部分已知矿床、矿点都属于邯邢式，矿床围岩主要是中奥陶世的碳酸盐岩。

根据研究，塔儿山预测区内对成矿有利的地层单位有：中奥陶统马家沟组二、四段（O_2m^2、O_2m^4）中厚层白云质灰岩建造，见矿率73%，其他各段见矿率27%。狐堰山预测区内对成矿有利的地层单位有：中奥陶统马家沟组三、五段（O_2m^3、O_3m^5）中厚层角砾状灰岩，见矿率71%，其他各段见矿率29%。西安里预测区内对成矿有利的地层单位有：中奥陶统马家沟组二、四段（O_2m^2、O_2m^4）中厚层白云质灰岩建造。从岩石化学成分分析，围岩中含适量的MgO对成矿有利，在高镁碳酸盐围岩的地区，围岩中MgO含量的高低，与矿化的强弱关系较大。在塔儿山、狐堰山预测区，与岩体接触最易被交代成矿的是含镁较高（MgO含量一般为8%～20%）的白云质灰岩。如狐堰山预测区71%的矿体富集在MgO含量为13%～19%的高镁碳酸盐岩层位中，塔儿山预测区易被交代成矿的围岩，MgO含量几乎都大于8%。岩石中的酸不溶物越高对成矿越不利，当酸不溶物含量达到10.7%以上时几乎不见任何矿化现象。

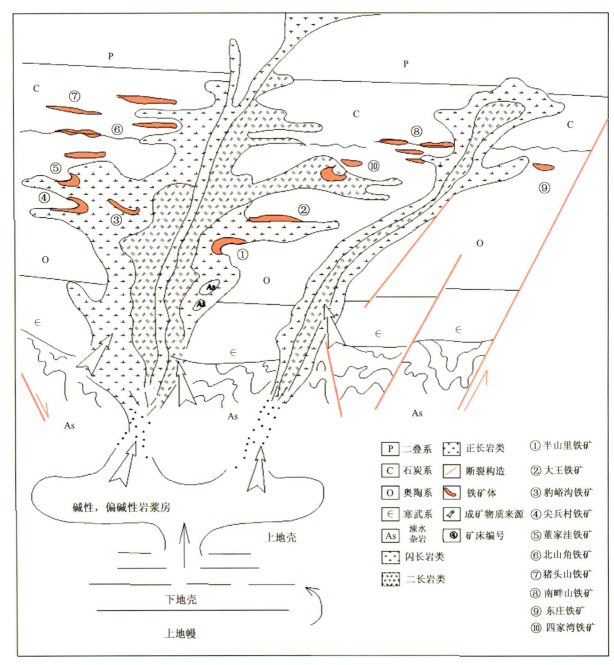

图 3-3-8 山西省邯邢式铁矿预测区区域成矿模式图

侵入岩特征:塔儿山、狐堰山、西安里3个预测区中邯邢式铁矿的成矿与燕山期侵入岩关系非常密切,属邯邢式铁多金属矿的必要成矿要素。经邯邢式铁矿的区域成矿要素研究,区内与成矿有关的侵入岩有两期,即闪长岩类和闪长岩-二长岩类。塔儿山、西安里为早白垩世闪长岩类和闪长岩-二长岩类,狐堰山预测区为晚侏罗世闪长岩-二长岩类,形成构造阶段属后造山和后山伸展。岩体多呈岩株状或岩基状出现,在空间上呈不规则状、透镜状或长条状,岩浆岩带分布与区域性大断裂的分布关系密切(西安里预测区岩沿 NE10°～15°长条状分布)。区内矿体主要分布在侵入岩与中奥陶世碳酸盐岩建造之间的矽卡岩带中,集中沿矽卡岩带分布,成矿期次划分为气成热液阶段、高温热液阶段、中温热液阶段、表生作用阶段,其中气成热液阶段的晚期矽卡岩-磁铁矿阶段是该类型铁矿的成矿时期。

变质岩特征:矽卡岩矿床主要是在偏碱性侵入体与碳酸盐类岩石的接触带上或其附近,由于含矿气水溶液进行交代作用而形成的。本次确定邯邢式铁矿的矿产预测类型，主要是在以燕山期偏碱性侵入岩与中奥陶世碳酸盐类岩石为主的沉积建造接触带附近形成，与钙镁矽卡岩矿物共生，形成钙镁石榴子石、透辉石、角闪石、绿帘石、阳起石，及黄铁矿、黄铜矿等矿物，属典型的接触交代变质作用形成的矽卡岩矿床。

3. 山西式沉积型铁矿预测工作区成矿规律

山西式沉积型铁矿主要产在上石炭统古侵蚀面上，随石炭系分布而零散遍及全省，划分出 5 个预测区，分别为：山西省山西式铁矿柳林预测工作区(4-5)、山西省山西式铁矿阳泉预测工作区(4-7)、山西省山西式铁矿孝义预测工作区(4-9)、山西省山西式铁矿沁源预测工作区(4-10)、山西省山西式铁矿晋城预测工作区(4-11)，预测区矿床规模小，矿体极不稳定，多为民采。

1）山西式沉积型铁矿预测工作区成矿要素

在全面研究 5 个预测区铁矿成矿地质作用、控矿因素、矿化特征后，归纳总结出主要成矿要素，具体见表 3-3-11。

表 3-3-11　山西省山西式铁矿区域成矿要素表

区域成矿要素		描述内容	成矿要素类型
区域成矿地质背景	大地构造位置	鄂尔多斯古陆块中东部和晋冀古陆块西部	必要
	主要控矿构造	古风化壳、奥陶纪碳酸盐岩岩溶侵蚀面存在负地形(盆地、溶洼、溶斗群)	重要
	赋矿地层	石炭系太原组下部湖田段	必要
	控矿沉积建造	滨浅海—潟湖弱还原碳酸盐相铁铝质岩	必要
区域成矿地质特征	区域成矿类型	海相沉积型	必要
	成矿时代	晚石炭世(Rb-Sr 等时线年龄为 319～309Ma)	必要
	矿床式	山西式铁矿	必要
	含矿岩石组合	铁铝岩系	必要
	矿石矿物组合	褐铁矿、赤铁矿，杂有高岭石、方解石、水铝石	重要
	风化氧化	黄铁矿、菱铁矿氧化为褐铁矿	重要

2）山西式沉积型铁矿预测工作区成矿模式

山西式沉积型铁矿床产于上石炭统太原组底部，被石炭系—三叠系所覆盖，对矿体起到了保护作用。控矿因素主要受奥陶系顶部侵蚀面的古地理环境控制，控矿沉积建造为滨浅海相铁质碎屑岩-泥质岩建造。

通过综合研究成矿时代、区域地质背景与成矿作用、矿体产状、矿石类型及矿物组合、矿石结构构造、找矿标志等内容，用剖面图形式表达预测区理想化的区域成矿模式。

3）预测工作区成矿规律

山西式铁矿是晚古生代晚石炭世本溪期产于中奥陶世碳酸盐岩侵蚀面之上的沉积矿产。它形成于陆表海近岸或边缘地带，其后的地质构造运动，使山西式铁矿残存于现代构造盆地中，山西式铁矿的产出严格受现代构造盆地的控制。

各预测区内出露最老地层为新太古界，最晚为上白垩统、侏罗系，上古生界发育，缺失下古生界上奥陶统、志留系、泥盆系和古生界下石炭统。预测矿种山西式铁矿均产于上石炭统太原组下部。

各预测区山西式铁矿含矿岩系沉积建造特征基本一样。即自上而下为铁质岩、铝质岩、硅质岩，局部地区略有变化。

山西式铁矿-铝质岩-黏土矿（岩）建造，是预测区内主要含山西式铁矿的建造类型。

绿泥石黏土岩-绿泥石铝土矿建造，仅在柳林等预测区局部分布。

硫铁矿-黏土岩（矿）建造，主要分布在阳泉、孝义等预测区的局部地段，与上述第一类建造为同层位不同沉积相的沉积建造。此建造内一般无山西式铁矿产出。

黏土岩建造：含矿岩系0～5m的单一的黏土岩，无山西式铁矿产出。

太原组与下伏碳酸盐岩为一平行不整合，是一个大的沉积间断。含矿岩系、矿体受古地理、古构造控制，并被中新生代断裂、褶皱构造改造，形成现今石炭系分布格局。

山西式铁矿的层位公认为石炭系太原组下部湖田段（铁铝岩段），即旧称的G层铝土矿之下。按石炭系三分法，其归属中石炭统的底部。王鸿祯等（1990）、汪曾荫等（1995），考虑与国际上对比应用，将石炭系二分，即早、晚石炭世，其归属于上石炭统太原组，等时线年龄为319～309Ma。

4. 宣龙式沉积型铁矿预测工作区成矿规律

宣龙式沉积型铁矿划分出1个预测工作区，即广灵铁矿预测工作区(5-1)。

1) 预测工作区成矿要素

在全面研究广灵预测区铁矿成矿地质作用、控矿因素、矿化特征后，归纳总结出主要成矿要素，具体见表3-3-12。

表3-3-12 山西省宣龙式铁矿广灵预测工作区区域成矿要素一览表

区域成矿要素		描述内容	成矿要素类型
区域成矿地质背景	大地构造位置	燕辽中、新元古代裂谷带	必要
	主要控矿因素	受北、西、南三面古陆环绕展布的长城系顶部侵蚀面的古地理环境控制	必要
	主要赋矿地层	新元古界青白口系云彩岭组	必要
	控矿沉积建造	主要为滨岸冲积扇相和前滨、临滨亚相的陆源碎屑岩沉积建造	必要
区域成矿地质特征	区域成矿类型	滨海相沉积型	必要
	成矿期	新元古代青白口纪	必要
	矿床式	宣龙式中的"广灵式"	必要
	含矿岩石组合	上部铁质石英砂岩组合，下部以不稳定的燧石质角砾岩为主	重要
	矿石矿物组合	以赤铁矿、石英为主，赤铁矿含量变化大，由百分之几至40%，其次是镜铁矿、燧石、方解石	重要

2) 预测工作区成矿模式

宣龙式沉积铁矿床产于青白口系云彩岭组之中，无一例外被寒武系所覆盖，对矿体起到了保护作用。矿床主要受北、西、南三面古陆环绕展布的长城系顶部侵蚀面的古地理环境控制，控矿沉积建造为滨岸残积—冲积扇相发展而来的三角洲前缘砂坝相铁质碎屑岩建造。

通过综合研究成矿时代、区域地质背景与成矿作用、矿体产状、矿石类型及矿物组合、矿石结构构造、找矿标志等内容，用剖面图形式表达预测区理想化的区域成矿模式，见图3-3-9。

3) 预测工作区成矿规律

广灵铁矿预测工作区(5-1)：赋矿层位为青白口系云彩岭组（景儿峪组），分布局限，仅在太行山北段广灵、浑源一带有少量矿床（点）。

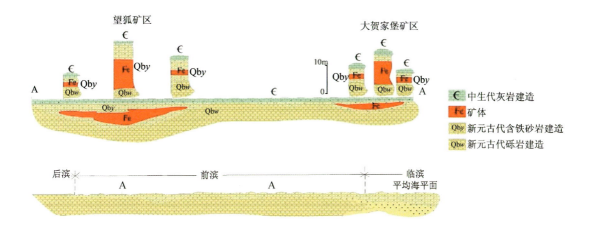

图 3-3-9　山西省宣龙式铁矿广灵预测工作区区域成矿模式图

预测区位于中、新元古代燕山期裂谷西南缘。从老到新分布的地层有：中元古界、新元古界、下古生界、上古生界、中生界、新生界等，其分布总体受燕山期 NW 向断裂控制。中元古界长城系高于庄组、蓟县系雾迷山组，是区内最老的岩石地层单位，呈角度不整合在早前寒武纪变质岩之上，是广灵式铁矿的剥蚀沉积物源层，其岩性组合为含燧石结核、条带白云岩、含锰白云岩、礁白云岩；新元古界青白口系望狐组、云彩岭组，呈平行不整合在长城系高于庄组、蓟县系雾迷山组之上，云彩岭组是预测区广灵式铁矿的含矿层，主体为滨岸冲积扇相和前滨、临滨亚相的陆源碎屑岩沉积建造；下古生界在预测区内主体为一套陆源碎屑岩-碳酸盐岩建造，主要岩石地层单位有寒武系馒头组、张夏组、崮山组和寒武系—奥陶系炒米店组，以及奥陶系冶里组、亮甲山组、三山子组、马家沟组，其中馒头组直接呈平行不整合在含矿层之上，总体上古生界各组在区内西部小泉华山一带出露较齐全，东部望狐、大贺家堡一带由于受后期剥蚀仅有零星残留，含矿层之上主要为馒头组、张夏组；中生界仅保留在西王铺、西圪坨铺等地的地堑中，其岩石地层单位主要为白垩系义县组砂岩、页岩夹少量酸性火山岩；新生界大面积分布在大同盆地及广灵山间盆地中，岩石地层单位主要有第四系上更新统马兰组、峙峪组、方村组及全新统现代河流松散堆积物。

侵入岩较发育，中部大面积分布有新太古代土岭花岗质片麻岩；史家坪东有侵入于长城系高于庄组的 NW 向绿岩墙；南部岔口、北部六棱山发育有中侏罗世花岗岩类侵入体，以二长花岗岩、黑云母花岗岩、石英斑岩为主。此外尚有少量的早白垩世花岗斑岩脉。以上各时代的侵入岩对区内预测矿种基本无影响。

区内总体构造格架形成于中、新生代，中生代燕山期以 NW 向正断层为主，属唐河断裂带的北部延伸部分，形成了一系列的 NW-SN 向地堑、地垒。因此，新太古代土岭花岗质片麻岩和各时代地层自南西向北东相间出露；新生代喜马拉雅期构造表现也较为强烈，主要为大同盆地的六棱山山前断裂、恒山山前断裂以及盆地内部断裂，这些断裂均具有继承性、迁移性和新生性的特征。

3.4　铝土矿（稀土矿）典型矿床及成矿规律

3.4.1　铝土矿（稀土矿）典型矿床

山西仅有1种铝土矿预测类型，即克俄式古风化壳沉积型铝土矿。典型矿床为山西省孝义市克俄铝土矿。

通过对孝义克俄铝土矿综合研究,总结出典型矿床成矿要素,见表3-4-1。

表3-4-1 克俄铝土矿床典型矿床成矿要素表

成矿要素 特征描述		描述内容	成矿要素分类
		古风化壳沉积型铝土矿矿床	
地质环境	成矿时代	晚石炭世早期本溪期(Rb-Sr等时线年龄为319~309Ma)	必要
	构造背景	晋冀古陆块长治陆表海盆地西翼	必要
	岩相古地理	陆表海	必要
	古地貌	奥陶纪碳酸盐岩古风化壳	必要
	古气候	温暖、湿润	必要
	基底	奥陶纪碳酸盐岩准平原化凹地,铝土矿赋存部位	重要
		古岛老地层,成矿物质主要来源	
	成矿环境	陆表海的弱还原、弱碱性的碳酸盐岩相,低硫、低氧、富二氧化碳的水体性质	必要
矿床特征	岩性特征	黏土岩类组合基本无铝土矿产出,黏土岩、铝质岩、铁质岩组合有铝土矿产出	重要
	矿石结构	粗糙状、碎屑状、豆鲕状、致密状	重要
	资源储量	矿石量11 697.75万t	重要
		A/S 2.75~78.70,平均6.51	重要
		规模为大型	重要
	含矿岩系厚度	6.28~21.18m	重要
	矿体厚度	0.50~9.40m,平均3.50m	重要
	风化氧化	底部铁质岩潜水面以上氧化成褐铁矿	次要

典型矿床成矿模式:

(1)地质构造背景:位于晋冀古陆块长治陆表海盆地的西翼,矿区西距吕梁古岛15km左右。

(2)成矿时代为晚石炭世早期本溪期Rb-Sr等时线年龄为319~309Ma。

(3)古基底及古地貌:古岛隆起区老地层与盆地凹地沉积的奥陶纪碳酸盐岩经近1.5亿年的风化剥蚀,为成矿物质的主要来源,奥陶纪碳酸盐岩准平原化凹地,为铝土矿沉积提供了场所。

(4)晚石炭世早期的第一次海侵,在温暖、湿润的条件下(据测定山西铝土矿形成时的气温为29.7~32.3℃),Al、Si、Fe、Ti等成矿物质被海水携带,在盆地翼部斜坡地带,由于介质作用,在碳酸盐相沉积形成了菱铁矿、铝土矿、黏土矿、黏土岩等,在水较深的硫化物相沉积形成了黄铁矿、黏土岩(矿),在局部浅水区沉积形成了鲕绿泥石或绿泥石铝土矿、黏土岩。

(5)矿石矿物成分、化学成分:主要成分为一水硬铝石和高岭石,Al_2O_3、SiO_2、Fe_2O_3、TiO_2含量总和约为84%。铝土矿中除主要成分之外,尚伴有一定的微量分散元素、稀有、稀土元素,如镓、轻稀土、铌、钽等,有的已达综合回收指标。

(6)铝土矿空间分布规律:

①铝土矿赋存于上石炭统本溪组下段中、上部,严格受层位控制。矿层底界距奥陶纪灰岩侵蚀面1~5m。

②铝土矿分布于古构造盆地的边部,受次级古构造的控制。其成矿富集与古地形密切相关,矿层厚度随地形的凸凹而变化。一般来说,富厚矿体赋存于基底低凹部位,凸起处变薄以至尖灭(图3-4-1)。

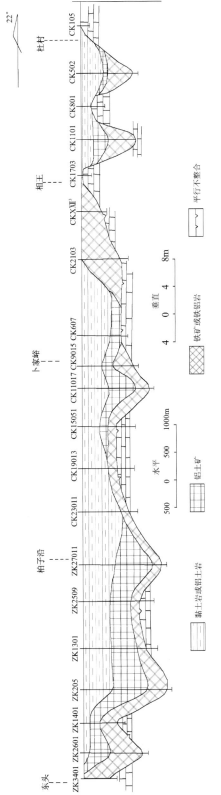

图3-4-1 孝义市西部奥陶纪灰岩侵蚀面控制铝土矿厚度示意图

③平面上,铝土矿有形成富集中心的趋势。孝义西部,本溪组下段普遍发育,但并非到处都有铝土矿沉积。铝土矿不仅受基底地形起伏的控制,而且也受到介质条件变化的制约。所谓无矿天窗的出现,一是由于基底地形突起,含矿岩系沉积厚度小;二是横向上铝土矿相变为铁铝岩或黏土质岩石。

④对铝土矿成矿有利的含矿岩系厚度为 8～20m。一般来说,含矿岩系厚度较大,则矿层厚度大,品位高,含矿岩系厚度小于 5m 时,很少形成铝土矿。据统计,矿层厚度在 5m 以上时,含矿岩系厚度一般大于 10m;矿层厚度大于 10m 时,含矿岩系厚度一般大于 20m。

(7)成矿机理:

①长期沉积间断和温暖潮湿的气候是成矿的前提条件。从中奥陶世晚期上升为陆,直到晚石炭世早期,地壳下降接受沉积,其间大约 1.5 亿年的漫长地质历史时期,基岩经受风化剥蚀,在温暖潮湿的气候条件下(据萨帕日尼柯夫研究:高岭石与铝土矿带是在年降雨量 85～200 cm、温度 20～30℃ 时形成,山西铝土矿区经测定平均气温为 29.7～32.3℃),古老结晶岩石和碳酸盐岩均产生红土化和钙红土化,为铝土矿的成矿准备了丰富的物质来源。

由于长期风化剥蚀,使古地貌准平原化,尤其基底碳酸盐岩在适宜的气候条件下,形成大平小不平的岩溶凹地,为铝土矿沉积准备了有利的场所。

②在海侵的初期水介质的性质及其沉积环境的变化是铝土矿成矿的关键。在氧化环境中,风化壳中的铝在地表极不活泼,极易沉积,只有在湿热气候条件下,以及水中含有大量有机质时,水介质呈酸性,有利于铝质岩的破坏和氧化铝在水中呈悬浮物和胶体物进行搬运迁移。

在地壳相对稳定的海侵初期,携带铁、铝、硅的水体介质进入盆地后,运动速度变慢,由于基底碳酸盐岩的作用,其水介质由酸性变为弱碱性(pH 值 7～7.8),其环境变为弱还原环境(Eh 值 $-0.3\sim0$),海水在低氧、低硫、富二氧化碳的条件下,加之海水中大量电解质作用使悬浮物、胶体物和介质发生化学反应,二价铁和二氧化碳形成菱铁矿,其密度较大,沉积于含矿层的最下部,其后陆续沉积铁铝质岩、铝土矿和黏土矿、黏土岩直至黏土碳质页岩或煤线,水介质从弱碱性逐步变成弱酸性而形成 Fe—Al—Si 的垂向沉积系列,铝黏土含矿岩系沉积即告结束,地壳又上升成陆相,受短期冲刷侵蚀形成砂砾岩沉积,以后又海侵即形成半沟灰岩以后的陆海交替相的含煤岩系组合。

由于浅水和波浪的振动作用,以及氧化铝和介质发生反应及在电解质作用下形成鲕粒、豆粒,其鲕粒与胶结物界线不清。

铝土矿由于为悬浮物和胶体溶液,具有较大的比表面积和吸附性,在其沉积过程中广泛吸附稀有元素、稀土元素和微量元素(有的稀土元素也呈化学沉积)。

在水平分布中,不同沉积相不是截然分开,而是为渐变关系。在垂直方向上不同地质时代只要有相似的成矿环境和物质来源,亦有相同矿产资源的重复出现,见图 3-4-2。

3.4.2 铝土矿(稀土矿)预测工作区成矿规律

本次共划分 12 个铝土矿预测区,对其中条件好的 7 个预测区进行了预测工作,分别是:兴县预测工作区、宁武预测工作区、柳林预测工作区、古交预测工作区、阳泉预测工作区、孝义预测工作区、沁源预测工作区。

1. 预测工作区成矿要素

在全面研究 7 个预测区铝土矿成矿地质作用、控矿因素、矿化特征后,归纳总结出主要成矿要素,具体见表 3-4-2。

第 3 章 典型矿床及成矿规律

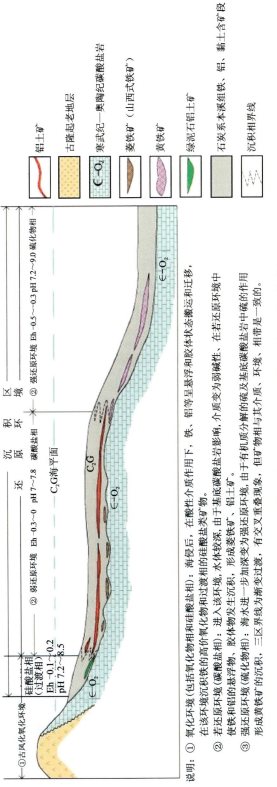

图 3-4-2 山西省古风化壳铝土矿沉积成矿模式图

说明：
① 氧化环境（包括氧化物相和硅酸盐相）：海侵后，在酸性介质作用下，铁、铝等呈悬浮和胶体状态搬运和迁移，在该环境沉积物和铁的高价氧化物和过渡相的硅酸盐类矿物。

② 弱还原环境（碳酸盐相）：进入该环境，水体较深，由于基底碳酸盐岩影响，介质变为弱碱性，在弱还原环境中使铁和铝的悬浮物、胶体物发生沉积，形成菱铁矿、铝土矿。

③ 强还原环境（硫化物相）：海水进一步加深变为强还原环境，由于有机质分解的硫及基底碳酸盐岩中硫的作用形成黄铁矿的沉积，三区界线为渐变过渡，有交又重叠现象，但矿物相与其介质、环境、相带是一致的。

表 3-4-2 山西省古风化壳沉积型铝土矿床区域成矿要素一览表

成矿要素特征描述		描述内容	成矿要素分类
		古风化壳沉积型铝土矿矿床	
地质环境	成矿时代	晚石炭世早期(Rb-Sr等时线年龄 319~309Ma)	必要
	构造背景	晋冀古陆块陆表海盆地翼部	必要
	岩相古地理	陆表海	必要
	古地貌	奥陶系碳酸盐岩古风化壳	必要
	古气候	温暖、湿润	必要
	基底	奥陶系碳酸盐岩准平原化凹地是铝土矿赋存部位	重要
		古岛老地层是成矿物质主要来源	
	成矿环境	陆表海的弱还原、弱碱性的碳酸盐岩相,低硫、低氧、富二氧化碳的水体性质	必要
矿床特征	岩性组合	黏土岩类组合:基本无铝土矿产出;黏土岩、铝质岩、铁质岩组合:有铝土矿产出	必要
	矿石结构	粗糙状、半粗糙状、豆鲕状、碎屑状、致密状等结构	重要
	含矿岩系厚度	含矿岩系厚度大于 5m,有利于形成铝土矿	重要
	矿体特征	Al_2O_3含量≥40%,A/S≥2.6。矿体厚度 0.5m 以上	重要

2. 预测工作区成矿模式

区域成矿模式同典型矿床成矿模式。

3. 预测工作区成矿规律

(1)铝土矿赋存于上石炭统太原组湖田段中、上部,严格受层位控制。矿层底界距奥陶系灰岩侵蚀面 1~5m。

(2)含矿岩系自下而上具有 Fe—Al—Si 的沉积层序规律,三者呈现递变的趋势。反映在垂直成矿序列上,底部为铁矿,中部为铝土矿,上部为硬质耐火黏土矿和半软质耐火黏土矿。

就铝土矿层本身而言,其完整的剖面结构自下而上为含铁铝土矿—鲕状、碎屑状铝土矿—粗糙状铝土矿—鲕状、碎屑状铝土矿。富矿一般赋存于矿层中部。

(3)铝土矿分布于古构造盆地的边部,受次级古构造的控制。其成矿富集与古地形密切相关,矿层厚度随地形的凸凹而变化。一般来说,富厚矿体赋存于基底低凹部位,凸起处变薄以至尖灭。

(4)平面上,铝土矿有形成富集中心的趋势。孝义西部,太原组湖田段普遍发育,但并非到处都有铝土矿沉积。从南到北分布的西河底、克俄、石公、相王等几个大型矿床,断续相连而又各自形成一个沉积中心。各个中心向外,矿层变薄、变贫或相变为铁铝岩、铝土岩及黏土质岩。这种变化,不仅受基底地形起伏的控制,而且也受到介质条件变化的制约。所谓无矿天窗的出现,一是由于基底地形突起,含矿岩系沉积厚度小,再则是横向上铝土矿相变为铁铝岩或黏土质岩石。

每一矿区,矿层厚度及品位有一定变化,但富矿相对集中分布,如克俄矿床中北部及西河底矿床南部,是较大的富集中心。西河底矿床西部边缘,铁铝岩发育,出现无矿地段。

(5)铝土矿、黄铁矿侧向共生。铝土矿与黄铁矿共生,见于南方广西、贵州等地(实际上是沉积环境变化频繁所致)。而在山西省内,根据我们在铝土矿区划分及此次研究,铝硫异地而生却是一种普遍现象。在平陆预测区奥陶系灰岩受黄河水侵蚀呈漏斗状凹地,其中局部沉积有黄铁矿、铝土矿叠覆出现现象也是海水深浅不一造成沉积相的变化。也就是说,在同一地区,罕见底部黄铁矿与中上部的铝土矿均形成工业矿体。而与黄铁矿同一层位的山西式铁矿(赤、褐铁矿),却往往成为铝土矿底部的重要共生矿产。

(6)对铝土矿成矿有利的含矿岩系厚度为 8~20m。一般来说,含矿岩系厚度较大,则矿层厚度大、品位高,含矿岩系厚度小于 5m 时,很少形成铝土矿。据统计,矿层厚度在 5m 以上时,含矿岩系厚度一般大于 10m;矿层厚度大于 10m 时,含矿岩系厚度一般大于 20m。

3.5 铜(钼)矿典型矿床及成矿规律

3.5.1 铜(钼)矿典型矿床

山西省铜钼矿涉及的矿产预测类型有:铜矿峪式变斑岩型、刁泉式矽卡岩型、南泥湖式斑岩型、胡篦式沉积变质型、与变基性岩有关的铜矿。

1. 铜矿峪式变斑岩型铜矿典型矿床

铜矿峪式变斑岩型铜钼矿选取山西省垣曲县铜矿峪铜钼金矿为典型矿床。

1)铜矿峪式变斑岩型铜矿典型矿床成矿要素

在全面研究铜矿峪铜钼金矿成矿地质作用、控矿因素、矿化特征后,归纳总结出主要成矿要素,具体见表 3-5-1。

表 3-5-1 山西省垣曲县铜矿峪铜矿典型矿床成矿要素一览表

成矿要素		描述内容		成矿要素分类
储量		2 850 000t	平均品位　　Cu 全区平均 0.68%	
特征描述		变斑岩型铜矿床		
地质环境	岩石类型	主要为变花岗闪长(斑)岩、变辉长岩、石英岩、云英岩、绢云片岩、绿泥片岩等		必要
	岩石结构	粒状变晶结构、鳞片变晶结构、斑状结构等		次要
	岩石构造	块状构造、片状构造、角砾状构造		次要
	成矿时代	元古宙		必要
	成矿环境	成矿物质来源于横岭关亚群铜凹组含铜沉积建造,铜矿峪亚群的骆驼峰组、竖井沟组酸性火山岩和西井沟组基性火山岩,以及早期侵入的基性岩和晚期中酸性岩浆岩。随着裂谷作用多期岩浆岩提供的多期热源、岩浆水和表生水的混合热液发生环流,并从矿源层中萃取有益组分,在物化条件发生剧烈变化地段的有利容矿空间沉淀成矿。具多源、多期、多阶段特点,是以岩浆热液为主,后期再造为辅的变斑岩型铜矿床		必要
	构造背景	吕梁-中条古元古代结合带,小秦岭-中条古元古代陆缘岛弧带,中条山古元古代岛弧带		必要
矿床特征	岩石矿物组合	矿石矿物黄铁矿-黄铜矿、黄铁矿-黄铜矿-辉钼矿、黄铁矿-黄铜矿-辉钴矿,脉石矿物为石英、绢云母、方解石、电气石、钠长石、绿泥石、黑云母等		次要
	结构	主要为似斑状结构、半自形—自形晶粒结构,其次为共结边结构、叶片状结构、交替文象结构、压碎结构等		次要
	构造	浸染状、细脉浸染状、脉状、团块状、角砾状构造等		次要
	蚀变	主要为绢云母化、黑云母化、硅化、绿泥石化等,其次为方柱石化、电气石化、方解石化等		重要
	控矿条件	热液蚀变碎斑岩和褶皱转折端		必要
	风化氧化	含铜的硫化物出露地表及其附近形成孔雀石、蓝铜矿、铜蓝等		次要

2)铜矿峪式变斑岩型铜矿典型矿床成矿模式(图 3-5-1)

(1)成矿地质背景:属富钾双峰态火山岩和富钠细碧岩岩浆岩系列,下伏基底岩石和含铜建造对成矿作用的有利影响,形成在古陆边缘最大规模断陷和火山活动激烈时期的铜矿峪构造层内。

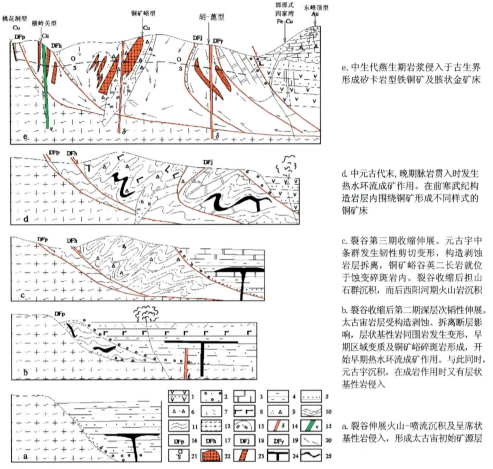

图 3-5-1 铜矿峪式变斑岩型铜矿成矿模式图

1.西阳河群及古生界;2.担山石群;3.中条群白云质大理岩;4.中条群片岩;5.石英岩;6.角砾岩;7.富钾流纹岩;8.富钾基性火山岩;9.蚀变碎斑岩;10.绢英岩及绢英片岩;11.横岭关亚群片岩;12.基底涑水杂岩;13.石英二长岩;14.闪长岩或煌斑岩脉;15.辉长辉绿岩脉;16.平头岭剥离断层;17.后山村剥离断层;18.界牌梁剥离断层;19.余家山剥离断层;20.热水环流方向;21.氧化还原界面;22.铜矿峪型浸染状铜矿床;23.横岭关型、胡篦型铜矿床;24.基性岩顺层侵入;25.基性岩变形

（2）成矿机制：

①成矿物质来源：主要来源于横岭关亚群铜凹组及铜矿峪亚群的竖井沟组、西井沟组、骆驼峰组以及早期侵入的基性岩和晚期的中酸性岩浆岩。

②成矿流体：主要为中高温热液。成矿温度 150～350℃。

③铜铁质的搬运：含钠的岩浆热液,在其向上运移时有表生水的参与,在热水环流过程中从矿源层中萃取成矿物质,在适当的部位沉淀富集成矿。

（3）成矿时代：元古宙。

（4）矿体就位：在热液碎斑岩中及褶皱转折端富集成矿。

（5）成矿作用：铜矿峪矿床的形成,既受层控、岩控,又受多期变形构造控制,具有多源、多期多阶段成矿特点。

找矿标志有：铜矿峪亚群、骆驼峰岩组；双峰式钾质（或富钾质）变火山岩；变花岗闪长斑岩；硅化、绢云母化、电气石化等围岩蚀变。围绕铜矿峪及铜峪沟一带有 Cu、Mo、Zn、Ni 组合异常。本区总体处在环形布格重力高带上,磁场总体处在正场中的 NE 向梯度带上,一般强度在 20～500 nT 之间。高精度磁测资料反映：本区正处在 NE 向正场中。区内构造为近 SN 向的线性影像显示。

2. 刁泉式矽卡岩型铜矿典型矿床

1)刁泉式矽卡岩型铜矿典型矿床成矿要素

刁泉式矽卡岩型铜矿选取灵丘县刁泉银铜矿、襄汾县四家湾铜矿为典型矿床。

在全面研究铜矿灵丘县刁泉银铜矿、襄汾县四家湾铜矿成矿地质作用、控矿因素、矿化特征后,归纳总结出主要成矿要素,具体见表3-5-2。

表 3-5-2 山西省灵丘县刁泉银铜矿典型矿床成矿要素一览表

成矿要素		描述内容			成矿要素分类
储量		C+D+E:Ag 1 569.16t Cu 162 893t Au 8 119.49kg	平均品位	Ag 131.46g/t Cu 1.36% Au 0.68 g/t	
特征描述		与燕山期中酸性次火山岩有关的接触交代中低温热液矿床			
地质环境	成矿时代	白垩纪			必要
	构造背景	华北陆块区燕山-太行山北段陆缘火山岩浆弧(K)			重要
	岩石地层单位	中上寒武统馒头组、张夏组、崮山组、炒米店组			必要
	沉积建造类型	泥页岩-白云岩建造,鲕状灰岩、泥晶灰岩-生物碎屑灰岩建造,泥晶灰岩-砾屑灰岩建造,灰岩建造(寒武系)。泥晶灰岩夹砾屑灰岩建造(奥陶系)			重要
	岩石组合	大理岩化角岩化强烈,原岩为鲕状灰岩、条带状灰岩及少量页岩、粉砂岩			必要
	岩浆建造及岩浆作用	岩石组合(复式岩体):辉石闪长岩-黑云母花岗岩-花岗斑岩-石英斑岩,其中黑云母花岗岩和辉石闪长岩为成矿母岩。岩体产状:岩株、岩脉。侵入时代:白垩纪(130.5Ma,K-Ar法)			必要
成矿构造	接触带构造	岩体(枝)呈突出的半岛状,侵入灰岩中形成成矿有利构造部位			必要
	断裂带构造	岩体及沿接触带分布 NNW、NNE、NEE、NWW 压扭性断裂构造,常为容矿断裂构造。距岩体距离<100m			必要
矿床特征	矿体产状及形态	产状:平面上沿接触带呈环形展布,垂直方向上变化较大,上部倾向岩体,下部倾向围岩,呈喇叭口状。形态:在剖面上多呈弯月形;平面上呈透镜状、脉状、似层状			次要
	矿体规模	银矿为大型,铜矿为中型			次要
	矿床组分	共生组分为 Ag、Cu,伴生组分为 Au、Fe			重要
	岩石矿物组合	金属矿物:铜矿物主要为黄铜矿、斑铜矿、辉铜矿、铜蓝、孔雀石、蓝铜矿,含微量赤铜矿、自然铜、黑铜矿和硫铋铜矿等;银矿物主要为辉银矿、自然银及硫锑铜银矿,次为硒银矿、金银矿、辉银银矿和银黝铜矿等;铁矿物主要为磁铁矿。非金属矿物主要为石榴子石、方解石、白云石、透辉石。次要矿物为阳起石、石英、白云母及黏土矿物等			重要
	结构	不等粒结构、固熔体分离结构、交代结构			次要
	构造	条带状构造、细脉浸染状构造、角砾状构造			次要
	蚀变带及蚀变矿物	由岩体向围岩的蚀变分带,内蚀变带:绢云母化、钠长石化、钾长石化、硅化。宽0~20m;矽卡岩带:由透辉石-钙铁榴石矽卡岩、绿帘石矽卡岩、钙铝榴石矽卡岩组成,带宽2~60m,矿体主要赋存于此带。外蚀变带:包括内侧的透辉石化、钙铁榴石化、钙铝榴石化带和外侧的大理岩-角岩带,宽 10~400m			必要
	成矿期次	氧化物期以形成磁铁矿为标志;石英硫化物期分为铜、铁金属硫化物和含银、金金属硫化物两个阶段;表生氧化期分为次生硫化物阶段(斑铜矿、蓝辉铜矿、铜蓝)和表生氧化物(孔雀石、赤铜矿、黑铜矿)两个阶段			重要
	成矿温度	120~400℃(包裹体均一温度),主要成矿温度185~280℃			重要

四家湾典型矿床成矿要素见表 3-5-3。

表 3-5-3　山西省襄汾县四家湾铜矿典型矿床成矿要素一览表

成矿要素		描述内容			成矿要素分类
储量		32 780t	平均品位	Cu 全区平均 2.13%	
特征描述		接触交代矽卡岩型铜矿床			
地质环境	岩石类型	主要为二长岩、石英二长岩、白云质灰岩、泥质白云质灰岩、角砾状灰岩、透辉石矽卡岩、石榴子石透辉石矽卡岩等			必要
	岩石结构	不等粒中粗粒结构、似斑状结构			次要
	岩石构造	块状构造、角砾状构造、条带状构造			次要
	成矿时代	中生代燕山期白垩纪			必要
	成矿环境	岩浆活动中心地带,赋矿地层为中奥陶统含镁质碳酸盐岩			必要
	构造背景	吕梁山造山隆起带-汾河构造岩浆活动带			必要
矿床特征	岩石矿物组合	透辉石-斑铜矿、黄铜矿、石榴子石透辉石-斑铜矿、黄铜矿、云母透辉石-闪锌矿、磁铁矿、斑铜矿、黄铜矿、方解石、石英-黝铜矿、辉铜矿。脉石矿物主要为透辉石、方解石、钙铁榴石、石英、云母、绿泥石等			必要
	结构	主要为自形—半自形、他形晶粒结构,粗粒连晶结构			次要
	构造	浸染状、细脉浸染状、脉状、团块状、条带状构造等			次要
	蚀变	主要为石榴子石矽卡岩、透辉石-石榴子石矽卡岩、符山石-石榴子石矽卡岩、云母矽卡岩、透辉石-云母矽卡岩等			重要
	控矿条件	石英二长岩与奥陶系碳酸盐岩的接触带			必要
	风化氧化	含铜的硫化物出露地表及其附近形成孔雀石、蓝铜矿、铜蓝等			次要

2)刁泉式矽卡岩型铜矿典型矿床成矿模式

(1)刁泉银铜矿成矿模式。

经研究总结刁泉银铜矿,分三部分对成矿模式进行了总结:成矿地质背景、成矿机制、成矿作用。具体见图 3-5-2。

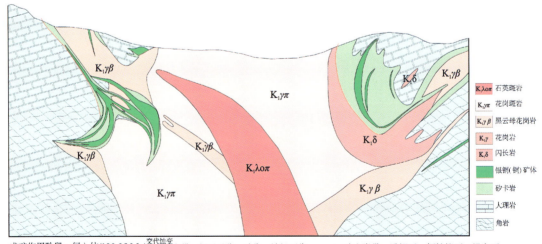

图 3-5-2　山西省灵丘县刁泉银铜矿成矿模式示意图

①成矿地质背景:燕山-太行山北段早白垩世陆缘火山岩浆活动和古生代碳酸盐岩沉积建造构成了区内有利的成矿地质背景。

②成矿机制:a.成矿物质来源:银、铜成矿物质主要来源于中浅成的中酸性侵入岩。b.成矿流体:主要为中低温岩浆热液。温度主要在185~280℃之间。成矿流体盐度多数在40~46wt% NaCl当量。c.成矿物质的搬运:银铜等成矿物质的运移富集形成于石英硫化物期。早期为高温氧化物期,即富钾、钠的含矿溶液交代作用形成的矽卡岩期,形成的金属矿物主要是磁铁矿。之后由于硫及铜、银、金等成矿元素富集形成金属硫化物或自然金、银矿物,主要在蚀变带中富集,或向围岩断裂裂隙中运移充填。

③成矿时代:中生代白垩纪(130.5Ma左右)。

④矿体空间就位:在岩体与碳酸盐岩接触带及断裂构造有利部位富集成矿。在空间上表现为近地表倾向岩体,呈喇叭口状。中部近直立,下部倾向围岩。

⑤成矿作用:矿物的生成表现出多期性,相互交代、穿插、叠加与延续,各成矿期或成矿阶段间不是截然分开的,但具一定的先后顺序,反映出成矿的多阶段性,矿床的形成主要经历了高温氧化物期、中低温石英硫化物期、次生硫化物期、表生氧化物期。

⑥找矿标志:矽卡岩化,高磁异常。

(2)汾西四家湾铜矿成矿模式。

四家湾铜矿属典型的矽卡岩型铜矿,燕山期强烈的构造活动有利于幔源或重熔岩浆侵位与成矿物质上升,为成矿作用提供了有利的构造-岩浆活动背景,成矿物质除岩浆源外,基底岩石与含矿建造对岩浆热液的含矿性具有继承影响。具体见图3-5-3。

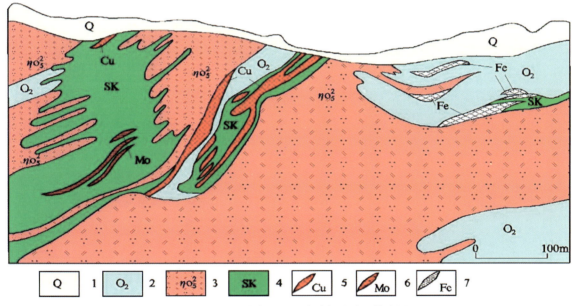

图 3-5-3 山西省襄汾县四家湾铜矿成矿模式图
1.第四系;2.中奥陶统石灰岩;3.石英二长岩;4.矽卡岩;5.铜矿体;6.钼矿体;7.铁矿体

①成矿地质背景:吕梁山造山隆起带-汾河构造岩浆活动带,塔儿山隆起,岩体与围岩的接触带是主要的控矿构造。

②成矿机制:a.成矿物质来源:铜铁质主要来源于中浅成的已结晶的侵入岩和岩浆期后含矿溶液从岩浆中携带来的铜铁质,钠长石化过程汽-液从侵入岩中析出了大量的铁质。b.成矿流体:主要为高温岩浆热液,成矿温度为275~450℃。c.铜铁质的搬运:富钾、钠的含矿溶液,研究表明矿液运移是按照顺时针斜向上、向心这一机械运动形式进行的,这种运动形式同岩浆运动形式——旋流又是完全一致的。

③成矿时代:中生代白垩纪(130Ma左右)。

④矿体就位:在岩体与碳酸盐岩接触带及构造有利部位富集成矿。

⑤成矿作用:矿物的生成表现出多期性与延续性,矿物间相互交代、穿插与叠加,各成矿期或成矿阶段间不是截然分开的,它们在时间上紧密相关、具一定的先后顺序,反映出成矿的多阶段性,本矿床的形成主要经历了气成高温热液、高中温热液、中低温热液 3 个期次成矿作用,气成高温热液期为铁矿主成矿期,高中温热液期为铜矿主成矿期,中低温热液期为金矿主成矿期。

⑥找矿标志:矽卡岩化,高磁异常。

3. 南泥湖式斑岩型铜矿典型矿床

南泥湖式斑岩型铜矿选取繁峙县后峪钼铜矿为典型矿床。

1) 南泥湖式斑岩型铜矿典型矿床成矿要素

在全面研究铜矿繁峙县后峪钼铜矿成矿地质作用、控矿因素、矿化特征后,归纳总结出主要成矿要素,具体见表3-5-4。

表3-5-4　山西省繁峙县后峪钼铜矿典型矿床成矿要素一览表

成矿要素		描述内容			成矿要素分类
储量		Mo:104 374t　Cu:48 097t	平均品位	Mo:0.076%　Cu:0.035%	
特征描述		斑岩型钼铜矿床			
地质环境	地质概况	变质基底为五台期片麻状黑云奥长花岗岩,盖层为长城系高于庄组、寒武系、奥陶系白云岩、灰岩,含矿层主要为黑云奥长花岗岩、石英斑岩及充填于其中的石英脉等			次要
	岩石组合	灰岩、白云岩、石英斑岩、花岗岩等			次要
	岩石结构	致密结构、花岗结构、斑状构造、块状构造			次要
	成矿时代	中生代			必要
	成矿环境	中—浅成矿			必要
	构造背景	燕辽-太行岩浆弧(Ⅲ级)的太行山北段陆缘火山岩浆弧(Ⅳ级)			重要
矿床特征	矿石矿物	辉钼矿、黄铜矿、黄铁矿、方铅矿、闪锌矿、磁铁矿			重要
	脉石矿物	石英、斜长石、角闪石、黑云母、方解石、白云石			次要
	结构	片麻状结构、层状结构、块状结构、角砾状结构			次要
	构造	细脉浸染型构造、散染型构造			次要
	围岩蚀变	矽卡岩化、硅化、高岭土化、绢云母化、绿泥石化、绿帘石化、碳酸盐化、硫酸盐化			次要
	矿床成因	过渡型的中温热液网脉状钼铜矿床			重要
	控矿条件	岩体与盖层接触带及岩体控矿			必要

2)南泥湖式斑岩型铜矿典型矿床成矿模式

经研究总结,后峪钼铜矿的主要成矿作用共分为两期(图 3-5-4):

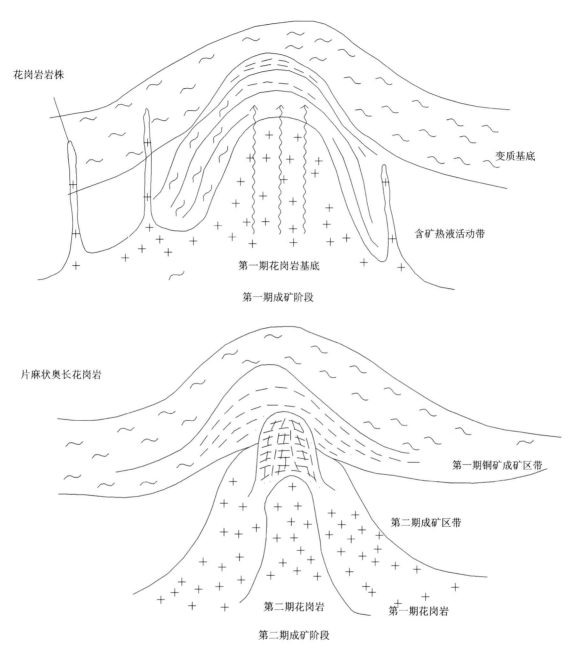

图 3-5-4　山西省繁峙县后峪钼铜矿典型矿床成矿模式图

第一期成矿阶段:为本区主要成矿期,其作用与第一期之浅成相斑岩有关。其结果形成了本区有价值的辉钼矿床。分析结果证明:本期在矽卡岩阶段是无矿的,主要辉钼矿开始沉淀在此期以后的,分布广泛的热液硅化期内,其空间位置以第一期斑岩沿震旦系底部与片麻岩之不整合面侵入的岩床接触带为中心,逐渐向四周扩大矿化,其成矿延续时间很长,因而在矿化过程中亦显示出复杂的变化,这些表现在金属矿物成分上,开始是以黄铁矿化为先导,然后继之以辉钼矿的沉淀。至其后期则继续出现少量黄铜矿及微量闪锌矿及方铅矿等。由于成矿过程中的破裂作用,使矿液在部分地段有不同程度的脉动现象,从而在同一矿石中出现不同世代的同种矿物,甚至在同一矿石中出现几个不同世代的同种矿物,如黄铁矿、辉钼矿等均有此现象。其次在脉石矿物成分上，开始是以石英为主，至其后期才继续出现白云石、方解石及石膏等伴生矿物，并且后者有时重叠在前者之上，构成同一矿石中的复杂图案。第三在空间分布上，亦显示与成矿过程相一致的变化，出现于矿化中心地段者，均以石英为主。这些表现在灰岩中是以隐晶的硅质交代体出现的；表现在片麻岩中是以细晶质石英细脉出现的；矿化渐向下部，单一的含辉钼矿石英脉则逐渐减少，而渐渐出现纯辉钼矿细脉，后者又逐渐为含辉钼矿的石英方解石以及石英石膏细脉等所代替，后期脉石矿物的特征是逐渐出现完整的或较完整的晶体。这一切都说明，在整个矿化的过程中，自矿化中心至边缘，不仅表现出金属矿物成分及脉石矿物成分有较规律的变化，而且温度也是逐渐降低的，这应当认为是一种矿床带状分布的隐现。

第二期成矿阶段：为本矿区的次要成矿期，其形成与第二期的蚀变斑岩有关。本期成矿对于钼来说已近尾声，而转入铜的矿化期，但不论对钼或铜来说，本期矿化都是很弱的。分析结果表明：本期岩石含钼部分在0.01%~0.03%之间。部分在十万分之几，仅在个别早期的小岩枝中，有时含矿稍好（早期岩枝的形成接近于第一期岩浆活动之末期）。对于铜来说，只是部分出现了大片的，但是非常稀疏的黄铜矿散染，或以个别单一的黄铜矿团块生于蚀变斑岩中，或以石英白云石脉产出，局部或以石英方解石等晶洞出现，由于分布稀疏，因而未能构成有价值的矿床。

找矿标志：三期不同的矿化特征，反映在矿区及其附近地区的矿种上，构成了矿床的带状分布。这一带状分布是一种线状的带状分布，其标志主要表现在以后峪矿区为中心，向西南方向经耿庄矿区（相距3km）以至大麻花矿区及大沟矿区（相距10km）。在这一线上：后峪矿区是以钼矿为主的；耿庄矿区是以多金属矿为主的；而大麻花及大沟矿区则以铅锌为主。

在矿物成分的含量上：后峪矿区以辉钼矿为主，含少量黄铜矿，偶见方铅矿及闪锌矿；耿庄矿区黄铁矿、方铅矿、闪锌矿及黄铜矿同时出现，但已无辉钼矿的痕迹；而至大麻花及大沟矿区则以方铅矿、闪锌矿为主，黄铜矿及黄铁矿均相对减少或大量减少。在围岩蚀变特征上：后峪矿区每一期成矿均有不同蚀变特征；耿庄矿区则以显著的绢云母化为标志，伴随轻微硅化现象；而至大麻花矿区则以深度的低温硅化为特征，兼含少量重晶石，同时在矿区附近，见有以重晶石为主、兼含方铅矿的矿脉出现。根据矿化特征及蚀变特征可以看出：后峪矿区主要是与第一期浅成斑岩有关；耿庄矿区则与第二期蚀变斑岩有关；而大麻花及大沟矿区则为与第二期蚀变斑岩有关的远温矿床（二者都含有金及银）。这一带状分布，大体为NE-SW向，这一方向与本区片麻岩主要节理方向及构造方向大体一致，其分布显然是与一定的构造线有关的。

4. 胡篦式沉积变质型铜矿典型矿床

1）胡篦式沉积变质型铜矿典型矿床成矿要素

胡篦式沉积变质型铜矿选取绛县铜凹-山神庙铜矿、垣曲县落家河铜矿、垣曲县篦子沟铜金矿为典型矿床。

在全面研究绛县铜凹-山神庙铜矿、垣曲县落家河铜矿、垣曲县篦子沟铜金矿成矿地质作用、控矿因素、矿化特征后，归纳总结出主要成矿要素，具体见表3-5-5~表3-5-7。

表 3-5-5　山西省垣曲县落家河铜矿典型矿床成矿要素一览表

成矿要素		描述内容		成矿要素分类
储量		1 124 100t	平均品位　Cu 全区平均 1.12%	
特征描述		(火山)沉积变质型铜矿床		
地质环境	岩石类型	主要容矿岩石为石墨绿泥片岩、石墨片岩、绢云石墨片岩、变砾岩、变长石砂岩和绢云长石石英片岩等		必要
	岩石结构	微粒、细粒粒状变晶结构、鳞片变晶结构等		次要
	岩石构造	片状、千枚状构造、条带构造、块状构造等		次要
	成矿时代	2764~1795Ma		必要
	成矿环境	该类矿床受中条古裂谷王屋-同善伸展断裂控制,在被该断裂斜切的落家河和同善剥蚀天窗内,矿体赋存在韧性剪切带中。铜质主要来源于地幔,少部分与上地壳有关,含矿建造主要为基性火山岩,主要容矿岩石为石墨绿泥片岩、石墨片岩、绢云石墨片岩、变砾岩、变长石砂岩和绢云长石石英片岩等。中条期奥长花岗岩及其相伴脉岩的侵入,并沿韧性剪切带穿插于矿带中,促使矿源层的矿质活化、迁移、加富		必要
	构造背景	吕梁-中条古元古代结合带,小秦岭-中条古元古代陆缘岛弧带,中条山古元古代岛弧带		必要
矿床特征	岩石矿物组合	以黄铜矿、黄铁矿为主,次为闪锌矿、斑铜矿、磁铁矿、赤铁矿、少量钛铁矿、含铜磁黄铁矿、硫铜钴矿、辉砷钴矿、硫镍钴矿、硫镍矿、金红石等。脉石矿物为绿泥石、石英、方解石、绢云母、钠长石、黑云母、绿帘石、石墨、电气石等		必要
	结构	自形—半自形晶结构、他形结构、交代网状结构、片状变晶结构等		次要
	构造	稀疏浸染状构造、细脉、条带状、团块状、薄片(膜)状、片状构造等		次要
	蚀变	主要为石墨化、绿泥石化、黑云母化、黄铁矿化、硅化、绢云母化等		主要
	控矿条件	韧性剪切褶皱带		必要
	风化氧化	含铜的硫化物出露地表及其附近形成孔雀石、蓝铜矿、铜蓝等		次要

表 3-5-6　山西省垣曲县篦子沟铜金矿典型矿床成矿要素一览表

成矿要素		描述内容		成矿要素分类
储量		367 100t	平均品位　Cu 全区平均 1.46%	
特征描述		多源、多阶段的沉积变质-热液叠加的层控铜矿床		
地质环境	岩石类型	主要容矿岩石为黑云石英白云石大理岩、钠长石英白云石大理岩、石英钠长岩等,次为黑色片岩、变基性岩等		必要
	岩石结构	微粒—细粒粒状变晶结构、鳞片变晶结构、花岗粒状变晶结构等		次要
	岩石构造	层状构造、似层状构造、块状构造、条带状构造等		次要
	成矿时代	2500~1180Ma		必要
	成矿环境	矿床赋存于古元古代大陆边缘裂谷带内,中条期裂谷伸张-收缩形成构造格架,西阳河期潜岩浆活动使热水上涌,与下渗热水形成循环系统,在封闭的潟湖环境下成矿		必要
	构造背景	吕梁-中条古元古代结合带,小秦岭-中条古元古代陆缘岛弧带,中条山古元古代岛弧带		必要

续表 3-5-6

成矿要素		描述内容			成矿要素分类
储量		367 100t	平均品位	Cu 全区平均 1.46%	
特征描述		多源、多阶段的沉积变质-热液叠加的层控铜矿床			
矿床特征	岩石矿物组合	以黄铜矿、黄铁矿、磁黄铁矿为主,次为斑铜矿、辉铜矿、硫钴矿、钴镍黄铁矿和金。脉石矿物为石英、白云石、金(黑)云母、钠长石、电气石等			必要
	结构	结晶结构、乳浊状结构、交代残余结构、充填结构等			次要
	构造	浸染状构造、细脉浸染状构造、脉状构造、团块状构造、角砾状构造等			次要
	蚀变	主要为黑云母化、硅化、碳酸盐化、钠化、阳起石化、绿泥石化等			重要
	控矿条件	褶皱轴部,转折端,逆(掩)冲断层,剥离断层			必要
	风化氧化	含铜的硫化物出露地表及其附近形成孔雀石、蓝铜矿、铜蓝等			次要

表 3-5-7 山西省绛县铜凹-山神庙铜矿典型矿床成矿要素一览表

成矿要素		描述内容			成矿要素分类
储量		367 100t	平均品位	Cu 全区平均 1.46%	
特征描述		多源、多阶段的沉积变质-热液叠加的层控铜矿床			
地质环境	岩石类型	主要容矿岩石为黑云石英白云石大理岩、钠长石英白云石大理岩、石英钠长岩等,次为黑色片岩、变基性岩等			必要
	岩石结构	微粒—细粒粒状变晶结构、鳞片变晶结构、花岗粒状变晶结构等			次要
	岩石构造	层状构造、似层状构造、块状构造、条带状构造等			次要
	成矿时代	2500~1180Ma			必要
	成矿环境	矿床赋存于古元古代大陆边缘裂谷带内,中条期裂谷伸张-收缩形成构造格架,西阳河期潜岩浆活动使热水上涌,与下渗热水形成循环系统,在封闭的潟湖环境下成矿			必要
	构造背景	吕梁-中条古元古代结合带,小秦岭-中条古元古代陆缘岛弧带,中条山古元古代岛弧带			必要
矿床特征	岩石矿物组合	以黄铜矿、黄铁矿、磁黄铁矿为主,次为斑铜矿、辉铜矿、硫钴矿、钴镍黄铁矿和金。脉石矿物为石英、白云石、金(黑)云母、钠长石、电气石等			必要
	结构	结晶结构、乳浊状结构、交代残余结构、充填结构等			次要
	构造	浸染状构造、细脉浸染状构造、脉状构造、团块状构造、角砾状构造等			次要
	蚀变	主要为黑云母化、硅化、碳酸盐化、钠化、阳起石化、绿泥石化等			重要
	控矿条件	褶皱轴部,转折端,逆(掩)冲断层,剥离断层			必要
	风化氧化	含铜的硫化物出露地表及其附近形成孔雀石、蓝铜矿、铜蓝等			次要

2)胡篦式沉积变质型铜矿典型矿床成矿模式

胡篦式沉积变质型铜矿典型矿床成矿模式同胡家峪铜矿等中条山铜矿模式,具体见图 3-5-1。

5. 与变基性岩有关的铜矿典型矿床

与变基性岩有关的铜矿选取运城市桃花洞铜矿为典型矿床。

1) 与变基性岩有关的铜矿典型矿床成矿要素

在全面研究桃花洞铜矿成矿地质作用、控矿因素、矿化特征后,归纳总结出主要成矿要素,具体见表 3-5-8。

表 3-5-8 山西省盐湖区桃花洞铜矿典型矿床成矿要素一览表

成矿要素		描述内容			成矿要素分类
储量		11 082t	平均品位	Cu 全区平均 1.39%	
特征描述			与变基性岩有关的铜矿床		
地质环境	岩石类型	主要为黑云母片岩、角闪黑云母片岩、片麻状二长花岗岩			必要
	岩石结构	粒状变晶结构、鳞片变晶结构、中粗粒花岗变晶结构等			次要
	岩石构造	块状构造、片状构造、片麻状构造			次要
	成矿时代	元古宙			必要
	成矿环境	变质热液为主,容矿岩石为涑水期黑云母片岩、角闪黑云母片岩和片麻状二长花岗岩			必要
	构造背景	吕梁-中条古元古代结合带,小秦岭-中条古元古代陆缘岛弧带,中条山古元古代岛弧带			必要
矿床特征	岩石矿物组合	主要为黄铜矿、黄铁矿等,次为辉铜矿、斑铜矿、铜蓝。脉石矿物为石英、黑云母、方解石等			必要
	结构	主要为晶粒变晶结构,他形晶粒变晶结构			次要
	构造	浸染状构造、细脉浸染状构造、条带状构造、斑点状构造等			次要
	蚀变	主要为硅化、碳酸盐化、黑云母化等			重要
	控矿条件	片理、裂隙及其贯入其间的石英-方解石脉			必要
	风化氧化	含铜的硫化物出露地表及其附近形成孔雀石、蓝铜矿、铜蓝等			次要

2) 与变基性岩有关的铜矿典型矿床成矿模式

与变基性岩有关的铜矿典型矿床成矿模式同胡家峪铜矿等中条山铜矿模式,具体见图 3-5-1。

3.5.2 铜(钼)矿预测工作区成矿规律

1. 中条山地区预测工作区成矿规律

中条山地区分布的铜矿峪式变斑岩型铜矿 1 个预测工作区——山西省铜矿峪式变斑岩型铜钼金矿铜矿峪预测工作区(4-1),胡篦式沉积变质型铜矿 3 个预测工作区——山西省胡篦式沉积变质型铜矿横岭关预测工作区(8-1)、山西省胡篦式沉积变质型铜矿落家河预测区(9-1)、山西省胡篦式沉积变质型铜金矿胡家峪预测工作区(10-1),与变基性岩有关的铜矿 1 个预测区——山西省与变基性岩有关的铜矿中条山西南段预测工作区(11-1)。

1) 中条山地区预测工作区成矿要素

(1) 铜矿峪式变斑岩型铜钼金矿铜矿峪预测工作区成矿要素。

根据对铜矿峪铜钼金矿床和预测工作区内已知矿床地质特征的分析,变花岗闪长(斑)岩为控矿岩体,铜矿峪亚群竖井沟组、西井沟组、骆驼峰组和早期侵入的基性岩是主要含矿建造,变花岗闪长(斑)岩、褶皱转折端和热液性碎斑岩是主要赋矿部位,硅化、绢云母化、黑云母化、角闪石化、绿泥石化、电气石化等是主要蚀变,含矿建造、控矿构造、蚀变为必要的成矿要素,根据其成矿时代、成矿环境等,总结出山西省铜矿峪式变斑岩型铜钼金矿胡家峪预测工作区区域成矿要素表(表 3-5-9)。

表 3-5-9　山西省铜矿峪式变斑岩型铜钼金矿铜矿峪预测工作区区域成矿要素一览表

成矿要素		描述内容	要素分类
成矿时代		元古宙	必要
大地构造位置		小秦岭-中条古元古代陆缘岛弧带,中条山古元古代岛弧带	次要
变质建造-变质作用	岩石地层单位	绛县群铜矿峪亚群	必要
	地层时代	元古宙	重要
	变质相带	低角闪岩相—低绿片岩相	重要
	变质相系	高温中压变质相系	重要
	变质建造厚度	较厚	重要
	岩石组合	绢云岩、石英岩、绿泥片岩、云英岩等	重要
	岩石结构	粒状变晶结构、鳞片变晶结构等	次要
	岩石构造	块状构造、片状构造、角砾状构造	次要
	变质作用	区域动力热流变质	重要
	变质时代	古元古代	重要
岩浆建造-岩浆作用	岩石名称	变花岗闪长岩、变花岗闪长斑岩	必要
	岩石系列	碱性系列、钙碱性系列	重要
	侵入岩时代	古元古代中条期	必要
	岩体形态	不规则状、透镜状、长条状	次要
侵入岩构造	岩体产状	岩床(与地层片理产状一致)	次要
	岩石结构	中粗粒不等粒结构、斑状结构	重要
	岩石构造	块状构造	次要
	岩体影响范围	500~1000m	重要
成矿构造		区域变质碎裂带和褶皱转折端	重要
矿床特征	形态产状	形态主要为透镜状、不规则状、似层状,产状与接触带一致	重要
	规模	单矿体较小,多呈矿群出现	重要
	矿石结构	半自形—自形晶粒结构、共结边结构、叶片状结构、交替文象结构、压碎结构等	重要
	矿石构造	浸染状构造、细脉浸染状构造、脉状构造、团块状构造、角砾状构造等	重要
	岩石矿物组合	黄铁矿-黄铜矿,黄铁矿-黄铜矿-辉钼矿,黄铁矿-黄铜矿-辉钴矿,脉石矿物为石英、绢云母、方解石、电气石、钠长石、绿泥石、黑云母等	重要
	蚀变	绢云母化、黑云母化、硅化、绿泥石化等,其次为方柱石化、电气石化、方解石化等	必要
	成矿期次	中高温热液为主,具多期、多源、多阶段特点	重要
	风化氧化	含铜的硫化物出露地表及其附近形成孔雀石、蓝铜矿、铜蓝等	次要

(2)胡篦式沉积变质型铜金矿胡家峪预测工作区成矿要素。

根据对篦子沟铜矿床和预测工作区已知矿床地质特征的分析,中条群篦子沟组、余元下组是主要含矿建造,中条裂谷的伸展构造、拆离断层、褶皱系列内褶皱、断层组合部位是主要赋矿部位,钠长石化、硅化、碳酸盐化、黑(金)云母化和绿泥石化等是主要蚀变,含矿建造、控矿构造、蚀变为必要的成矿要素,根据其成矿时代、成矿环境等,总结出山西省胡篦式沉积变质型铜矿胡家峪预测工作区区域成矿要素表(表 3-5-10)。

表 3-5-10　山西省胡箅式沉积变质型铜金矿胡家峪预测工作区成矿要素一览表

成矿要素		描述内容	要素分类
成矿时代		元古代	必要
大地构造位置		小秦岭-中条古元古代陆缘岛弧带,中条山古元古代岛弧带	次要
沉积建造-沉积作用	岩石地层单位	中条群箅子沟组、余元下组	必要
	地层时代	元古宙	重要
	岩石类型	泥质岩、碳酸盐岩、基性火山岩	必要
	沉积建造厚度	厚到巨厚	重要
	岩石组合	碳质片岩、白云石大理岩、石榴绢云片岩、金云母石英白云石大理岩、石英钠长岩	重要
	岩石结构	微粒-细粒粒状变晶结构、鳞片变晶结构	次要
	岩石构造	层状、似层状、块状构造、条带状构造等	次要
	沉积建造类型	泥质岩-碳酸盐岩-基性火山岩	必要
变质建造-变质作用	岩石地层单位	中条群箅子沟组、余元下组	必要
	变质相带	低角闪岩相—低绿片岩相	重要
	变质相系	高温中压变质相系	重要
	变质建造厚度	较厚	重要
	岩石组合	碳质片岩、石榴绢云片岩、不纯大理岩等	重要
	岩石结构	微粒—细粒粒状变晶结构、鳞片变晶结构	次要
	岩石构造	块状构造、片状构造、角砾状构造	次要
	变质作用	区域动力热流变质	重要
	变质时代	古元古代	重要
成矿构造		褶皱轴部、褶皱转折端、逆(掩)冲断层,剥离断层	必要
成矿环境		矿床赋存于古元古代大陆边缘裂谷带内,中条期裂谷伸张-收缩形成构造格架,西阳河期潜岩浆活动使热水上涌,与下渗热水形成循环系统,在封闭的潟湖环境下成矿	必要
矿床特征	形态产状	形态主要为层状、似层状、透镜状等,产状受构造控制	重要
	规模	单矿体较小,多呈矿群出现	重要
	矿石结构	结晶结构、乳浊状结构、交代残余结构、充填结构等	重要
	矿石构造	浸染状构造、细脉浸染状构造、团块状构造、角砾状构造等	重要
	岩石矿物组合	以黄铜矿、黄铁矿、磁黄铁矿为主,次为斑铜矿、辉铜矿、硫钴矿、钴镍黄铁矿和金。脉石矿物为石英、白云石、金(黑)云母、钠长石、电气石等	重要
	蚀变	主要为黑云母化、硅化、碳酸盐化、钠化、阳起石化、绿泥石化等	重要
	风化氧化	含铜的硫化物出露地表及其附近形成孔雀石、蓝铜矿等	次要

(3) 胡箅式沉积变质型铜矿横岭关预测工作区成矿要素。

根据对铜凹铜矿床和预测工作区已知矿床地质特征分析,横岭关亚群铜凹组是主要含矿建造,褶皱加断裂构造组合的韧性剪切褶皱带是主要赋矿部位,绢云母化、硅化、黑云母化等是主要蚀变,含矿建造、控矿构造、蚀变为必要的成矿要素,根据其成矿时代、成矿环境等,总结出山西省胡箅式沉积变质型铜矿横岭关预测工作区区域成矿要素表(表3-5-11)。

表 3-5-11　山西省胡篦式沉积变质型铜矿横岭关预测工作区成矿要素一览表

成矿要素		描述内容	要素分类
成矿时代		元古代	必要
大地构造位置		小秦岭-中条古元古代陆缘岛弧带,中条山古元古代岛弧带	次要
沉积建造-沉积作用	岩石地层单位	绛县群横岭关亚群铜凹组	必要
	地层时代	元古宙	重要
	岩石类型	低角闪岩相—低绿片岩相变质岩	必要
	沉积建造厚度	厚到巨厚	重要
	岩石组合	含碳十字石绢云片岩、含碳石榴石绢云片岩、含十字石绢云片岩、含石榴石绢云片岩	重要
	岩石结构	微粒结构、细粒粒状变晶结构、鳞片变晶结构	次要
	岩石构造	片状构造、千枚状构造,条带构造等	次要
变质建造-变质作用	岩石地层单位	绛县群横岭关亚群铜凹组	必要
	变质相带	低角闪岩相—低绿片岩相	重要
	变质相系	高温中压变质相系	重要
	变质建造厚度	较厚	重要
	岩石组合	含碳、十字石、石榴石绢云片岩	重要
	岩石结构	微粒结构、细粒粒状变晶结构、鳞片变晶结构	次要
	岩石构造	片状构造、千枚状构造,条带构造等	次要
	变质作用	区域动力热流变质	重要
	变质时代	古元古代	重要
成矿构造		同斜复式褶皱加断裂构造组合的韧性剪切褶皱带	必要
成矿环境		成矿物质来自铜凹组地层和后期基性岩浆活动,具内生和外生来源双重特点;成矿热液由变质水、岩浆水和大气降水组成混合热液流体,成矿温度 155～308℃	必要
矿体特征	形态产状	形态主要为似层状、扁豆状、透镜状,产状与围岩基本一致	重要
	规模	单矿体较小,多呈矿群出现	重要
	矿石结构	粒状结晶结构、交代残余结构等	次要
	矿石构造	浸染状构造、细脉浸染状构造、脉状构造、团块状构造等	次要
	蚀变	主要为绢云母化、黑云母化、硅化等	重要
	岩石矿物组合	以黄铜矿、黄铁矿、磁黄铁矿为主,次为斑铜矿、辉铜矿、硫镍钴矿、辉钼矿,次生矿物为蓝铜矿、孔雀石、褐铁矿等。脉石矿物为绢云母、石英、黑云母、角闪石、方解石等	必要
	成矿期次	中低温热液为主,具多期、多源、多阶段特点	重要
	风化氧化	含铜的硫化物出露地表及其附近形成孔雀石、蓝铜矿等	次要

(4)胡篦式沉积变质型铜矿落家和预测工作区成矿要素。

根据对落家河铜矿床和预测工作区已知矿床地质特征的分析,宋家山亚群大梨沟组、绛道沟组为预测工作区成矿的含矿建造,褶皱加断裂构造组合的韧性剪切褶皱带是主要赋矿部位,石墨化、绿泥石化、黑云母化、绿帘石化、电气石化、硅化、绢云母化、碳酸盐化等是主要蚀变,含矿建造、控矿构造、蚀变为必要的成矿要素,根据其成矿时代、成矿环境等,可总结出山西省胡篦式沉积变质型铜矿落家河预测工作区区域成矿要素表(表 3-5-12)。

表 3-5-12 山西省胡篦式沉积变质型铜矿落家河预测工作区成矿要素一览表

成矿要素		描述内容	要素分类
成矿时代		元古代	必要
大地构造位置		小秦岭-中条古元古代陆缘岛弧带,中条山古元古代岛弧带	次要
变质建造-变质作用	岩石地层单位	绛县群宋家山亚群大梨沟组、绛道沟组	必要
	地层时代	元古宙	重要
	变质相带	低绿片岩相	重要
	变质相系	高温中压变质相系	重要
	变质建造厚度	较厚	重要
	岩石组合	石英岩、浅粒岩、绢云片岩、白云石大理岩及变基性火山岩和磁铁石英岩	重要
	岩石结构	微粒、细粒粒状变晶结构,鳞片变晶结构	次要
	岩石构造	片状、千枚状构造,条带构造,块状构造	次要
	变质作用	区域动力热流变质	重要
	变质时代	古元古代	重要
成矿构造		褶皱加断裂构造组合的韧性剪切褶皱带	必要
成矿环境		矿体赋存在韧性剪切带中。铜质主要来源于地幔,少部分与上地壳有关,含矿建造主要为基性火山岩,主要容矿岩石为石墨绿泥片岩、石墨片岩、绢云石墨片岩、变砾岩、变长石砂岩和绢云长石石英片岩等。中条期奥长花岗岩及其相伴脉岩的侵入,并沿韧性剪切带穿插于矿带中,促使矿源层的矿质活化、迁移、加富	必要
矿体特征	形态产状	形态主要为似层状、扁豆状、透镜状,与围岩基本一致	重要
	规模	单矿体较小,多呈矿群出现	重要
	矿石结构	自形—半自形晶结构、他形结构、交代网状结构、片状变晶结构等	重要
	矿石构造	稀疏浸染状构造、细脉状构造、条带状构造、团块状构造、片状构造等	重要
	蚀变	主要为石墨化、绿泥石化、黄铁矿化、硅化、绢云母化等	重要
	岩石矿物组合	黄铜矿、黄铁矿为主,次为闪锌矿、斑铜矿、磁铁矿、赤铁矿,少量钛铁矿、含铜磁黄铁矿、硫铜钴矿、辉砷钴矿、硫镍钴矿、金红石等。脉石矿物为绿泥石、石英、方解石、绢云母、钠长石、黑云母、绿帘石、石墨、电气石等	重要
	成矿期次	中低温热液为主,具多期、多源、多阶段特点	重要
	风化氧化	含铜的硫化物出露地表及其附近形成孔雀石、蓝铜矿、铜蓝等	次要

(5) 与变基性岩有关的铜矿中条山西南段预测工作区成矿要素。

根据对桃花洞铜矿床和预测区已知矿床地质特征的分析,涑水期斜长角闪岩、绿泥石片岩、黑云母片岩及浅粒岩等变质岩是主要含矿建造,断裂、片理、裂隙及其贯入其间的石英-方解石脉构造组合的韧性剪切褶皱带是主要控矿构造,硅化、黑云母化、碳酸盐化等是主要蚀变,含矿建造、控矿构造、蚀变为必要的成矿要素,根据其成矿时代、成矿环境等,总结出山西省与变基性岩有关的铜矿中条山西南段预测区区域成矿要素表(表 3-5-13)。

表 3-5-13　与变基性岩有关的铜矿中条山西南段预测工作区区域成矿要素表

成矿要素		描述内容	要素分类
成矿时代		元古宙(1835Ma)	必要
大地构造位置		小秦岭-中条古元古代陆缘岛弧带,中条山古元古代岛弧带	次要
岩石特征	岩石地层单位	涑水群	必要
	地层时代	太古宙	必要
	岩石类型	黑云母片岩、角闪黑云母片岩、片麻状二长花岗岩	必要
	岩石结构	粒状变晶结构、鳞片变晶结构、中粗粒花岗变晶结构等	次要
	岩石构造	块状构造、片状构造、片麻状构造	次要
变质建造/变质作用	岩石地层单位	涑水群	必要
	地层时代	太古宙	必要
	岩石类型	角闪岩相变质岩	重要
	变质作用	区域动力热流变质	重要
	变质时代	新太古代	重要
成矿地质作用	成矿时代	元古宙(1835Ma)	必要
	成矿环境	变质热液为主,容矿岩石为涑水期黑云母片岩、角闪黑云母片岩和片麻状二长花岗岩	重要
	成矿作用	变质热液	必要
	控矿构造	褶皱加断裂构造组合的韧性剪切褶皱带	必要
矿床特征	形态产状	形态主要为透镜状、似层状、扁豆状,产状与围岩一致	重要
	规模	单矿体较小,多呈矿群出现	重要
	矿石结构	主要为晶粒变晶结构,他形晶粒变晶结构	重要
	矿石构造	浸染状构造、细脉浸染状构造、条带状构造、斑点状构造等	重要
	岩石矿物组合	主要为黄铜矿、黄铁矿等,次为辉铜矿、斑铜矿、铜蓝。脉石矿物为石英、黑云母、方解石等	重要
	容矿岩石	黑云母片岩、角闪黑云母片岩和片麻状二长花岗岩	重要
	蚀变	主要为硅化、碳酸盐化、黑云母化等	重要
	控矿条件	片理、裂隙及其贯入期间的石英-方解石脉	必要
	风化氧化	含铜的硫化物出露地表及其附近形成孔雀石、蓝铜矿、铜蓝等	次要

2)中条山地区预测工作区成矿成矿模式

(1)地层与岩性:中条山地区铜矿以受地层岩性控制为特点。铜矿峪式赋存于新太古界绛县群铜矿峪亚群骆驼峰组、竖井沟组中,为一套浅变质的火山-沉积建造,主要含矿岩石为变质花岗闪长斑岩,属细脉浸染变斑岩型铜矿,规模较大。胡篦式铜矿赋存于古元古界中条群中,矿床(点)主要分布于胡家峪-篦子沟短轴背斜南翼及倾伏端,含矿地层为余元下组顶部、篦子沟组及余家山组下部,组成了以篦子沟组变质绢云片岩为中心的含矿岩系,该岩系也是中条山区的主要含矿层位之一,胡篦式铜矿胡家峪预测区就严格受该岩系控制,主矿体与褶皱枢纽构造有关。绛县群横岭关亚群铜凹组岩性主要为含碳绢云片岩、绢云片岩、十字石榴绢云片岩,严格控制了横岭关预测区沉积变质型铜矿分布。在落家河预测工作区,落家河、同善"天窗"内的绛县群宋家山亚群大梨沟组、绛道沟组细质火山碎屑沉积岩系为主要赋矿层位与容矿岩石,赋存有变沉积变质型铜矿床。在西南段涑水期黑云母片岩、角闪黑云母片岩发育的片理,斜长角闪岩与片麻状二长花岗岩的接触带及其构造裂隙,以及其间贯入的石英-方解石细脉中赋存有与基性岩有关的复合内生型铜矿床(图 3-5-5)。

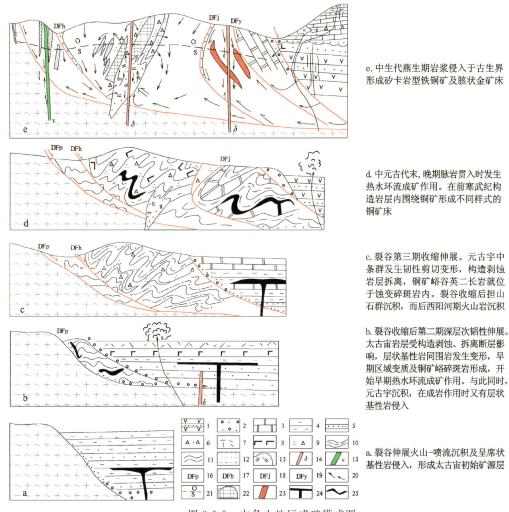

图 3-5-5　中条山地区成矿模式图

1.西阳河群及古生界；2.担山石群；3.中条群白云质大理岩；4.中条群片岩；5.石英岩；6.角砾岩；7.富钾流纹岩；8.富钾基性火山岩；9.蚀变碎斑岩；10.绢英岩及绢英片岩；11.横岭关亚群片岩；12.基底涑水杂岩；13.石英二长岩；14.闪长岩或煌斑岩脉；15.辉长辉绿岩脉；16.平头岭剥离断层；17.后山村剥离断层；18.界牌梁剥离断层；19.余家山剥离断层；20.热水环流方向；21.氧化还原界面；22.铜矿峪型浸染状矿床；23.横岭关型、胡篦型铜矿床；24.基性岩顺层侵入；25.基性岩变形

(2)岩浆活动：中条山区岩浆活动期次多、种类复杂，从太古宙至中元古代，不但有岩浆侵入，而且有火山喷发。主要为中元古代以前的变质基性杂岩体，岩性主要为辉绿岩、斜长角闪岩、安山岩、流纹岩等。中元古代以后形成的酸性岩体，岩性主要为花岗岩、奥长花岗岩，表现为明显的"双峰式"特征。与成矿关系密切的岩浆岩主要有侵入于绛县群铜矿峪亚群的变质花岗闪长斑岩和燕山期的中酸性岩体。

(3)构造：主要是"三叉裂谷"和脆性断裂构造。中条山铜、金、钴矿集中区处于鄂尔多斯地块与河淮地块接合带的南端，接合带是在中朝克拉通前寒武纪三叉型裂谷的基础上形成的。中条三叉"人"字形裂谷系伸展构造控制着该区金属成矿带的展布，裂谷南西支控制着胡篦型铜矿床，称为Ⅰ矿带；裂谷的南东支控制着下庄矿点、虎坪铜矿床、落家河铜矿床，称为Ⅱ矿带；裂谷的北支控制着铜矿峪型铜矿床，延至塔儿山、二峰山燕山期的邯邢式铁矿和四家湾铜铁金矿，并称其为Ⅲ矿带。另外在区内还发育有一系列褶皱、脆(韧)性断裂构造。特别是发育在中条三叉"人"字形裂谷构造南西支(Ⅰ矿带)的胡家峪-篦子沟短轴背斜及其次级褶皱构造，控制着胡篦型铜矿的分布和形成。而脆(韧)性断裂构造则主要控制着该区的金矿。

(4)围岩蚀变:主要是与矿化有关的硅化、钠长石化、碳酸盐化及金云母化等。

(5)地球化学异常:横岭关预测区,是沉积变质成因铜矿的成矿带。地球化学场的特征是Cu-Zn-As-V高背景带,其异常紧密相连成带展布。Co-Ni为中-高背景,异常较零星,呈带状分布,在胡家峪预测区发育,是胡篦式铜矿的主要成矿带,地球化学场的特征是Cu的高背景区断续成带分布,Cu异常成群成带出现;Zn在北部为高背景区,异常成片,南部高背景断续出现,异常孤立;As在北部为中—高背景带,异常分片成带展布,南部异常零星;Co在胡家峪—篦子沟一带为高背景强异常带,篦子沟—阎家池一带为中—高背景异常带,异常零星,胡家峪以南为低背景区,仅有孤立异常;V在篦子沟以北为高背景及异常带,南部为中-低背景,异常零星;Ni在胡家峪以北为高背景强异常带,南部为中-低背景,异常零星。在铜矿峪—山岔河一带主要出露铜矿峪组,是铜矿峪式铜矿的成矿区。地球化学场的特点是Cu的高-中背景成片分布,南部Cu异常成群出现,Zn在北部为高背景,As在这一带为低背景,仅在铜矿峪附近出现异常;Co为中-高背景,异常零星;Ni为中-高背景;北部米岔沟一带为V的高背景和异常分布区。

3)中条山地区成矿规律

山西省铜矿以中条山铜矿为主,在区域成矿、矿床成因、矿床分布、矿体富集等方面都具有一定的规律。

(1)区域成矿规律。

适宜成矿的区域地质构造环境是形成铜矿带的先决条件。太古宙晚期地壳伸张作用使原始地壳局部变得越来越薄,引起来自地幔的超基性—基性岩浆上涌,产生线性裂谷构造。在早期裂谷内发育有近似优地槽型沉积,形成了以铜为主的赋存于陆源碎屑岩和火山岩系中的硫化物。如横岭关、铜矿峪、落家河型铜矿床中的初始矿源层。随着裂谷演化,至元古宙早期开始转向冒地槽型的陆源碎屑-碳酸盐岩沉积,火山作用明显减弱,仅在中条群早期篦子沟时有海底喷流及黑色页岩沉积,这样就为形成胡篦型铜矿床提供了地质前提。

在优地槽型含铜海相火山沉积建造中,早期由氧化环境的陆源碎屑砂质—泥砂质沉积过渡到还原环境的中酸性钠质凝灰岩和喷流岩沉积。由于地处较深的海底喷发环境,在较大的深度水柱压力下,喷发物质不会大范围散失,当成矿流体由通道上升到接近海底不致逸散,对金属物质沉淀十分有利。因而常在喷流附近有大量含铜硫化物富集。火山作用晚期有厚层的富钾质基性熔岩流覆盖在含铜硫化物的矿源层之上,形成了良好的保护层,使矿源层比较完整地保留下来。同样在冒地槽型陆源碎屑—碳酸盐岩含铜喷流岩沉积中金属物质又受到黑色页岩遮挡,从而为后期成矿作用创造了良好的构造空间。

(2)矿床成因规律。

宏观地质调查、微观研究和各种测试分析研究结果表明,中条裂谷内铜矿床的成矿机制大同小异,成矿作用均发育在新太古代含铜沉积建造基础上,后经区域低温动力变质作用和岩浆活动,为成矿提供热源、水源、矿源。因此,矿床成因都具有多源、多期、多阶段的成矿特点,同属热水沉积经多期改造而成的层控铜矿。早期形成的硫化物矿石构造多为纹层或条带状浸染型及细脉浸染型,晚期为网脉状、脉状和团块状叠加在早期矿化之上。矿石结构主要有自形—半自形晶结构、他形晶结构、交代残留结构、交代网状结构、包含结构等。金属矿物组合,赋存在绛县群的矿床一般成分较简单,主要有黄铜矿+黄铁矿,其次为黄铁矿+黄铜矿+辉钼矿、黄铁矿+黄铜矿+磁黄铁矿,还有少量的斑铜矿、闪锌矿、辉铜矿、辉钴矿、硫镍矿、辉砷钴矿、硫镍钴矿、硫铜钴矿等。赋存在中条群的铜矿床,主要矿物组合和上述相同,但微量矿物却比较复杂,除包含上述矿物外,还有钴镍黄铁矿、方硫钴镍矿、自然金、银金矿、晶质铀矿、钛铀矿等。

矿化以铜为主,常伴生有益元素Co、Au、Mo。矿床铜平均品位,随着产出层位由下向上有增高趋势。矿体垂向分带序列(矿体顶盘—矿体—底盘)为(Ba-Pb-Zn)—(Cu-Au-Ag-Co-Mo)—(W-Be-V-Sb-Hg-Ni)。

(3)矿床空间分布规律。

①矿田受裂谷控制。同处于变质核杂岩体多期变形变质带内的矿床赋存在不同时代的构造增生楔间。横岭关铜矿床产在最下部的横岭关构造增生楔内,铜矿峪、落家河铜矿床产在其上的铜矿峪构造增生楔内,胡篦型铜矿床产在最上部的篦子沟构造增生楔中。

②矿田受韧性剪切带内的褶皱控制,矿体产在不同的褶皱-冲断构造透镜体内。矿床在空间上常具有等距性,矿床分布的等间距性反映了控矿构造的等间距性。

③主要矿体一般分布在标高1000m以下。
④矿床中的主要矿体产于变基性岩同围岩接触带中及附近的有利构造部位。
⑤矿体成群分布。单个矿床由数十至数百个矿体组成。矿体形态一般为似层状、透镜状。

2. 塔尔山地区预测工作区成矿规律

塔尔山地区分布有刁泉式矽卡岩型铜矿1个预测工作区——山西省刁泉式矽卡岩型铜矿塔儿山预测工作区(7-2)。

1)塔尔山地区预测工作区成矿要素

根据对四家湾铜矿床和预测工作区已知矿床地质特征的分析,奥陶系白云质灰岩、含泥质白云质灰岩、泥晶灰岩等是塔儿山预测工作区铜矿的含矿建造,燕山期碱性系列和钙碱性系列的斑状闪长岩、二长闪长岩、正长闪长岩是铁矿的控矿岩体,石榴子石矽卡岩、透辉石矽卡岩、金云母矽卡岩、石榴子石透辉石矽卡岩等是主要蚀变岩石,含矿建造、控矿岩体、蚀变为必要的成矿要素。根据其成矿时代、成矿环境等,总结出山西省刁泉式铜矿塔儿山预测工作区区域成矿要素表(表3-5-14)。

表3-5-14 山西省刁泉式矽卡岩型铜矿塔儿山预测工作区区域成矿要素一览表

成矿要素		描述内容	要素分类
成矿时代		中生代白垩纪(130Ma左右)	必要
大地构造位置		吕梁山造山隆起带汾河构造岩浆活动带	次要
沉积建造-沉积作用	岩石地层单位	奥陶系马家沟组	必要
	地层时代	下古生界奥陶系	重要
	岩石类型	碳酸盐岩	必要
	沉积建造厚度	厚到巨厚	重要
	蚀变特征	接触变质、矽卡岩化	重要
	岩性特征	碳酸盐岩	重要
	岩石组合	白云岩、灰岩、泥灰岩等	重要
	岩石结构	中细粒变晶结构、生物碎屑结构	次要
	沉积建造类型	白云质灰岩-白云岩建造	必要
		生物屑泥晶碳酸盐岩建造	次要
变质建造-变质作用	岩石地层单位	奥陶系马家沟组	必要
	岩石类型	角闪岩相变质岩	次要
	变质建造厚度	较厚	重要
	岩性特征	以矽卡岩为主	必要
	岩石组合	大理岩、透辉石矽卡岩、金云母矽卡岩、粒硅镁石矽卡岩、石榴子石矽卡岩等	次要
	岩石结构	粒状变晶结构	次要
	岩石构造	块状构造为主	次要
	变质建造类型	斜长角闪岩-含矽线黑云片麻岩-镁质大理岩变质建造	必要
侵入岩构造	岩体产状	岩基、岩株	次要
	岩石结构	中粗粒不等粒结构	重要
	岩石构造	块状构造	次要
	岩体影响范围	500~1000m	重要
	岩浆构造旋回	燕山旋回	重要

续表 3-5-14

成矿要素		描述内容	要素分类
成矿构造		主要为接触带	重要
矿体特征	形态产状	形态主要为透镜状、不规则状，产状与接触带一致	重要
	规模	单矿体较小，多呈矿群出现	重要
	矿石结构	自形—半自形、他形晶粒结构，粗粒连晶结构	次要
	矿石构造	浸染状构造、细脉浸染状构造、脉状构造、团块状构造、条带状构造等	次要
	岩石矿物组合	透辉石-斑铜矿、黄铜矿、石榴子石透辉石-斑铜矿、黄铜矿、云母透辉石-闪锌矿、磁铁矿、斑铜矿、黄铜矿、方解石、石英-黝铜矿、辉铜矿。脉石矿物主要为透辉石、方解石、钙铁榴石、石英、云母、绿泥石等	重要
	蚀变组合	石榴子石矽卡岩、透辉石-石榴子石矽卡岩、符山石-石榴子石矽卡岩、云母矽卡岩、透辉石-云母矽卡岩等	必要
	控矿条件	石英二长岩与奥陶系碳酸盐岩的接触带	必要
	成矿期次	气成热液、高温热液、中低温热液及表生作用，高温热液为铜矿的主要成矿期	重要
	风化氧化	含铜的硫化物出露地表及其附近形成孔雀石、蓝铜矿、铜蓝等	次要

2）塔尔山地区预测工作区成矿模式

四家湾铜矿属典型的矽卡岩型铜矿，燕山期强烈的构造活动有利于幔源或重熔岩浆侵位与成矿物质上升，为成矿作用提供了有利的构造-岩浆活动背景，成矿物质除岩浆源外，基底岩石与含矿建造对岩浆热液的含矿性具有继承影响。见图 3-5-6。

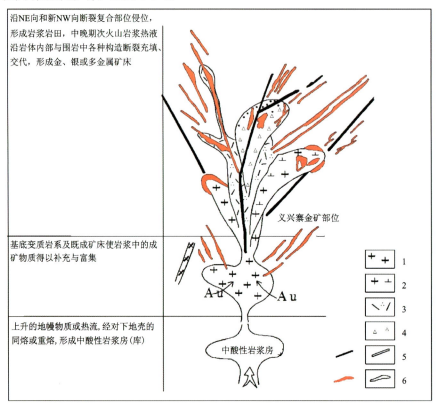

图 3-5-6　五台山地区成矿模式图

1.花岗斑岩；2.花岗闪长斑岩；3.石英斑岩、长石石英斑岩；4.隐爆角砾岩及隐爆角砾岩筒；5.侵位前的导岩断裂个侵位过程中的导矿断裂；6.矿床或矿体

(1)成矿地质背景:吕梁山造山隆起带汾河构造岩浆活动带塔儿山隆起,岩体与围岩的接触带是主要的控矿构造。

(2)成矿机制:a.成矿物质来源:铜铁质主要来源于中浅成的已结晶的侵入岩和岩浆期含矿溶液从岩浆中携带来的铜铁质,钠长石化过程汽-液从侵入岩中析出了大量的铁质。b.成矿流体:主要为高温岩浆热液。成矿温度275~450℃。c.铜铁质的搬运:富钾、钠的含矿溶液,研究表明,矿液运移是按照顺时针斜向上、向心这一机械运动形式进行的,这种运动形式同岩浆运动形式——旋流又是完全一致的。

(3)成矿时代:中生代白垩纪(130Ma左右)。

(4)矿体就位:在岩体与碳酸盐接触带及构造有利部位富集成矿。

(5)成矿作用:矿物的生成表现出多期性与延续性,矿物间相互交代、穿插与叠加,各成矿期或成矿阶段间不是截然分开的,它们在时间上紧密相关、具一定的先后顺序,反映出成矿的多阶段性,本矿床的形成主要经历了气成高温热液、高中温热液、中低温热液3个期次成矿作用,气成高温热液期为铁矿主成矿期,高中温热液期为铜矿主成矿期,中低温热液期为金矿主成矿期。

(6)找矿标志:二长岩体与奥陶系碳酸盐岩接触带、矽卡岩化,高磁异常。

3. 五台山地区预测工作区成矿规律

五台山地区分布有刁泉式矽卡岩型铜矿1个预测工作区——山西省刁泉式矽卡岩型铜矿灵丘刁泉预测区(7-1),南泥湖式斑岩型铜矿1个预测工作区——山西省南泥湖式斑岩型钼铜矿繁峙后峪预测工作区(12-1)。

1)五台山地区预测工作区成矿要素。

(1)刁泉式矽卡岩型铜矿灵丘刁泉预测区成矿要素。

根据对刁泉银铜矿床和预测工作区内已知矿床地质特征的分析,寒武系的大理岩化泥晶灰岩、砾屑灰岩、生物碎屑灰岩及角岩化泥(页)岩,奥陶系泥晶灰岩、竹叶状灰岩等是主要含矿沉积岩建造;中生代白垩纪钙碱性系列的黑云母花岗岩、石英斑岩、花岗闪长斑岩、花岗斑岩、辉石闪长岩是矿床的控矿岩体;NNW向、NE向两组断裂构造为控岩构造。岩体上侵接触带形成的断裂构造、环状构造、放射状构造为赋矿构造。透辉石-钙铁榴石矽卡岩、绿帘石矽卡岩、钙铝榴子矽卡岩及大理岩、角岩等是主要的交代蚀变岩。它们构成了区域成矿的必要成矿要素。根据其成矿时代、成矿环境等,总结出山西省刁泉式矽卡岩型铜矿灵丘刁泉预测工作区区域成矿要素表(表3-5-15)。

表3-5-15 山西省刁泉式矽卡岩型铜矿灵丘刁泉预测工作区区域成矿要素表

成矿要素		描述内容	要素分类
成矿时代		中生代白垩纪(130.5~127.2Ma,K-Ar法)	必要
大地构造位置		华北陆块区燕山-太行山北段陆缘火山岩浆弧(K)	重要
沉积建造/沉积作用	岩石地层单位	寒武系张夏组、崮山组、奥陶系	必要
		青白口系望弧组、蓟县系雾迷山组	重要
	地层时代	早古生代寒武纪、奥陶纪	必要
		中新元古代青白口纪、蓟县纪	重要
	岩石类型	碳酸盐岩、含碳酸盐岩碎屑岩	必要
		含燧石结构白云岩、硅质角砾岩	重要
	岩石组合	灰岩、鲕状灰岩、竹叶状灰岩、燧石角砾岩、白云岩	重要
	岩石特征	以碳酸盐岩为主体,其他为碎屑岩、泥灰岩、角砾岩	重要
	蚀变特征	大理岩化、矽卡岩化	必要
	岩石结构	中细晶粒结构、泥晶结构	次要

续表 3-5-15

成矿要素		描述内容	要素分类
沉积建造/沉积作用	沉积建造厚度	中厚	重要
	沉积建造类型	泥晶灰岩-碎屑灰岩建造	必要
		鲕状灰岩-泥晶灰岩-生物碎屑灰岩建造	必要
		硅质条带(团块)碳酸盐岩建造	重要
		硅质角砾岩建造	重要
变质建造/变质作用	岩石地层单位	下古生界寒武系、奥陶系	必要
		新元古界蓟县系	重要
	地层时代	早古生代寒武纪、奥陶纪	必要
		中新元古代蓟县纪	重要
	岩石类型	中酸性侵入岩与上述碳酸盐岩接触变质作用岩石	重要
	岩石组合	大理岩、角岩、透辉石-石榴子石矽卡岩、绿帘石矽卡岩、石榴子石矽卡岩	重要
	蚀变特征	热接触变质-接触交代变质	必要
	岩石结构	粒状变晶结构、角岩结构、交代结构	次要
	岩石构造	块状构造、脉状浸染构造	次要
	变质建造厚度	薄—中层	次要
	变质建造类型	角岩-大理岩变质建造	次要
		矽卡岩接触交代建造	重要
岩浆建造/岩浆作用	岩石名称	辉石闪长岩、花岗闪长斑岩、黑云母花岗岩、花岗斑岩、石英斑岩	必要
	岩石系列	钙碱性系列	重要
	侵入时代	白垩纪	重要
	侵入期次	大致三期（J_1、J_2、J_3）	重要
	接触带特征	角岩化、大理岩化、矽卡岩化、硅化	重要
	岩体形态	不规则圆状、长条状、板状	次要
	岩体产状	岩株、岩脉	重要
	岩石结构	花岗结构、斑状结构、似斑状结构	次要
	岩石构造	块状构造	次要
	岩浆影响范围	<700m	重要
	岩浆构造旋回	燕山旋回	重要
成矿构造	控岩构造	NNW向、NE向两组断裂交叉	重要
	接触带构造	岩体侵入灰岩中，形成①灰岩呈半岛状凸向岩体部位为成矿富集区。②往往伴随着断裂构造带，形成赋矿构造	重要
成矿特征	矿体形态	似层状、透镜状、脉状	次要
	矿体产状	多数和接触带、断裂带产状一致。总体上上部倾向岩体，中部近于直立，下部倾向围岩	次要
	矿石矿物组合	主要为黄铜矿、斑铜矿、辉铜矿、铜蓝、孔雀石、辉银矿、自然银、硫锑铜银矿、方铅矿、闪锌矿，次要为磁铁矿、赤铜矿、硒银矿	重要
	矿床共生组分	Cu、Ag、Pb、Zn	重要
	矿床伴生组分	Fe、Au、Mo	次要
	成矿期次划分	矽卡岩阶段—氧化物阶段—硫化物阶段—表生氧化阶段	重要
	蚀变及矿物组合	矽卡岩化(透辉石-钙铁榴石、绿帘石、钙铝榴石)、碳酸盐化(大理岩、方解石)、硅化、透闪石化、绿泥石化	重要

(2) 南泥湖式斑岩型钼铜矿繁峙后峪预测区成矿要素。

根据对后峪钼铜矿床和预测区已知矿床(点)地质特征的分析,太古宙北台花岗岩体是繁峙后峪预测工作区钼铜矿的主要含矿建造,燕山期花岗斑岩和石英斑岩是主要的成矿、控矿岩体,矽卡岩化、硅化、高岭土化、绢云母化、绿泥石化、绿帘石化、碳酸盐化、硫酸盐化等是主要蚀变,控矿岩体、蚀变组合等为必要的成矿要素,根据其成矿时代、成矿环境等,总结出山西省南泥湖式斑岩型钼铜矿繁峙后峪预测工作区区域成矿要素表(表 3-5-16)。

表 3-5-16　山西省南泥湖式斑岩型钼铜矿繁峙后峪预测工作区成矿要素一览表

成矿要素		描述内容	要素分类
成矿时代		中生代	必要
大地构造位置		燕山-太行山北段陆缘火山岩浆弧	重要
矿床成因		过滤型的中温热液网脉状钼铜矿床	重要
变质建造/变质作用	地层名称	五台群台怀亚群柏枝岩组片岩及北台花岗岩体	次要
	岩石组合	片岩、片麻岩、花岗岩	次要
	岩石结构	不等粒变晶结构,片麻状构造、块状构造	次要
侵入岩构造	岩体名称	中生代石英斑岩、花岗斑岩、火山角砾岩及隐爆角砾岩	必要
	岩石结构	斑状结构	次要
	岩石构造	块状构造、流纹构造、角砾结构	次要
	岩体影响范围	500~1000m	重要
	岩浆构造旋回	燕山旋回	重要
成矿构造		北西向断裂	次要
成矿环境		中—浅成矿	必要
矿体特征	形态产状	形态严格受破碎带控制,主要为脉状	重要
	规模	大型矿床	重要
	矿石结构	粒状结构,斑状结构	次要
	矿石构造	块状构造、片麻状构造	次要
	矿石矿物组合	辉钼矿、黄铜矿、黄铁矿、方铅矿、闪锌矿、磁铁矿	重要
	蚀变组合	矽卡化岩、硅化、高岭土化、绢云母化、绿泥石化、绿帘石化、碳酸盐化、硫酸盐化	必要
	控矿条件	接触带及岩体控矿	必要

2) 五台山地区预测工作区成矿模式

(1) 灵丘刁泉预测工作区。

成矿模式见图 3-5-6。

①成矿地质背景:燕山-太行山北段早白垩世陆缘火山岩浆活动和古生代碳酸盐岩沉积建造构成了区内有利的成矿地质背景。

②成矿机制:a. 成矿物质来源:银、铜成矿物质主要来源于中浅成的中酸性侵入岩。b. 成矿流体:主要为中低温岩浆热液。温度主要为 185~280℃。成矿流体盐度多数在 40~46wt% NaCl 当量。c. 成矿物质的搬运:银铜等成矿物质的运移富集形成于石英硫化物期。早期为高温氧化物期,即富钾、钠的含矿溶液交代作用形成的矽卡岩期,形成的金属矿物主要是磁铁矿。之后由于硫及铜、银、金等成矿元素富集形成金属硫化物或自然金、银矿物,主要在蚀变带中富集,或向围岩断裂裂隙中运移充填。

③成矿时代:中生代白垩纪(130.5Ma 左右)。

④矿体空间就位:在岩体与碳酸盐岩接触带及断裂构造有利部位富集成矿。在空间上表现为近地

表倾向岩体,呈喇叭口状。中部近直立,下部倾向围岩。

⑤成矿作用:矿物的生成表现出多期性与延续性,矿物间相互交代、穿插与叠加,各成矿期或成矿阶段间不是截然分开的,但具一定的先后顺序,反映出成矿的多阶段性,矿床的形成主要经历了高温氧化物期、中低温石英硫化物期、次生硫化物期、表生氧化物期。

找矿标志:燕山期钙碱性系列的岩体、矽卡岩化、高磁异常。

(2)繁峙县后峪预测工作区。

钼铜矿的主要成矿作用共分为两期。

第一期成矿阶段:为本区主要成矿期,其作用与第一期的浅成相斑岩有关。其结果形成了本区有价值的辉钼矿床。分析结果证明:本期在矽卡岩阶段是无矿的,主要辉钼矿开始沉淀在此期以后的,分布广泛的热液硅化期内,其空间位置以第一期斑岩沿震旦纪底部与片麻岩之不整合面侵入的岩床接触带为中心,逐渐向四周扩大矿化,其成矿延续时间很长,因而在矿化过程中亦显示出复杂的变化,这些表现在:①在金属矿物成分上,开始是以黄铁矿化为先导,然后继之以辉钼矿的沉淀。至其后期则继续出现少量黄铜矿及微量闪锌矿及方铅矿等。由于成矿过程中的破裂作用,使矿液在部分地段有不同程度的脉动现象,从而在同一矿石中出现不同世代的同种矿物,甚至在同一矿石中出现不同世代的同种矿物,如黄铁矿、辉钼矿等均有此现象。②在脉石矿物成分上,开始是以石英为主,至其后期才继续出现白云石、方解石及石膏等伴生矿物,并且后者有时重叠在前者之上,构成同一矿石中的复杂图案。③在空间分布上,亦显示与成矿过程相一致的变化,出现于矿化中心地段者,均以石英为主。这些表现在灰岩中是以隐晶的硅质交代体出现的;在片麻岩中是以细晶质石英细脉出现的;矿化渐向下部,单一的含辉钼矿石英脉逐渐减少,而渐渐出现纯辉钼矿细脉,后者又逐渐为含辉钼矿的石英方解石以及石英石膏细脉等所代替,后期脉石矿物的特征是逐渐出现完整的或较完整的晶体。这一切都说明在整个矿化的过程中,自矿化中心至边缘,不仅表现出金属矿物成分及脉石矿物成分有较规律的变化,而且温度也是逐渐降低的,这应当认为是一种矿床带状分布的隐现。

第二期成矿阶段:为本矿区的次要成矿期,其形成与第二期的蚀变斑岩有关。本期成矿对于钼来说已近尾声,而转入铜的矿化期,但不论对钼或铜来说,本期矿化都是很弱的。分析结果表明:本期岩石含钼部分在 $0.01\%\sim0.03\%$ 之间。部分在十万分之几,仅在个别早期的小岩枝中,有时含矿稍好(早期岩枝的形成接近于第一期岩浆活动的末期)。对于铜来说,只是部分出现了大片的,但是非常稀疏的黄铜矿散染,或以个别单一的黄铜矿团块生于蚀变斑岩中,或以石英白云石脉产出,局部或以石英方解石等晶洞出现,由于分布稀疏,未能构成有价值的矿床。

找矿标志:三期不同的矿化特征,反映在矿区及其附近地区的矿种上,构成了矿床的带状分布。这一带状分布是一种线状的带状分布,其标志主要表现在以后峪矿区为中心,向西南方向经耿庄矿区(相距 3km)以至大麻花矿区及大沟矿区(相距 10km)。在这一线上:后峪矿区是以钼矿为主的;耿庄矿区是以多金属矿为主的;而大麻花及大沟矿区则以铅锌矿为主。在矿物成分的含量上:后峪矿区以辉钼矿为主,含少量黄铜矿,偶见方铅矿及闪锌矿;耿庄矿区则黄铁矿、方铅矿、闪锌矿及黄铜矿同时出现,但已无辉钼矿的痕迹;而至大麻花及大沟矿区则以方铅矿及闪锌矿为主,黄铜矿及黄铁矿均相对减少或大量减少。在围岩蚀变特征上:后峪矿区每一期成矿均有不同蚀变特征;耿庄矿区以显著的绢云母化为标志,伴随轻微的硅化现象;而至大麻花矿区则以深度的低温硅化为特征,兼含少量重晶石,同时在矿区附近,见有以重晶石为主、兼含方铅矿的矿脉出现。根据矿化特征及蚀变特征可以看出:后峪矿区主要是与第一期浅成斑岩有关;耿庄矿区则与第二期蚀变斑岩有关;而大麻花及大沟矿区则为与第二期蚀变斑岩有关的远温矿床(二者都含有金及银)。这一带状分布,大体为 NE-SW 向,这一方向与本区片麻岩的主要节理方向及构造方向大体一致。

3.6 金矿典型矿床及成矿规律

山西省金矿产预测类型有岩浆热液型、火山岩型、花岗-绿岩带型、沉积型。

3.6.1 金矿典型矿床

1. 岩浆热液型金矿典型矿床

岩浆热液型金矿典型矿床有3个,即襄汾县东峰顶金矿、繁峙县义兴寨金矿和代县高凡银金矿。

1) 岩浆热液型金矿典型矿床成矿要素

(1) 襄汾县东峰顶金矿成矿要素。

根据对东峰顶金矿床地质特征的分析,燕山晚期正长岩类、正长斑岩脉、石英正长岩脉是东峰顶矿区金矿的控矿岩体,近SN向、NE向断裂破碎带为主要控矿构造,硅化、黄铁矿化、绢云母化、重晶石化、褐铁矿化、赤铁矿化、黄钾铁矾化等是主要蚀变,含矿建造、控矿岩体、蚀变为必要的成矿要素,根据其成矿时代、成矿环境等,总结出山西省襄汾县东峰顶金矿典型矿床成矿要素(表3-6-1)。

表3-6-1 山西省襄汾县东峰顶金矿典型矿床成矿要素一览表

成矿要素		描述内容			成矿要素分类
储量		3 338kg	平均品位	Au全区平均7.21g/t	
特征描述		破碎带-蚀变岩型金矿			
地质环境	岩石类型	燕山晚期正长岩类、正长斑岩脉、石英正长岩脉、角砾岩等			必要
	岩石结构	不等粒中粗粒结构、似斑状结构			次要
	岩石构造	块状构造、角砾状构造、条带状构造			次要
	成矿时代	中生代燕山晚期(130Ma左右)			必要
	成矿环境	正长岩和正长斑岩脉发育区,近SN向、NE向断裂破碎带			必要
	构造背景	吕梁山造山隆起带汾河构造岩浆活动带近SN向断裂构造控制			必要
矿床特征	岩石矿物组合	硫化物(黄铁矿)-石英金矿石、褐铁矿-石英金矿石、褐铁矿-金矿石、褐铁矿-重晶石金矿石			必要
	结构	主要为自形—半自形结构、交代结构、交代残余结构、假象结构			次要
	构造	角砾状构造、蜂窝状构造、网脉状构造、粉末状构造和疏松土状构造等			次要
	蚀变	原生蚀变主要为硅化、黄铁矿化、绢云母化、重晶石化等,次生蚀变主要为褐铁矿化、黄钾铁矾化、赤铁矿化等			主要
	控矿条件	正长岩和正长斑岩脉,近SN向、NE向断裂破碎带			必要

(2) 繁峙县义兴寨金矿成矿要素。

根据对义兴寨金矿床地质特征的分析,燕山期酸性次火山岩、与酸性次火山岩相伴的次火山岩脉是义兴寨金矿的控矿岩体,NNE—NNW向断裂为主要控矿构造,硅化、绢云化、绿泥石化、碳酸盐化等是主要蚀变,根据其成矿时代、成矿环境等,总结出山西省繁峙县义兴寨金矿典型矿床成矿要素(表3-6-2)。

表 3-6-2　山西省繁峙县义兴寨金矿典型矿床成矿要素一览表

成矿要素		描述内容			成矿要素分类
储量		22.299 02t	平均品位	Au 平均品位：11.88g/t	
特征描述		复合内生型金矿床			
地质环境	地质概况	变质基底为恒山杂岩中的石英闪长质片麻岩，多期发育的脆性断裂是本区的主要控矿构造，蚀变断裂角砾岩带和充填的含金-多金属石英脉构成矿脉带			次要
	岩石组合	黑云角闪斜长片麻岩			次要
	岩石结构、构造	不等粒变晶结构，片麻状构造			次要
	成矿时代	燕山期(145Ma 左右)			必要
	成矿环境	中—浅深度成矿			必要
	构造背景	燕辽-太行岩浆弧(Ⅲ级)的五台-赞皇(太行山中段)陆缘岩浆弧(Ⅳ级)			必要
矿床特征	矿石矿物	银金矿、自然金、角银矿、含银方铅矿、黄铁矿、黄铜矿、纤铁矿、闪锌矿、方铅矿			重要
	脉石矿物	石英、方解石、绢云母、长石			次要
	结构	自形—半自形粒状结构、碎裂、压碎结构、填隙结构、包含结构、网状结构			次要
	构造	梳状构造、块状构造、脉状构造、网脉状构造、条带状构造、浸染状构造、蜂窝构造、角砾状构造、晶洞状构造			次要
	围岩蚀变	黄铁绢英岩化、硅化、绿泥石化、碳酸盐化、高岭土化			次要
	矿床成因	与燕山期中酸性浅成—超浅成(或次火山岩)有关的中偏低温热液充填金-多金属石英脉型矿床			必要
	控矿条件	NNE—NNW 向断裂构造			必要

(3)代县高凡银金矿成矿要素。

根据对高凡银金矿床地质特征的分析，燕山期石英斑岩、花岗闪长斑岩是高凡银金矿的主要矿质来源，NWW 向继承性断裂构造是矿区的导矿构造和储矿构造，黄铁矿化、硅化、绢云化、绿泥石化、碳酸盐化等是主要蚀变，根据其成矿时代、成矿环境等，总结出山西省代县高凡银金矿典型矿床成矿要素(表 3-6-3)。

表 3-6-3　山西省代县高凡银金矿典型矿床成矿要素一览表

成矿要素		描述内容			成矿要素分类
储量		Au:1.303t　Ag:34.989t	平均品位	Au:6.71g/t　Ag:180.16g/t	
特征描述		复合内生型银金矿床			
地质环境	地质概况	太古界五台群高凡亚群磨河组和张仙堡组的变质粉砂岩、千枚岩、石英岩及古元古界滹沱群四集庄组的变质砾岩和变质长石石英岩。含矿层主要为破碎带内的含金银多金属石英脉			次要
	岩石组合	变质粉砂岩、千枚岩、石英岩及变质砾岩和变质长石石英岩			次要
	岩石结构、构造	不等粒变晶结构、变余砂状结构，片状、千枚状、块状构造			次要
	成矿时代	燕山中期(120～150Ma 之间)			必要
	成矿环境	中—浅深度成矿			必要
	构造背景	燕辽-太行岩浆弧(Ⅲ级)的五台-赞皇(太行山中段)陆缘岩浆弧(Ⅳ级)			必要
矿床特征	矿石矿物	黄铁矿、黄铜矿、闪锌矿、方铅矿、自然金、银金矿			重要
	脉石矿物	石英、长石、绢云母、方解石、绿泥石			次要
	结构	自形—他形粒状结构、充填交代结构、固溶体分离结构			次要
	构造	角砾状构造、团块状构造、脉状构造、条带状构造、浸染状构造、透镜状构造			次要
	围岩蚀变	黄铁矿化、硅化、绢云化、绿泥石化、碳酸盐化			次要
	矿床成因	与燕山期次火山岩有关的热液充填交代型矿床，为石英脉型			重要
	控矿条件	断裂破碎带			重要

2)岩浆热液型金矿典型矿床成矿模式

(1)襄汾县东峰顶金矿成矿模式。

经研究总结为东峰顶金矿的成矿分三部分对成矿模式进行了总结:成矿地质背景、成矿机制、成矿作用。

①成矿地质背景:吕梁山造山隆起带汾河构造岩浆活动带塔儿山隆起,近SN向、NE向断裂破碎带是主要的控矿构造。

②成矿机制:

a.成矿物质来源:金主要来源于基底太古宙变质岩系,本区燕山晚期的岩浆活动将基底岩石中的Au活化,迁移,并在后期热液中富集。

b.成矿流体:主要为中高温岩浆热液。成矿温度250~395℃。

c.金的搬运:构造-岩浆活动使基底矿源层中的Au活化,进入岩浆,岩浆结晶作用后期,金呈络合物进入热液迁移,在近SN向、NE向断裂破碎带中沉淀。

③成矿时代:中生代白垩纪(130Ma左右)。

④矿体就位:在近SN向、NE向断裂破碎带中富集成矿。

⑤成矿作用:矿物的生成表现出多期、多阶段性,各成矿期或成矿阶段间不是截然分开的,它们在时间上紧密相关、具一定的先后顺序,反映出成矿的多阶段性,本矿床的形成主要经历了内生热液作用成矿期、表生作用成矿期二个成矿期。

(2)繁峙县义兴寨金矿成矿模式。

物质来源:壳下层混源。

富集途径:深熔—重熔作用—岩浆作用—岩浆分异作用—气成热液作用—热液作用。

成矿系列:矽卡岩型——岩筒内有残余灰岩,形成热液交代型铁矿;

角砾岩筒型——内弧构造或窝状金矿;

外接触带斑岩型——河湾筒状斑岩体外围断裂带内呈现细脉充填型矿;

接触断裂带斑岩型——孙庄似斑状花岗岩接触断裂带细脉浸染状铜矿;

岩浆热液裂隙充填石英脉型——远离岩体接触带的金及多金属矿床;

斑岩角砾岩筒型——似斑状花岗岩角砾岩筒的矿化线索。

(3)代县高凡银金矿成矿模式。

①高凡矿区由于NW向和NE向两组深断裂的发生,受到断裂诱熔的下地壳-上地幔岩浆(岩浆岩的稀土配分模式呈现右倾斜和岩浆岩中黄铁矿δ^{34}S低正值及Pb同位素等均可说明)沿着断裂上升,首先以气爆和浆爆形式发生陆相火山的喷发,其后岩浆房又分熔,仍沿着火山通道上升形成次火山岩(石英斑岩等),以浅成—超浅成相就位在火山通道及其邻近(派生脉岩)。这时的围岩受到火山-次火山岩上升的驱动力,而发生多方向的破裂。石英斑岩中的含矿热液——多挥发性气成矿液,受到连通岩浆房的构造断裂的泵汲作用,就离开母岩而上升到破裂断裂中。在压(扭)性构造相对比张(扭)性构造更具封闭作用——半封闭系统的条件,而导矿构造(连通母岩)的分支断裂——容矿构造更易成矿。矿液在热力学系统中的金、银和铅、硫化物共生沉淀,而形成本区超浅成相金(银)矿脉。

②控矿因素有金源、热源和韧性剪切带。其中构造因素在具体找矿上更具有现实意义,需着重阐述。除成矿时压扭性构造外,成矿时的张(扭)性构造,它的上面有一定程度阻挡层(包括本身断层泥等),使开放系统变成半封闭-封闭系统,也可能成为容矿构造。而火山颈周围的围岩形成环状和放射状断裂,但并非每个火山构造都一样齐全。即便是环状构造,也要注意寻找倾向朝向母岩的构造,离开母岩0~5km(高凡金矿离开母岩0.5~3km)范围内去找矿更有成效。

要考虑成矿时断裂构造能否成为含矿构造,母岩大小、矿液(含金元素)多少、断裂性质及宽窄、成矿系统封闭状态、热力学参数等因素都要考虑。所以同一方向的不同构造,甚至同一构造的不同部位,有的为含矿构造,贮存工业矿体,有的则不是含矿构造。

2. 火山岩型金矿典型矿床

火山岩型金矿典型矿床1个,即阳高堡子湾金矿。

1)阳高堡子湾金矿典型矿床成矿要素

根据对堡子湾金矿床地质特征的分析,燕山期隐爆角砾岩是堡子湾金矿的控矿岩体,NEE向断裂为主要导岩、导矿构造,硅化、绢云母化、绿泥母化、黄铁矿化(褐铁矿化)、黄铜矿化(孔雀石化)、斑铜矿化、方铅矿化、闪锌矿化等是主要蚀变,根据其成矿时代、成矿环境等,总结出山西省阳高县堡子湾金矿典型矿床成矿要素(表3-6-4)。

表3-6-4 山西省阳高县堡子湾金矿典型矿床成矿要素一览表

成矿要素		描述内容			成矿要素分类
储量		9607kg	平均品位	Au平均品位:5.86g/t	
特征描述		火山岩型金矿床			
地质环境	地质概况	中太古界集宁岩群是一套中深—深度变质的上地壳岩和花岗质岩石建造,金矿体主要产在隐伏的花岗斑岩上部的角砾岩体内,以及角砾岩与围岩接触带和二长花岗岩体裂隙带中			必要
	侵入岩类型	变质花岗伟晶岩、变辉绿岩、石英二长(斑)岩、石英斑岩、正长斑岩			必要
	围岩类型	紫苏斜长粒岩夹紫苏斜云斜长片麻岩、透辉紫苏斜长麻粒岩和黑云斜长片麻岩			必要
	蚀变岩类型	白云母化、绢云母化、高岭土化及绿泥石化、碳酸盐化组合			必要
	岩石组合	紫苏斜长麻粒岩夹紫苏黑云斜长片麻岩			次要
	岩石结构、构造	不等粒变晶结构,片麻状构造			次要
	成矿时代	中生代(245Ma左右)			必要
	成矿环境	深断裂、次火山机构隐爆角砾岩体中,受大吴窑-胡窑张扭性断裂带控制			必要
	构造背景	燕辽-太行岩浆弧(Ⅲ级)的燕山-太行山北段陆缘火山岩浆弧(Ⅳ级)			必要
矿床特征	矿石矿物	银金矿、自然金、自然银、辉银矿、黄铁矿、黄铜矿、方铅矿、闪锌矿、磁黄铁矿等			重要
	脉石矿物	石英、长石(斜长石、正长石)、白云母、黑云母、角闪石、绿泥石、绿帘石			次要
	结构	交代结构、交代残余结构、包含结构、他形粒状结构、自形—半自形粒状结构、溶蚀结构、共结边结构			次要
	构造	角砾状构造、复合角砾状构造、浸染状构造、细脉构造、网脉构造、蜂窝状构造、团块状构造、块状构造、土状构造、松散状构造			次要
	蚀变	黄铁矿化(褐铁矿化)、黄铜矿化(孔雀石化)、斑铜矿化、方铅矿化、闪锌矿化			次要
	矿床成因	与次火山隐爆角砾作用有关的中—低温热液矿床			必要
	控矿条件	张扭性断裂带,接触带及角砾岩体			必要

2)阳高堡子湾金矿典型矿床成矿模型

山西省阳高县堡子湾金矿典型矿床成矿模式图是基于对《山西省阳高县堡子湾金矿深部勘探及外围普查地质报告》综合研究而得来的。对矿床成矿作用过程可简要概述为4个阶段(图3-6-1):

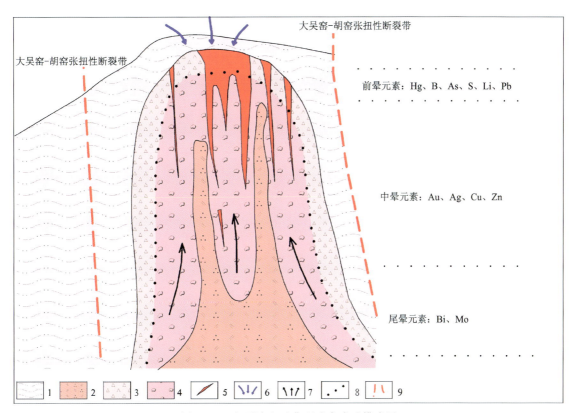

图 3-6-1 堡子湾金矿典型矿床成矿模式图
1.麻粒岩;2.石英二长(斑)岩;3.震碎角砾岩;4.熔浆角砾岩;5.金矿体;6.地下水下渗方向;7.气水
热液上升方向;8.角砾岩分带界线;9.张扭性断裂带

(1)热液、矿源和水源聚集阶段。

印支期构造岩浆活动,使挥发分饱和了的深部石英二长岩熔体,从地下高压向地壳上部低压区移动,流体、岩浆体系的平衡遭到破坏,挥发组分得到富集,从熔浆中分离出来,积聚到熔体的前缘。由于压力不大不能冲破上覆地层而滞留地下。沿断裂带下渗的雨水和地下水,也从麻粒岩中萃取一定的成矿物质带向深部。

(2)隐爆成岩阶段。

大吴窑-胡窑张扭性断裂的复活,使地下水与滞留在断裂带深处的侵入体前锋之巨大热液相遇,在封闭-半封闭条件下,聚集起来的热液流体因温压的骤减而沸炸,使其顶部的岩石震碎至塌陷,形成角砾和通道。石英二长岩熔浆,在气液推动下向上移动,裹挟并胶结因构造和震碎作用解体的围岩碎屑和晶屑,在温压合适的地段再次形成封闭-半封闭环境,导致熔浆再次爆发,使已成岩的围岩角砾岩破碎成新的角砾,并被二次贯入的熔浆所胶结,形成边部以围岩角砾为主的麻粒岩质角砾岩和中下部石英二长斑岩质角砾岩。

(3)蚀变成矿阶段。

成岩后,含矿气水热液沿隐爆角砾岩中与其接触带平行的次级张扭性断裂上升,将破碎的角砾再次胶结形成矿化角砾岩。该期作用严格受 NEE 向张扭性断裂控制,在其内形成矿体。尤其是矿液前锋形成厚大富金矿。伴随的蚀变作用主要为硅化、钾化、绢云母化、碳酸盐化。

(4)表生富集阶段。

内生形成的矿体,经长期的风化剥蚀暴露于地表,经次生富集作用使品位变富,厚度加大,以高岭土化-(水)白云母化-褐铁矿化发育为特征。

成矿过程中，由于元素各自地球化学特征的差异，形成元素的分带。

3. 花岗-绿岩带型金矿典型矿床

花岗-绿岩带型金矿典型矿床 2 个，即五台县东腰庄金矿和五台县殿头金矿。

1) 花岗-绿岩带型金矿典型矿床成矿要素

(1) 五台县东腰庄金矿典型矿床成矿要素。

根据对东腰庄金矿床地质特征的分析，鸿门岩组是主要赋矿地层，矿区最显著的构造特征是强烈的顺层剪切，剪切变形带呈 NEE 向的网络状发育，由强烈片理化岩石与弱片理化岩石相间构成，是变形分解的结果，成为矿区主要的成矿和控矿构造，碳酸盐化、黄铁矿化、硅化、电气石化、绢云母化等是主要蚀变，根据其成矿时代、成矿环境等，总结出山西省五台县东腰庄金矿典型矿床成矿要素(表 3-6-5)。

表 3-6-5　山西省五台县东腰庄金矿典型矿床成矿要素一览表

成矿要素		描述内容			成矿要素分类
储量		5.82t	平均品位	Au 平均品位：3.32g/t	
特征描述		花岗-绿岩带型金矿床			
地质环境	地质概况	出露的基底地层有五台群柏枝岩组、芦咀头组、鸿门岩组及滹沱群四集庄组，鸿门岩组为主要含矿层位			必要
	岩石组合	绿泥片岩、绢云绿泥片岩、绢云钠长片岩夹绢云石英片岩等			必要
	岩石结构、构造	不等粒变晶结构，片状构造			次要
	成矿时代	五台期(2400Ma)			必要
	成矿环境	中—浅成矿			必要
	构造背景	遵化-五台-太行山新太古代岩浆弧(Ⅲ级)的滹沱古元古代裂谷带(Ⅳ级)			必要
矿床特征	矿石矿物	自然金、黄铁矿、褐铁矿、黄铜矿、磁铁矿、毒砂			重要
	脉石矿物	绢云母、钠长石、石英，其次为绿泥石、方解石、硬绿泥石、绿云母			次要
	结构	粒状鳞片状变晶结构、交代结构、穿孔结构			次要
	构造	片状构造、块状构造、微粒浸染状构造			次要
	围岩蚀变	碳酸盐化、黄铁矿化、硅化、电气石化、绢云母化			次要
	矿床成因	矿床赋存于五台群台怀亚群鸿门岩组的浅色岩层中，矿体的产出受浅色岩层控制，具有明显的层控特征，但金矿体与韧性剪切带关系密切，该矿床属变质热液型矿床			必要
	控矿条件	鸿门岩组及剪切变形带控制			必要

(2) 五台县殿头金矿典型矿床成矿要素。

根据对殿头金矿床地质特征的分析，柏枝岩组是主要赋矿地层，含原生金最丰富的磁铁石英岩为金矿的形成奠定了物质基础，经后期区域变形变质作用的影响，使前期岩石中分散的金发生活化，迁移至构造有利部位富集成矿。碳酸盐化、黄铁矿化、电气石化等是主要蚀变，根据其成矿时代、成矿环境等，总结出山西省五台县殿头金矿典型矿床成矿要素(表 3-6-6)。

表 3-6-6　山西省五台县殿头金矿典型矿床成矿要素一览表

成矿要素		描述内容			成矿要素分类
储量		1 007.31kg	平均品位	Au平均品位：5.38g/t	
特征描述		花岗-绿岩带型金矿床			
地质环境	地质概况	变质基底为五台群柏枝岩组绿泥片岩夹层状或透镜状磁铁石英岩、滹沱群四集庄组，矿体赋存于柏枝岩组中下部的磁铁石英岩中，呈层状或似层状产出			必要
	岩石组合	绿泥片岩、绢云片岩、磁铁石英岩			必要
	岩石结构、构造	不等粒变晶结构、片状构造、块状构造			次要
	成矿时代	五台期（2416±64Ma）			必要
	成矿环境	中—浅成矿			必要
	构造背景	遵化-五台-太行山新太古代岩浆弧（Ⅲ级）的滹沱古元古代裂谷带（Ⅳ级）			必要
矿床特征	矿石矿物	自然金、磁铁矿、褐铁矿、黄铁矿、赤铁矿、镜铁矿、菱铁矿，偶尔可见黄铜矿、自然铅、方铅矿、白铅矿			重要
	脉石矿物	石英，次为方解石、白云石、斜长石和绢云母、绿泥石			次要
	结构	粒状鳞片状变晶结构			次要
	构造	蜂窝状构造、块状构造			次要
	围岩蚀变	碳酸盐化、黄铁矿化、电气石化			次要
	矿床成因	该矿床赋存于五台群台怀亚群柏枝岩组的磁铁石英层中，矿体的产出与形态严格受磁铁石英岩的控制，具有明显的层控特征和明显的岩石专属性。矿床成因类型为变质热液型矿床，与火山沉积作用和后期构造-变形热液活化作用关系密切			必要
	控矿条件	含铁岩系地层控制			必要

2）花岗-绿岩带型金矿典型矿床成矿模式

(1)五台县东腰庄金矿典型矿床成矿模式。

该矿床赋存于五台群台怀亚群鸿门岩组的浅色岩层中，矿体的产出受浅色岩层控制，具有明显的层控特征，按其成因类型来分，该矿床属变质热液型矿床。其形成过程为：

第一阶段：太古代基性—中基性火山岩喷发和熔岩等一套火山-沉积岩，形成了金在地壳中第一阶段的聚积，成为后来金矿床的原始矿源层。

第二阶段：后期由于发生区域变质作用形成高温-变质热液，这种变质热液从深部高压带向低压区迁移或向变质程度浅的方向移动，在其流动过程中，使分散于围岩中的金发生活化，形成含矿热液，并一起随热液迁移。

第三阶段：在区域变质作用的末期，发生巨大的断裂系统和剪切变形，由于剪切带的膨胀效应改变了组分的迁移方向，从围岩中吸收活动的 CO_2、H_2O、S 和其他组分，并为其提供通向地表的通道，使热液迁移范围扩大。同时 CO_2、H_2O、S 在其中达到高度富集，于是化学平衡发生显著变化，大量火山岩发生绿泥石化、碳酸盐化、黄铁矿化等蚀变作用，这样就导致析出 SiO_2、K、Ca、Au、Ag 等化合物和元素。在剪切带连接处和其他构造部位（扭曲和空隙处），由于低压和低化学势导致石英、碳酸盐及自然金和含金的黄铁矿、毒砂沉淀，最后形成了与区域变质变形作用有关的金矿床。

(2)五台县殿头金矿典型矿床成矿模式。

该矿床赋存于五台群台怀亚群柏枝岩组的磁铁石英岩中,矿体的产出与形态严格受磁铁石英岩的控制,具有明显的层控特征和明显的岩石专属性,其形成过程为:

第一阶段:太古宙基性—中基性火山岩喷发和熔岩等一套火山-沉积岩,原生金伴随着磁铁石英岩的形成聚积,成为后来金矿床的原始矿源层。

第二阶段:后期由于发生区域变质作用形成高温-变质热液,这种变质热液从深部高压带向低压区迁移或向变质程度浅的方向移动,在其流动过程中,使分散于围岩中的金发生活化,形成含矿热液,并一起随热液迁移。

第三阶段:由于后期区域变形变质作用的影响,使前期岩石分散的金发生活化,迁移至构造有利部位富集成矿,矿化期的主要地质事件为区域变质作用。

4. 金盆式沉积型金矿典型矿床

沉积型金矿典型矿床1个,即灵丘县料堰砂金矿。

1)金盆式沉积型金矿典型矿床成矿要素

根据对料堰砂金矿床地质特征的分析,现代河床及沟谷为料堰山金矿主要含矿部位,常见伴生重矿物为磁铁矿、钛铁矿、石榴子石、磷灰石、白钨矿、金红石、锆石等,但不能根据重矿物组合关系来判断含金是否富集,根据其成矿时代、成矿环境等,总结出山西省灵丘县料堰砂金典型矿床成矿要素(表3-6-7)。

表3-6-7 山西省灵丘县料堰砂金矿典型矿床成矿要素一览表

成矿要素		描述内容		成矿要素分类
储量		0.921 953t	平均品位　1.663g/t	
特征描述		金盆式沉积型金矿床		
地质环境	地质概况	太古界黑云斜长片麻岩、角闪斜长片麻岩、斜长角闪岩及第四系沉积物		必要
	岩石组合	黑云斜长片麻岩、角闪斜长片麻岩、斜长角闪岩及第四系沉积物		次要
	岩石结构	不等粒变晶结构,片麻状构造、块状构造		次要
	成矿时代	新生代		必要
	成矿环境	阶地、现代河床		必要
	构造背景	燕辽-太行岩浆弧(Ⅲ级)的燕山-太行山北段陆缘火山岩浆弧(Ⅳ级)		重要
矿床特征	连生矿物	自然金常见连生物为石英,次为角闪石、石榴子石、磁铁矿等,偶见与云母连生		次要
	伴生重矿物	主要伴生矿物为磁铁矿、钛铁矿、石榴子石及角闪石		次要
	砂金粒度	从上游到下游逐渐变细,支沟较主沟细,有块金、粒金		次要
	砂金形态	不规则状、条状、板状、粒状、片状、枝状		次要
	矿床成因	冲积成因的河床砂金		重要
	控矿因素	与沟谷沉积物及砂金矿底板岩性的岩石硬度有关,控制其富集深度		重要

2)金盆式沉积型金矿典型矿床成矿模式

砂金来源及富集规律:

矿区已知岩金主要为含金石英脉及蚀变带两种类型。其分布主要集中于后沟、西沟、大南沟一带含磁铁石英岩的斜长角闪岩与斜长花岗片麻岩的接触带附近,也有相当一部分含金石英脉分散于片麻岩之中,这些岩金无疑是砂金的主要来源。

矿区自第四纪以来,经过多次间歇性的上升运动和侵蚀,因而使砂金有多次富集条件。现代河床中砂金不但直接来自岩金矿化,而且也可由 Q_1 及 Q_2^1 含金层及阶地砂金的破坏而得到反复的富集作用,因之达到较富的品位。它们的演化过程大致如图 3-6-2 所示。

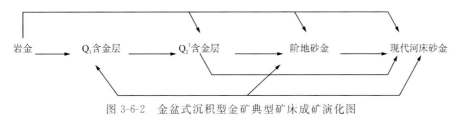

图 3-6-2 金盆式沉积型金矿典型矿床成矿演化图

3.6.2 金矿预测工作区成矿规律

1. 岩浆热液型金矿预测工作区成矿规律

岩浆热液型金矿划分了 7 个预测工作区:塔儿山预测工作区(13-1),紫金山预测工作区(13-2),中条山预测工作区(13-3),灵丘东北预测工作区(14-1),浑源东预测工作区(14-2),灵丘南山预测工作区(14-3),五台山-恒山预测工作区(14-4),岩浆热液型银金矿预测工作区 1 个,为高凡(银金矿)预测工作区(20-1)。

1) 岩浆热液型金矿预测工作区成矿要素

(1) 塔儿山预测工作区成矿要素。

根据对东峰顶金矿床和预测区已知矿床地质特征的分析,上古生界泥砂岩等是塔儿山预测工作区金矿的主要含矿建造,燕山期碱性系列的正长岩和正长斑岩是金矿的控矿岩体,近 SN 向、NE 向断裂破碎带为主要控矿构造,硅化、黄铁矿化、绢云母化、重晶石化、褐铁矿化、赤铁矿化、黄钾铁矾化等是主要蚀变,含矿建造、控矿岩体、蚀变为必要的成矿要素,根据其成矿时代、成矿环境等,总结出山西省岩浆热液型金矿塔儿山预测工作区区域成矿要素(表 3-6-8)。

(2) 紫金山预测工作区成矿要素。

根据对东峰顶金矿床和预测区已知矿床地质特征的分析,涞水期横岭关片麻岩等是紫金山预测工作区金矿的主要含矿建造,燕山期碱性系列的正长斑岩是金矿的控矿岩体,断裂破碎带为主要控矿构造,硅化、黄铁矿化、绢云母化、重晶石化、褐铁矿化、赤铁矿化、黄钾铁矾化等是主要蚀变,含矿建造、控矿岩体、蚀变为必要的成矿要素,根据其成矿时代、成矿环境等,总结出山西省东峰顶式破碎带蚀变岩型金矿紫金山预测工作区区域成矿要素(表 3-6-9)。

(3) 中条山预测工作区成矿要素。

根据对东峰顶金矿床和预测区已知矿床地质特征的分析,涞水期横岭关片麻岩和西姚片麻岩等是中条山预测工作区金矿的主要含矿建造,燕山期碱性系列的花岗闪长斑岩、花岗闪长岩和石英二长斑岩是金矿的控矿岩体,断裂破碎带为主要控矿构造,硅化、黄铁矿化、绢云母化、重晶石化、褐铁矿化、赤铁矿化、黄钾铁矾化等是主要蚀变,含矿建造、控矿岩体、蚀变为必要的成矿要素,根据其成矿时代、成矿环境等,总结出山西省岩浆热液型金矿中条山预测工作区区域成矿要素(表 3-6-10)。

(4) 灵丘东北预测工作区成矿要素。

根据对预测区已知矿床(点)地质特征的分析,燕山期石英斑岩、花岗闪长斑岩是金矿的成矿岩体,北西向断裂构造为主要控矿构造,硅化、绢云化、绿泥石化、碳酸盐化等是主要蚀变,控矿构造、蚀变为必要的成矿要素,根据其成矿时代、成矿环境等,总结出山西省岩浆热液型金矿灵丘东北预测工作区区域成矿要素(表 3-6-11)。

表 3-6-8 山西省岩浆热液型金矿塔儿山预测工作区成矿要素一览表

成矿要素		描述内容	要素分类
成矿时代		中生代早白垩世(130Ma 左右)	必要
大地构造位置		吕梁山造山隆起带汾河构造岩浆活动带	次要
沉积建造/沉积作用	岩石地层单位	石盒子组、太原组、山西组	重要
	地层时代	晚古生代	重要
	岩石类型	泥砂岩为主	重要
	沉积建造厚度	厚—巨厚	重要
	蚀变特征	硅化、黄铁矿化、绢云母化、重晶石化等	重要
岩浆建造/岩浆作用	岩石名称	燕山晚期正长岩类、正长斑岩脉、石英正长岩脉	必要
	岩石系列	碱性系列	重要
	侵入岩时代	中生代早白垩世(130Ma 左右)	必要
	侵入期次	三次	重要
	接触带特征	钾化、钠化	次要
	岩体形态	不规则状、脉状	次要
侵入岩构造	岩体产状	岩墙	次要
	岩石结构	似斑状结构	重要
	岩石构造	块状构造	次要
	岩体影响范围	500～1000m	重要
	岩浆构造旋回	燕山旋回	重要
成矿构造		近 SN 向断裂构造控制	重要
成矿环境		正长岩和正长斑岩脉发育区,近 SN 向、NE 向断裂破碎带	必要
矿体特征	形态产状	形态严格受破碎带控制,主要为脉状	重要
	规模	单矿体较小,多呈矿群出现	重要
	矿石结构	自形—半自形结构、交代结构、交代残余结构、假象结构等	次要
	矿石构造	角砾状构造、蜂窝状构造、网脉状构造、粉末状构造和疏松土状构造等	次要
	矿石矿物组合	褐铁矿-石英金矿石、硫化物(黄铁矿)-石英金矿石、褐铁矿-金矿石、褐铁矿-重晶石金矿石	重要
	蚀变组合	原生蚀变主要为硅化、黄铁矿化、绢云母化、重晶石化等,次生蚀变主要为褐铁矿化、黄钾铁矾化、赤铁矿化等	必要
	控矿条件	正长岩和正长斑岩脉,近 SN 向、NE 向断裂破碎带	必要
	成矿期次	内生热液成矿期及表生作用成矿期,内生热液成矿期分早期含金硫化物-乳白色石英阶段、含金硫化物-烟灰色石英阶段、含金石英-重晶石阶段、含金重晶石阶段、含黄铁矿阶段等	重要
	风化氧化	含金的硫化物出露地表形成自然金、玉髓状石英、黄钾铁矾等	次要

表 3-6-9 山西省岩浆热液型金矿紫金山预测工作区成矿要素一览表

成矿要素		描述内容	要素分类
成矿时代		中生代早白垩世（130Ma 左右）	必要
大地构造位置		汾渭裂谷带临汾运城盆地	重要
岩石特征	岩石地层单位	横岭关二长片麻岩	次要
	地层时代	太古宙	次要
	岩石类型	黑云母片岩、斜长角闪岩、片麻状二长花岗岩	次要
	岩石结构	粒状变晶结构、鳞片变晶结构、中粗粒花岗变晶结构等	次要
	岩石构造	块状构造、片状构造、片麻状构造	次要
变质建造/变质作用	岩石地层单位	横岭关二长片麻岩	必要
	地层时代	太古宙	必要
	岩石类型	角闪岩相变质岩	重要
	变质作用	区域动力热流变质	重要
	变质时代	新太古代	重要
岩浆建造/岩浆作用	岩石名称	正长斑岩	重要
	岩石系列	碱性系列	重要
	侵入岩时代	中生代早白垩世（130Ma 左右）	必要
	接触带特征	钾化、钠化	次要
	岩体形态	不规则状、脉状	次要
侵入岩构造	岩体产状	岩墙	次要
	岩石结构	似斑状结构	重要
	岩石构造	块状构造	次要
	岩体影响范围	500～1000m	重要
	岩浆构造旋回	燕山旋回	重要
成矿构造		断裂构造控制	重要
矿体特征	形态产状	形态严格受破碎带控制，主要为脉状	重要
	规模	单矿体较小，多呈矿群出现	重要
	矿石结构	自形—半自形结构、交代结构、交代残余结构、假象结构等	次要
	矿石构造	角砾状构造、蜂窝状构造、网脉状构造、粉末状构造和疏松土状构造等	重要
	矿石矿物组合	褐铁矿-石英金矿石、褐铁矿-金矿石、赤铁矿-金矿石、黄钾铁矾-金矿石	必要
	蚀变组合	蚀变主要为高岭土化、硅化、黄铁绢云母化、绢云母化、黄铁矿化、绿泥石化、褐铁矿化、黄钾铁矾化、赤铁矿化等	必要
	控矿条件	燕山期断裂破碎带	必要
	成矿期次	内生热液成矿期及表生作用成矿期，内生热液成矿分早期含金硫化物-黄铁矿石英阶段、含金碳酸盐-石英阶段	重要
	风化氧化	含金的硫化物出露地表形成自然金、玉髓状石英、黄钾铁矾-褐铁矿-赤铁矿等	次要

表 3-6-10　山西省岩浆热液型金矿中条山预测工作区区域成矿要素一览表

成矿要素		描述内容	要素分类
成矿时代		中生代早白垩世(130Ma左右)	必要
大地构造位置		中条-嵩山碰撞造山带中条山碰撞岩浆带	重要
岩石特征	岩石地层单位	横岭关二长片麻岩	次要
	地层时代	太古宙	次要
	岩石类型	黑云母片岩、斜长角闪岩、片麻状二长花岗岩	次要
	岩石结构	粒状变晶结构、鳞片变晶结构、中粗粒花岗变晶结构等	次要
	岩石构造	块状构造、片状构造、片麻状构造	次要
变质建造/变质作用	岩石地层单位	横岭关二长片麻岩	必要
	地层时代	太古宙	必要
	岩石类型	角闪岩相变质岩	重要
	变质作用	区域动力热流变质	重要
	变质时代	新太古代	重要
岩浆建造/岩浆作用	岩石名称	燕山期花岗闪长斑岩、花岗闪长岩、石英二长斑岩	重要
	岩石系列	碱性系列	重要
	侵入岩时代	中生代早白垩世(130Ma左右)	必要
	侵入期次	三次	重要
	接触带特征	钾化、钠化	次要
	岩体形态	不规则状、脉状	次要
侵入岩构造	岩体产状	岩墙	次要
	岩石结构	似斑状结构	重要
	岩石构造	块状构造	次要
	岩体影响范围	500～1000m	重要
	岩浆构造旋回	燕山旋回	重要
成矿构造		断裂构造控制	重要
矿体特征	形态产状	形态严格受破碎带控制，主要为脉状	重要
	规模	单矿体较小，多呈矿群出现	重要
	矿石结构	自形—半自形、交代、交代残余结构、假象结构等	次要
	矿石构造	角砾状构造、蜂窝状构造、网脉状构造、粉末状构造和疏松土状构造等	重要
	矿石矿物组合	褐铁矿-石英金矿石、褐铁矿-金矿石、赤铁矿-金矿石、黄钾铁矾-金矿石	必要
	蚀变组合	蚀变主要为高岭土化、硅化、黄铁绢云母化、绢云母化、黄铁矿化、绿泥石化、褐铁矿化、黄钾铁矾化、赤铁矿化等	必要
	控矿条件	燕山期断裂破碎带	必要
	成矿期次	内生热液成矿期及表生作用成矿期，内生热液成矿期分早期含金硫化物-黄铁矿石英阶段、含金碳酸盐-石英阶段	重要
	风化氧化	含金的硫化物出露地表形成自然金、玉髓状石英、黄钾铁矾-褐铁矿-赤铁矿等	次要

表 3-6-11　山西省岩浆热液型金矿灵丘东北预测工作区区域成矿要素一览表

成矿要素		描述内容	要素分类
成矿时代		中生代	必要
大地构造位置		燕辽-太行岩浆弧（Ⅲ级）的燕山-太行山北段陆缘火山岩浆弧（Ⅳ级）	重要
矿床成因		与燕山期中酸性浅成—超浅成（或次火山岩）有关的中偏低温热液充填金-多金属石英脉型矿床	重要
沉积建造/沉积作用	岩石地层单位	三山子组、冶里组、炒米店组、崮山组、张夏组、馒头组、云彩岭组、望弧组、雾迷山组、杨庄组、高于庄组	次要
	地层时代	早古生代、新元古代、中元古代	次要
	岩石类型	白云岩、灰岩	次要
	蚀变特征	硅化、绢云母化、绿泥石化、碳酸盐化	次要
侵入岩构造	岩体名称	石英斑岩、花岗闪长斑岩	必要
	岩石结构	斑状结构、基质显微粒状结构	次要
	岩石构造	块状构造	次要
	岩体影响范围	500～1000m	重要
	岩浆构造旋回	燕山旋回	重要
成矿构造		NW向断裂构造	重要
成矿环境		中—浅成矿	必要
矿体特征	形态产状	形态严格受破碎带控制，主要为单脉状	重要
	规模	小型矿床	重要
	矿石结构	自形—半自形粒状结构、碎裂、压碎结构、填隙结构、包含结构	次要
	矿石构造	梳状构造、块状构造、脉状构造、网脉状构造、浸染状构造、蜂窝状构造	次要
	矿石矿物组合	银金矿、自然金、角银矿、含银方铅矿、黄铁矿、黄铜矿、纤铁矿、闪锌矿、方铅矿	重要
	蚀变组合	硅化、绢云母化、绿泥石化、碳酸盐化	必要
	控矿条件	断裂破碎带	必要

（5）浑源东预测工作区成矿要素。

根据对预测区已知矿床（点）地质特征的分析，中生代花岗闪长斑岩等是浑源东预测工作区金矿的主要含矿建造，燕山期石英斑岩、角砾岩是金矿的成矿岩体，NW向断裂构造为主要控矿构造，绢云母化、绿泥石化、碳酸盐化等是主要蚀变，控矿构造、蚀变为必要的成矿要素，根据其成矿时代、成矿环境等，总结出山西省岩浆热液型金矿浑源东预测工作区区域成矿要素（表3-6-12）。

表 3-6-12　山西省岩浆热液型金矿浑源东预测工作区区域成矿要素一览表

成矿要素	描述内容	要素分类
成矿时代	中生代	必要
大地构造位置	燕辽-太行岩浆弧（Ⅲ级）的燕山-太行山北段陆缘火山岩浆弧（Ⅳ级）	重要
矿床成因	与燕山期中酸性浅成—超浅成（或次火山岩）有关的中偏低温热液充填金-多金属石英脉型矿床	重要

续表 3-6-12

成矿要素		描述内容	要素分类
岩浆建造/岩浆作用	岩石名称	熔岩角砾岩、角砾熔岩、流纹质角砾岩、爆发角砾岩、石英斑岩	必要
	岩石系列	钙碱性系列	重要
	侵入岩时代	中生代晚侏罗世	必要
	蚀变特征	钾化、钠化	次要
	岩体形态	不规则状、脉状	次要
侵入岩构造	岩体名称	石英斑岩、花岗闪长斑岩、似斑状黑云母花岗岩	次要
	岩石结构	斑状结构、似斑状结构	次要
	岩石构造	块状构造	次要
	岩体影响范围	500~1000m	重要
	岩浆构造旋回	燕山旋回	重要
成矿构造		NW 向断裂构造	重要
成矿环境		浅—深成成矿	必要
矿体特征	形态产状	形态严格受破碎带及岩体控制,主要为脉状	重要
	规模	小型矿床	重要
	矿石结构	自形—半自形粒状结构、碎裂结构、压碎结构、填隙结构、包含结构	次要
	矿石构造	梳状构造、块状构造、脉状构造、网脉状构造、浸染状构造	次要
	矿石矿物组合	银金矿、自然金、角银矿、含银方铅矿、黄铁矿、黄铜矿	重要
	蚀变组合	绢云母化、绿泥石化、碳酸盐化	必要
	控矿条件	断裂破碎带	必要

(6)灵丘南山预测工作区成矿要素。

根据对预测区已知矿床(点)地质特征的分析,中元古界白云岩、石英砂岩、白云质砂岩等是灵丘南山预测工作区金矿的主要含矿建造,燕山期石英斑岩、花岗闪长斑岩是金矿的成矿岩体,NW 向断裂构造为主要控矿构造,硅化、绢云母化、碳酸盐化等是主要蚀变,控矿构造、蚀变为必要的成矿要素,根据其成矿时代、成矿环境等,总结出山西省岩浆热液型金矿灵丘南山预测工作区区域成矿要素(表 3-6-13)。

(7)五台山-恒山预测工作区成矿要素。

根据对预测区已知矿床(点)地质特征的分析,太古宇王家会片麻状变质二长花岗岩、峨口片麻状变质花岗岩、北台奥长花岗质片麻岩、石佛花岗闪长质片麻岩、义兴寨英云闪长质片麻岩等是五台山-恒山预测工作区金矿的主要含矿建造,燕山期石英斑岩、花岗斑岩、花岗闪长斑岩等是金矿的成矿岩体,NW 向—SN 向断裂构造为主要控矿构造,硅化、绢云母化、绿泥石化、碳酸盐化等是主要蚀变作用,控矿构造、蚀变为必要的成矿要素,根据其成矿时代、成矿环境等,总结出山西省岩浆热液型金矿五台山-恒山预测工作区区域成矿要素(表 3-6-14)。

(8)高凡(银金矿)预测工作区成矿要素。

根据对高凡银金矿和预测区已知矿床地质特征的分析,预测区成矿时代为中生代,成矿环境为中—浅成成矿,NW 向断裂构造为主要控矿构造,黄铁矿化、硅化、绢云母化、绿泥石化、碳酸盐化等是主要蚀变,矿体受断裂破碎带控制。成矿时代、环境、蚀变、控矿条件为必要的成矿要素,根据其成矿时代、成矿环境等,总结出山西省岩浆热液型银金矿高凡预测工作区区域成矿要素(表 3-6-15)。

表 3-6-13　山西省岩浆热液型金矿灵丘南山预测工作区区域成矿要素一览表

成矿要素		描述内容	要素分类
成矿时代		中生代	必要
大地构造位置		燕辽-太行岩浆弧(Ⅲ级)的燕山-太行山北段陆缘火山岩浆弧(Ⅳ级)	重要
矿床成因		与燕山期中酸性浅成—超浅成(或次火山岩)有关的中偏低温热液充填金-多金属石英脉型矿床	重要
沉积建造/沉积作用	岩石地层单位	雾迷山组、高于庄组	次要
	地层时代	中元古代	次要
	岩石类型	白云岩、石英砂岩、白云质砂岩	次要
	蚀变特征	硅化、绢云母化、绿泥石化、碳酸盐化	次要
侵入岩构造	岩体名称	石英斑岩、花岗闪长斑岩	必要
	岩石结构	斑状结构、基质显微粒状结构	次要
	岩石构造	块状构造	次要
	岩体影响范围	500~1000m	重要
	岩浆构造旋回	燕山旋回	重要
成矿构造		NW 向断裂构造	重要
成矿环境		中—浅成成矿	必要
矿体特征	形态产状	形态严格受破碎带及岩体控制,主要为脉状	重要
	规模	小型矿床	重要
	矿石结构	自形—半自形粒状结构、碎裂结构、压碎结构、填隙结构、包含结构	次要
	矿石构造	梳状构造、块状构造、脉状构造、网脉状构造、蜂窝构造	次要
	矿石矿物组合	银金矿、自然金、角银矿、含银方铅矿、黄铁矿、黄铜矿	重要
	蚀变组合	硅化、绢云母化、碳酸盐化	必要
	控矿条件	断裂破碎带	必要

表 3-6-14　山西省岩浆热液型金矿五台山-恒山预测工作区区域成矿要素一览表

成矿要素		描述内容	要素分类
成矿时代		中生代	必要
大地构造位置		燕辽-太行岩浆弧(Ⅲ级)的五台-赞皇(太行山中段)陆缘岩浆弧(Ⅳ级)	重要
矿床成因		与燕山期中酸性浅成—超浅成(或次火山岩)有关的中偏低温热液充填金-多金属石英脉型矿床	重要
变质建造/变质作用	地层名称	王家会片麻状变质二长花岗岩、峨口片麻状变质花岗岩、北台奥长花岗质片麻岩、石佛花岗闪长质片麻岩、义兴寨英云闪长质片麻岩、滑车岭组、老潭沟组、文溪组、庄旺组、金岗库组	次要
	岩石组合	片麻状变质二长花岗岩、斑状变质二长花岗岩、片麻状变质花岗岩、黑云斜长片麻岩、黑云角闪斜长片麻岩、角闪斜长片麻岩、斜长角闪岩等	次要
	岩石结构	斑状结构、粒状结构	次要

续表 3-6-14

成矿要素		描述内容	要素分类
侵入岩构造	岩体名称	石英斑岩、花岗斑岩、花岗闪长斑岩等	必要
	岩石结构	斑状结构、似斑状结构、基质显微粒状结构等	重要
	岩石构造	块状构造、流纹构造等	次要
	岩体影响范围	500～1000m	重要
	岩浆构造旋回	燕山旋回	重要
成矿构造		NW向—SN向断裂构造	重要
成矿环境		中—浅成成矿	必要
矿体特征	形态产状	形态严格受破碎带控制,主要为单脉状、网状、复脉状、囊状、透镜状次之	重要
	规模	中型矿床	重要
	矿石结构	自形—半自形粒状结构、碎裂结构、压碎结构、填隙结构、包含结构	次要
	矿石构造	梳状构造、块状构造、脉状构造、网脉状构造、条带状构造、浸染状构造、蜂窝构造、角砾状构造	次要
	矿石矿物组合	银金矿、自然金、角银矿、含银方铅矿、黄铁矿、黄铜矿、纤铁矿、闪锌矿、方铅矿	重要
	蚀变组合	硅化、绢云母化、绿泥石化、碳酸盐化	必要
	控矿条件	断裂破碎带	必要

表 3-6-15 山西省岩浆热液型银金矿高凡预测工作区区域成矿要素一览表

成矿要素		描述内容	要素分类
成矿时代		中生代	必要
大地构造位置		燕辽-太行岩浆弧(Ⅲ级)的五台-赞皇(太行山中段)陆缘岩浆弧(Ⅳ级)	重要
矿床成因		与燕山期火山-次火山岩有关的热液充填交代型矿床,为石英脉型	重要
变质建造/变质作用	地层名称	四集庄组、鹕口前组、磨河组、张仙堡组、光明寺奥长花岗岩、鸿门岩组、芦咀头组、柏枝岩组、庄旺组、金岗库组	次要
	岩石组合	变质砾岩、变质粉砂岩、千枚岩、石英岩、黑云斜长片麻岩、绿泥片岩、斜长角闪岩等	重要
	岩石结构、构造	不等粒变晶结构、变余砂状结构,片状、千枚状、块状构造	重要
侵入岩构造	岩体名称	石英斑岩、花岗闪长斑岩	重要
	岩石结构	角砾结构、斑状结构、似斑状结构	重要
	岩石构造	块状构造	次要
	岩体影响范围	500～1000m	重要
	岩浆构造旋回	燕山旋回	重要
成矿构造		NW向断裂构造控制	重要
成矿环境		中—浅成成矿	必要
矿体特征	形态产状	形态严格受破碎带控制,主要为脉状	重要
	规模	小型矿床	重要
	矿石结构	自形—他形粒状结构、充填交代结构、固溶体分离结构	次要
	矿石构造	角砾状构造、团块状构造、脉状构造、条带状构造、浸染状构造	次要
	矿石矿物组合	黄铁矿、黄铜矿、闪锌矿、方铅矿、自然金、银金矿	重要
	蚀变组合	黄铁矿化、硅化、绢云母化、绿泥石化、碳酸盐化	必要
	控矿条件	断裂破碎带	必要

2) 岩浆热液型金矿预测工作区成矿模式

(1) 塔儿山预测区成矿模式。

同东峰顶金矿典型矿床成矿模式,即:

①成矿地质背景:吕梁山造山隆起带汾河构造岩浆活动带塔儿山隆起,近 SN 向、NE 向断裂破碎带是主要的控矿构造。

②成矿机制:

a. 成矿物质来源:金主要来源于基底太古宇变质岩系,本区燕山晚期的岩浆活动将基底岩石中的 Au 活化、迁移,并在后期热液中富集。

b. 成矿流体:主要为中高温岩浆热液。成矿温度为 $250\sim395℃$。

c. 金的搬运:构造-岩浆活动使基底矿源层中的金活化,进入岩浆,岩浆结晶作用后期,金呈络合物进入热液迁移,在近 SN 向、NE 向断裂破碎带中沉淀。

③成矿时代:中生代早白垩世(130Ma 左右)。

④矿体就位:在近 SN 向、NE 向断裂破碎带中富集成矿。

⑤成矿作用:矿物的生成表现出多期、多阶段性,各成矿期或成矿阶段间不是截然分开的,它们在时间上紧密相关、具一定的先后顺序,反映出成矿的多阶段性,本矿床的形成主要经历了内生热液作用成矿期、表生作用成矿期两个成矿作用阶段。内生热液成矿期分为:早期含金硫化物-乳白色石英阶段、含金硫化物-烟灰色石英阶段、含金石英-重晶石阶段、含金黄铁矿阶段等。

(2) 紫金山预测区成矿模式。

成矿地质背景为:汾渭裂谷带临汾运城盆地的东北部,断裂破碎带是主要的控矿构造。其他同塔儿山预测区成矿模式。

(3) 中条山预测区成矿模式。

成矿地质背景:中条-嵩山碰撞造山带中条山碰撞造山带的北部,断裂破碎带是主要的控矿构造。

其他同塔儿山预测区成矿模式。

(4) 灵丘东预测区成矿模式。

①此成矿系列分布在燕山沉降带与五台台隆两个Ⅱ级构造单元接界的两侧,且主要位于台隆一侧。次火山岩浆热液充填交代矿床总是直接位于古老含金变质岩系之上,表明其成矿作用与含金变质岩系间有一定的内在联系。

②中酸性次火山杂岩体是成矿作用的主导因素。矿田或矿床分布的范围基本上不超出重、磁垂向二阶导数上延零值线圈定的隐伏岩体范围,或由岩体侵位所形成的热晕环带低温线范围,并且,岩体倾伏端和构造封闭位置是矿床(体)赋存的最佳部位。空间上,岩体呈群、矿化呈片集中分布在延拓高度大于 3km 的古 NE 向、新 NW 向和 SN 向重磁解译构造的交会部位。成岩深度低、规模小,成矿环境、矿石建造、特征性围岩蚀变和矿床类型等变化较大。

③与金矿化关系密切的岩体常为分异良好的火山-次火山复式岩体。中深成相和岩性单一的岩体极少与金矿有关。

浅成相石英闪长岩-花岗闪长(斑)岩-花岗斑岩-石英斑岩和正长辉长岩-正长闪长岩-正长花岗岩-石英二长岩-石英正长岩两个组合(系列)分异良好,为与成矿关系密切的岩石系列。早期高温热液阶段往往形成矽卡岩型铁、铜、钼矿化,中后期形成的中低温热液与金、银、锰、多金属矿化有关;花岗闪长岩-英安斑岩-隐爆角砾岩是次火山岩的上部岩相,封闭条件差,是常被矿化的岩石;中深成相的花岗闪长岩-二长花岗岩、黑云母花岗岩不利于金矿化,却与铌、钽、铀矿化有关。

在以闪长岩为主的复合岩体四周,往往形成 Fe-Au、Fe-Au-Cu 矿化元素组合(义兴寨矿区的铁塘硐和太那水);花岗闪长岩为主体的复合岩体四周,形成了 Cu-Fe-Au、Cu-Mo-Au 和 Au-Ag-S 矿化元素组合(后峪、滩上);以花岗斑岩-石英斑岩为主体的复合岩体四周,常形成 Ag-Mn-Pb-Zn 矿化元素组合(流沙沟-小青沟、支家地)。

④地层的专属性不明显,下自新太古界阜平群和恒山杂岩,上至侏罗系火山岩,均可能成为次火山岩浆热液矿床的围岩。对接触交代矽卡岩型矿床来讲,显然是碳酸盐岩较其他岩性更利于成矿。

⑤构造断裂带是导岩的重要通道与赋矿的良好场所。控矿构造是基底断裂和次火山岩构造的双重热点。宏观上看,NW向主干断裂是区域性导岩与储岩构造,也是矿区的导矿、容矿构造,而在主干断裂与次级断裂的交会部分、断裂面由陡变缓和断裂带两侧常是矿体集中出现的部位。从矿区范围看,容矿构造多数受火山、次火山构造的叠加改造,不少矿床赋存在次火山岩体原生冷凝裂隙、接触带或火山角砾岩带以及隐爆角砾岩体中叠加断裂裂隙内。

⑥成矿母岩常具有多旋回性,所以成矿作用也是多阶段性的:早—中期阶段,Au常伴生于Cu-Fe-Mo矿体组合中;至热液阶段方开始形成独立岩金矿体;岩浆活动期后当进入中低温热液阶段时,方为金、银、锰、多金属的主成矿期。从平面上看,矿床(点)往往围绕岩体分布,在岩体内外接触带形成矽卡岩型Cu,Mo矿化(滩上、后峪、刁泉)、Fe矿化(太那水、茶坊、义兴寨、刘庄),伴生金;从接触带到围岩,矿化类型依次为裂隙充填型或构造蚀变岩型Au-Au、Ag-Ag、Au-Ag、Pb、Zn、Mn;远距岩体中心的为低温脉状Pb-Zn元素组合(太那水外围和十八盘)。分带现象表明,成矿温度变化序列受岩浆活动机制控制,成矿热动力条件来自岩浆活动中心。从垂深方向看,与浅成相和斑岩相有密切空间关系的金矿化常伴生金矿化,如Cu-Au、Mo-Au、Fe-Au组合,Au与高温元素伴生;与超浅成相有关的金矿化常为Cu、Ag和多金属矿化组合。金的成色不高,支家地大型银矿床和小青沟-流沙沟大型银锰矿床形成深度更接近地表。

⑦近地表的热液化学反应为:流体从热源向外迁移,与就近的围岩发生化学交代反应;随温度和溶解度降低,形成了离子络合物从溶液中沉淀出金属矿物;近地表处热流体与氧化能力较强的地下水混合,或因压力降低引起沸腾,成矿物质沉淀。

⑧蚀变发育在构造岩背景上,有硅化、钾化、碳酸盐化、黄铁矿化、绢云母化和高岭土化等,少见青磐岩化。蚀变岩常是矿体的组合部分。

⑨含金石英脉与Ⅰ成矿系列的含金石英脉不同:矿物组合较复杂,中低温矿物大量出现,常见低温条件下产生的胶体结构和低压条件下形成的角砾状、梳状等构造及网脉带,因陡峭的温度梯度,常形成高、中、低温矿物的复生现象。

⑩矿体小,形态复杂,厚度和品位变化系数较大,常见"风暴品位"。除Au-Ag互化物外,还多生成Ag的独立矿物。流沙沟和小青沟矿床式中锰矿体是此成矿系列中少见的组合。

(5)浑源东预测区成矿模式。

同灵丘东预测区成矿模式。

(6)灵丘南山预测区成矿模式。

同灵丘东预测区成矿模式。

(7)五台山-恒山预测区成矿模式。

同灵丘东预测区成矿模式。

(8)高凡(银金矿)预测区成矿模式。

同灵丘东预测区成矿模式。

2.火山岩型金矿预测工作区成矿规律

火山岩型金矿划分1个预测工作区:山西省火山岩型金矿阳高堡子湾预测工作区。

1)火山岩型金矿阳高堡子湾预测工作区成矿要素

根据对预测区已知矿床(点)地质特征的分析,中太古界花岗质片麻岩等是阳高堡子湾预测工作区金矿的主要含矿建造,燕山期二长质隐爆角砾岩、石英斑岩、钾镁煌斑岩等是金矿的成矿岩体,NEE向断裂构造为主要控矿构造,白云母化、绢云母化、高岭土化及绿泥石化、碳酸盐化是主要蚀变,控矿构造、蚀变为必要的成矿要素,根据其成矿时代、成矿环境等,总结出山西省火山岩型金矿阳高堡子湾预测工作区区域成矿要素(表3-6-16)。

表 3-6-16 山西省火山岩型金矿阳高堡子湾预测工作区成矿要素一览表

成矿要素		描述内容	要素分类
成矿时代		中生代(245Ma 左右)	必要
大地构造位置		燕辽-太行岩浆弧(Ⅲ级)的燕山-太行山北段陆缘火山岩浆弧(Ⅳ级)	重要
矿床成因		中太古界的集宁岩群,是一套中深—深度变质的上地壳岩和花岗质岩石建造,金矿体主要产在隐伏的花岗斑岩上部的角砾岩体内,以及角砾岩与围岩接触带和二长花岗岩体裂隙带中	必要
侵入岩构造	岩体名称	二长质隐爆角砾岩、石英斑岩、钾镁煌斑岩	必要
	岩石结构	斑状结构、细晶结构、煌斑结构	次要
	岩石构造	块状构造、角砾状构造	次要
	岩体影响范围	500~1000m	重要
	岩浆构造旋回	燕山旋回	重要
成矿构造		NEE 向断裂构造	重要
成矿环境		深断裂、次火山机构中	必要
矿体特征	形态产状	形态严格受破碎带控制,主要为不规则复脉状、透镜状	重要
	规模	小型矿床	重要
	矿石结构	交代结构、交代残余结构、包含结构、他形粒状结构、自形—半自形粒状结构、溶蚀结构、共结边结构	次要
	矿石构造	角砾状构造、复合角砾状构造、浸染状构造、细脉状构造、网脉状构造、蜂窝状构造、团块状构造、块状构造	次要
	矿石矿物组合	银金矿、自然金、自然银、辉银矿、黄铁矿、黄铜矿、方铅矿、闪锌矿、磁黄铁矿、辉铜矿、磁铁矿	重要
	蚀变组合	白云母化、绢云母化、高岭土化及绿泥石化、碳酸盐化组合	必要
	控矿条件	断裂破碎带、角砾岩	必要

2)火山岩型金矿阳高堡子湾预测工作区成矿模式

同堡子湾金矿典型矿床成矿模式。

3. 花岗-绿岩带型金矿预测工作区成矿规律

划分2个预测工作区:山西省花岗-绿岩带型金矿东腰庄预测工作区和康家沟预测工作区。

1)花岗-绿岩带型金矿预测工作区成矿要素

(1)东腰庄预测工作区成矿要素。

根据对预测区已知矿床(点)地质特征的分析,太古宇鸿门岩组是东腰庄预测工作区金矿的主要含矿建造,韧性剪切带是主要控矿构造,碳酸盐化、黄铁矿化、硅化、电气石化、绢云母化等是主要蚀变,控矿构造、蚀变为必要的成矿要素,根据其成矿时代、成矿环境等,总结出山西省花岗-绿岩带型金矿东腰庄预测工作区区域成矿要素(表3-6-17)。

表 3-6-17　山西省花岗-绿岩带型金矿东腰庄预测工作区区域成矿要素一览表

成矿要素		描述内容	要素分类
成矿时代		新太古代	必要
大地构造位置		遵化-五台-太行山新太古代岩浆弧（Ⅲ级）的滹沱古元古代裂谷带（Ⅳ级）	重要
矿床成因		矿床赋存于五台群台怀亚群鸿门岩组的浅色岩层中，矿体的产出受浅色岩层控制，具有明显的层控特征，并受韧性剪切带控制，按其成因类型来分，该矿床属变质热液型矿床	必要
变质建造/变质作用	地层名称	鸿门岩组	重要
	岩石组合	绢云石英片岩、绿泥片岩、钠长绿泥片岩、绢云绿泥片岩夹绿帘长石片岩、变质火山碎屑岩	必要
	岩石结构	粒状变晶结构	重要
成矿构造		韧性剪切带	重要
成矿环境		NEE 向韧性剪切破碎带	必要
矿体特征	形态产状	形态受地层及韧性剪切带控制，为脉状、层状	重要
	规模	中型矿床	重要
	矿石结构	粒状鳞片状变晶结构	次要
	矿石构造	片状构造、块状构造、微粒浸染状构造	次要
	矿石矿物组合	自然金、黄铁矿、褐铁矿、黄铜矿、磁铁矿、毒砂	重要
	蚀变组合	碳酸盐化、黄铁矿化、硅化、电气石化、绢云母化	必要
	控矿条件	鸿门岩组及韧性变形剪切带控制	必要

（2）康家沟预测工作区成矿要素。

根据对预测区已知矿床(点)地质特征的分析，太古宇柏枝岩组含铁岩系地层是康家沟预测工作区金矿的主要含矿建造，含铁岩系地层内韧性剪切带是主要控矿构造，碳酸盐化、黄铁矿化、电气石化等是主要蚀变，控矿构造、蚀变为必要的成矿要素，根据其成矿时代、成矿环境等，总结出山西省花岗-绿岩带型金矿康家沟预测工作区区域成矿要素（表3-6-18）。

表 3-6-18　山西省花岗-绿岩带型金矿康家沟预测工作区区域成矿要素一览表

成矿要素		描述内容	要素分类
成矿时代		新太古代	必要
大地构造位置		遵化-五台-太行山新太古代岩浆弧（Ⅲ级）的滹沱古元古代裂谷带（Ⅳ级）	重要
矿床成因		该矿床赋存于五台群台怀亚群柏枝岩组的磁铁石英岩中，矿体的产出与形态严格受磁铁石英岩的控制，具有明显的层控特征和明显的岩石专属性。矿床成因类型为变质热液型矿床，工业矿床类型为硅铁建造型金矿床	重要
变质建造/变质作用	地层名称	柏枝岩组、文溪组	必要
	岩石组合	含菱铁绿泥片岩、含菱铁绢云绿泥片岩、绢云绿泥片岩夹条带状磁铁石英岩、绿泥长石片岩、透镜状石英大理岩、变质火山角砾岩、磁铁石英岩	重要
	岩石结构	粒状变晶结构	必要
成矿构造		含铁岩性地层及韧性剪切带	重要
成矿环境		海相火山-沉积环境	必要

续表 3-6-18

成矿要素		描述内容	要素分类
矿体特征	形态产状	形态严格受含铁岩系地层控制,为层状、脉状	重要
	规模	小型矿床	重要
	矿石结构	粒状鳞片状变晶结构	次要
	矿石构造	蜂窝状构造、块状构造	次要
	矿石矿物组合	自然金、磁铁矿、褐铁矿、黄铁矿、赤铁矿、镜铁矿、菱铁矿,偶尔可见黄铜矿、自然铅、方铅矿、白铅矿	重要
	蚀变组合	碳酸盐化、黄铁矿化、电气石化	必要
	控矿条件	含铁岩系地层及韧性剪切带控制	必要

2) 花岗-绿岩带型金矿预测工作区成矿模式

(1) 东腰庄预测工作区成矿模式。

① 所有此类金矿床都是在五台群成岩过程中,通过海底火山作用将地幔或下地壳中的成矿物质一同带到地壳表部,并达到初始预富集,形成矿源层或低品位同生火山-沉积金矿体(康家沟等)。大陆壳源成矿物质是有限的,工业金矿体的最终形成,多数是在成岩之后再由多种、多期变形变质与岩浆活动等其他热事件叠加改造的结果。

② 碳酸盐化镁铁质火山沉积-硅铁建造(金岗库组和柏枝岩组)和中基性—中酸性火山-沉积建造(鸿门岩组)为含矿层位,空间上严格受地层系统控制。喷气成因的富硫化物岩石和含碳岩石为利于金沉淀的岩相(康家沟)。而这些岩层又正是因五台群金丰度值高并被普遍作为矿源层的岩组。无论哪种成矿作用所形成的金矿(化)普遍受此矿源层控制,因此,矿化带展布有一定的层控性和可对比性。

③ 褶皱与剪切变形变质既是一种重要的成矿作用,其所造成的扩容带又是良好的赋矿部位。这些褶皱与剪切变形变质带常与岩层不同岩性界面一致或平行。工业矿体产在两个大型剪切带之间的次级剪切裂隙中(如鹿沟、康家沟)或其一侧(磨峪沟、小板峪以及盘道沟-大草坪金矿化带),或褶皱枢纽部位(小板峪和殿头金矿)。这些剪切变形既可以发生在造山运动早期,伴随变形发生顺层剪切,或发生在运动后期形成脆性剪切断裂,还可以发生在造山运动的末期,伴随褶皱、断裂或花岗岩体侵入形成巨大韧性-脆性剪切系统。无论是前者或是后者,在金矿形成过程中都起着重要的作用。

④ 在 2600~2500Ma 左右、2300Ma 左右和 1800Ma 左右等不止一次的变形变质作用过程中,成矿物质借助变形变质热流体都曾发生或活化、迁移以及容矿部位的围岩相互作用,使 Au 从一个特殊成分的流体中沉淀出来,因此,这类金矿又普遍具有热液成矿特征,种种因素中,减压沸腾和温度变化是导致成矿物质沉淀的要素之一。虽然金矿床对不同变质相无严格选择,但是,多数矿床(点)赋存在绿片岩相的变质岩系中。

⑤ 石英(碳酸盐-硫化物)脉和细脉浸染状是金矿化主要产出型式。矿石既具有原生残留沉积结构,又具有变形变质热液成因的各种交代结构。金呈自然状态产出,硫化物是金的常见载体矿物,张性脉是一次或多次扩张的充填脉。自然金与黄铁矿伴生,少数与磁黄铁矿和黄铜矿伴生。矿体呈似层状与透镜状,沿层(构造岩层)分布,虽说规模不大,区域性展布却十分稳定。一些富矿柱产在褶皱枢纽部位或剪切带中。

⑥ 碳酸盐化、硅化、绢云母化、碱交代、硫化物化和绿泥石化与金矿关系密切。这些热液蚀变可以导致 Cu、Pb、Zn、As、Hb、Sb 的异常性变化(鹿沟)。蚀变强度与规模在较大程度上决定于围岩的性质与变形强度。多数情况下,围岩蚀变发生于区域变形变质作用峰期的同时或其后。

⑦ 含矿层位或与金矿有关的变形带内,存有比五台群火山-沉积岩相对年轻的不同规模、形态、成分

的长英质侵入体。

⑧燕山期岩浆活动对此成矿系列成矿物质的再活化聚集起促进作用(磨峪沟、鹿沟)。矿源层或既成金矿也有可能成为燕山期次火山岩浆热液金、银、多金属矿床成矿系列成矿物质来源的组成部分。

(2)康家沟预测工作区成矿模式。

同东腰庄预测工作区成矿模式。

4. 金盆式沉积型金矿预测工作区成矿规律

金盆式沉积型金矿划分2个预测工作区:山西省金盆式沉积型金矿灵丘北山预测工作区和垣曲预测工作区。

1)金盆式沉积型金矿预测工作区成矿要素

(1)灵丘北山预测工作区成矿要素。

根据对预测区已知矿床(点)地质特征的分析,现代河床及沟谷是灵丘北山砂金矿主要含矿部位,常见伴生重矿物为磁铁矿、钛铁矿、石榴子石、磷灰石、白钨矿、金红石、锆石等,但不能根据重矿物组合关系来判断含金是否富集,根据其成矿时代、成矿环境等,总结出山西省金盆式沉积型金矿灵丘北山预测工作区区域成矿要素(表3-6-19)。

表3-6-19 山西省金盆式沉积型金矿灵丘北山预测工作区成矿要素一览表

成矿要素		描述内容	要素分类
成矿时代		新生代全新世、更新世	必要
大地构造位置		燕辽-太行岩浆弧(Ⅲ级)的燕山-太行山北段陆缘火山岩浆弧(Ⅳ级)及五台-赞皇(太行山中段)陆缘岩浆弧(Ⅳ级)	次要
矿床成因		第四系沉积型矿床	重要
沉积建造/沉积作用	岩石地层单位	方村组、峙峪组	重要
	地层时代	新生代	重要
	岩石类型	砂、砾石、砂砾石、冲洪积砂、冲洪积亚砂土	重要
	蚀变特征	硅化、黄铁矿化	重要
成矿环境		阶地、现代河床	必要
矿体特征	连生矿物	自然金常见连生物为石英,次为角闪石、石榴子石、磁铁矿等,偶见与云母连生	次要
	伴生重矿物	主要伴生矿物为磁铁矿、钛铁矿、石榴子石及角闪石	次要
	砂金粒度	从上游到下游逐渐变细,支沟较主沟细,有块金、粒金	次要
	砂金形态	不规则状、条状、板状、粒状、片状、枝状	次要
	矿床成因	冲积成因的河床砂金	重要
	控矿因素	与沟谷沉积物及砂金矿底板岩性的岩石硬度有关,控制其富集程度	重要

(2)垣曲预测工作区成矿要素。

根据对预测区已知矿床(点)地质特征的分析,现代河床及沟谷是垣曲金矿主要含矿部位,常见伴生重矿物为磁铁矿、钛铁矿、石榴子石、磷灰石、白钨矿、金红石、锆石等,但不能根据重矿物组合关系来判断含金是否富集,根据其成矿时代、成矿环境等,总结出山西省金盆式沉积型金矿垣曲预测工作区区域成矿要素表(表3-6-20)。

表 3-6-20 山西省金盆式沉积型金矿垣曲预测工作区成矿要素一览表

成矿要素		描述内容	要素分类
成矿时代		新生代全新世、更新世	必要
大地构造位置		中条-嵩山碰撞造山带（Ⅲ级）的中条山碰撞岩浆带（Ⅳ级）	次要
矿床成因		第四系沉积矿床	重要
沉积建造/沉积作用	岩石地层单位	峙峪组、离石组、静乐组	重要
	地层时代	新生代	重要
	岩石类型	砂、砾石、砂砾石、冲洪积砂、冲洪积亚砂土	重要
	蚀变特征	硅化、黄铁矿化	重要
成矿环境		阶地、现代河床	必要
矿体特征	连生矿物	自然金常见连生物为石英，次为角闪石、石榴子石、磁铁矿等，偶见与云母连生	次要
	伴生重矿物	主要伴生矿物为磁铁矿、钛铁矿、石榴子石及角闪石	次要
	砂金粒度	从上游向下游逐渐变细，支沟较主沟细，有块金、粒金	次要
	砂金形态	不规则状、条状、板状、粒状、片状、枝状	次要
	矿床成因	冲积成因的河床砂金	重要
	控矿因素	与沟谷沉积物征及砂金矿底板岩性的岩石硬度有关，控制其富集程度	重要

2）金盆式沉积型金矿预测工作区成矿模式

金盆式沉积型金矿预测工作区成矿模式同料堰金矿典型矿床成矿模式。

5. 金矿区域成矿规律

山西省金矿时间、空间的分布规律受成矿地质背景、控矿因素、成矿作用、矿质来源和地球化学背景以及大地构造发展阶段等方面的制约。

1）金矿地球化学特征及成矿作用特点

（1）金在地壳及地幔中的丰度皆较低，且分散，在各类岩石和中平均丰度值均属 1×10^{-9} 级。金的亲石性很微弱，对一般岩石类型均无明显的专属性。在地质作用下，金的地球化学行为具有亲铁和亲硫的双重性，并以前者为更明显。金的浓集系数很高（1000~4000），一般不易形成大规模的工业矿床。金矿床的形成，往往与多种地质成矿作用、多种物质来源和延续漫长的成矿作用密切相关。金矿成矿作用具有长期性、多期性、多源性与叠生成矿的特点。

（2）金的化学性质很稳定，在自然界多呈自然金产出，但在升温的含水体系中，金能呈多种形式的络合物进行迁移，当地质环境与化学条件改变时，金主要沉淀或富集于低能（动能、位能、热能、化学能等）部位。在成矿的整个过程中，金可几次经历定位、活化、迁移、沉淀而富集，因而金矿成矿作用具有继承性和再生性特点，在同一地区，金可以多种形式相继辗转成矿——多旋回成矿。在金地球化学集中区，可见包括几个成矿时代和多种成因类型相伴产出的金矿化，构成了不同组合的金矿成矿系列，在恒山—五台山地区表现尤为突出，常间隔构成金矿集中小区——金矿田。

2）构造与金成矿关系

（1）山西省金矿主要产于太古宇古老地块中，在新太古代优地槽环境下形成与绿岩带有关的变质-热液型金矿和（火山）沉积-变质金矿。在古元古代冒地槽阶段，在与上述绿岩带相邻的元古宙凹陷区，形成沉积-变质型金矿床（五台山区的含金变质砾岩，中条山区的火山-沉积变质铜矿伴生金矿）。在准地台发展阶段尤其是中新生代的滨太洋大陆边缘活动阶段的燕山期，地台活化形成以内生金矿为主的岩浆-热液型金矿床，而后者多发育在火山活动带及浅成—超浅成岩浆活动带中。

（2）金矿集中产区均位于与Ⅱ级大地构造单元接壤的附近相对隆起部位——Ⅲ级大地构造单元的断拱区内。如天镇断拱、五台山断拱、冀西断拱、霍山断拱、中条山断拱等。

(3)深部构造与岩浆活动、成矿作用有着密切关系。山西省中生代以来的岩浆活动总的来说是东强西弱，东早西晚，且有碱度及含钾量由东向西渐增的规律，这与山西莫霍面总体东部隆起，向西波浪式地逐渐坳陷、深度增大的总趋势有关。

(4)山西省中新生代岩浆活动，主要出现于上地幔变异带（梯级带）、隆起区和起伏区的壳幔活动地带。上地幔隆起区是高热流区，其与上地幔凹陷接壤处，往往是重力梯级带和深断裂所在部位，它们常常控制了岩浆活动的空间展布。因此，中新生代岩浆岩多分布于上地幔变异带、起伏区内的隆起区及其边缘或深断裂带中。中生代偏碱性和碱性中性杂岩群主要分布在山西省中段，受SN向深断裂控制，而中—酸性岩浆活动则主要分布于"S"形上地幔起伏区的东北端和西南端。

(5)山西省燕山期内生金矿，受燕山期断裂构造控制明显。断裂交叉部位控制了岩体侵位，中酸性杂岩及碱性—偏碱性杂岩体控制了金矿的展布，而晚期切穿岩体的断裂构造则控制了岩浆活动期后含金（银、多金属）热液的活动。只有具备了金源层、载金岩体（及由其提供的热源）和有利的导矿容矿构造以及多期次的热液活动，方可形成具经济价值的金矿。受燕山期断裂控制主要反映在以下几个方面。

①断裂交切控制以相关杂岩为中心的金矿田。

②多组断裂相互交切，构成多方向的岩浆岩带和金矿成矿带，总体呈现格子状布局（恒山-五台山区最为明显）。

③矿田内矿（体）带受地区性断裂系统控制，各区不尽相同。总之，由于山西大地构造发生演化具有多旋回性和明显的活动带，且活动具有不均一性、继承性和新生性，导致了山西省金矿成矿作用的多元性、长期性、多期性、叠加性、继承性、再生性，也为金矿的形成提供了极其有利的成矿地质前提。

3)金源层对金矿成矿的控制关系

山西的前长城系变质岩系广泛发育，仅出露面积即达13 684 km^2，盖层下面均为变质基底地层，且大部分为太古宙绿岩带，中太古界和元古宇中尚发育有变质火山岩，在太古宇与元古宇中发育着镁铁质火山岩、硅铁质岩、细碧角斑岩、含碳泥质碎屑岩（筐子沟组、高凡群等）、变质砾岩（四集庄组、担山石组）等含金建造，并已发现相应类型的矿（化）点和矿床，具有良好的找矿远景。很显然，变质型的金矿与金源层关系最为密切。

4)金源岩对金矿成矿的控制关系

金在地壳中丰度值很低，而且很分散。山西前长城纪具多期次叠加的区域变质作用和混合岩化作用。除阜平、五台、吕梁旋回多期幔源中基性火山喷发活动外，尚有多期规模较大的交代、重熔的中酸性岩浆活动。而到印支、燕山亚旋回，则又广泛发生多阶段的基性—酸性的火山喷发活动和中—酸性的岩浆侵入活动，叠加于前述各旋回之上，并构成了山西第二个岩浆活动高潮，也就是山西第二个金矿重要成矿期。这些岩浆不少属同熔型或重熔型，它既从上地幔带来部分金，又从初始矿源层等围岩中活化吸取了另一部分金，形成了破碎带蚀变岩型，与火山岩、次火山岩、中浅成侵入岩有关的热液型金矿。但据目前实际情况，其中最为重要的是燕山期的闪长岩、花岗闪长岩和碱性—偏碱性杂岩对形成内生金矿的控制关系（作用）更为明显，是最为重要的金源层。燕山期岩浆活动的最大特点是具多旋回性和多期次性。而且不同的旋回控制着不同矿产的形成。

3.7 银矿典型矿床及成矿规律

山西省银矿涉及的矿产预测类型有3类，即陆相火山岩型、热液型、矽卡岩型银矿床。

3.7.1 银矿典型矿床

1.陆相火山岩型银矿典型矿床

陆相火山岩型银矿典型矿床有1个，为山西省灵丘县支家地银铅锌矿。

1)灵丘县支家地银铅锌矿典型矿床成矿要素

根据对支家地银铅锌矿的成矿地质环境、控矿构造系列及矿床特征总结列出了典型矿床的各类成矿要素,并划分其中成矿侵入体即中生代早白垩世石英斑岩、NW 向压扭性控矿断裂构造带、火山颈相隐爆角砾岩体等作为典型矿床支家地银铅锌矿必要的成矿要素,其他的划分为重要的、次要的成矿要素。典型矿床成矿要素见表 3-7-1。

表 3-7-1 山西省灵丘县支家地式陆相火山岩型银铅锌矿典型矿床成矿要素一览表

成矿要素			描述内容		成矿要素分类
储量			C+D:Ag 1 109.76t	277.00g/t	
			伴生 Pb 30 126.63t	平均品位 0.75%	
			伴生 Zn 29 688.81t	0.74%	
特征描述			陆相火山岩型银铅锌矿		
地质环境	沉积建造	岩石地层单位	新元古界长城系高于庄组第四段		次要
		沉积建造	硅质团块-条带碳酸盐岩建造		次要
	火山建造/火山作用	岩石地层单位	早白垩世张家口组一段		重要
		火山作用岩石组合	喷溢作用:安山质角砾熔岩、英安质角砾熔岩、集块岩、英安岩。爆发作用:英安质角砾凝灰岩、凝灰岩		重要
	岩浆岩	岩石结构、构造	石英斑岩:斑状结构、基质呈隐晶质结构、显微球粒结构,块状构造		必要
		产状/岩相	岩株状、脉状/浅层次火山岩相		重要
		侵入时代	中生代早白垩世		必要
	成矿时代		中生代早白垩世晚期		必要
	构造背景		华北陆块区燕山-太行山北段陆源火山岩浆弧太白维山火山盆地		必要
成矿构造体系	成矿前构造:中生代早白垩世火山喷发→火山盆地构造(破火山口基本构造轮廓);成矿期构造:中生代早白垩世火山喷发活动→火山颈相充填石英斑岩体→边部形成压扭性 NW 向断层及角砾岩体构造				必要
矿体特征	熔岩岩石		隐爆角砾岩:石英斑岩角砾岩、英安质流纹质火山角砾岩		必要
			规模形态:透镜状。长 500m 左右,宽多在 150~200m		重要
	矿体形态		矿体在空间上常为脉状斜列产出,沿倾向呈透镜状、似层状		重要
	主要成分		主要成分 Ag,共生组分 Pb、Zn,Pb、Zn 的含量与 Ag 品位正相关,相关系数分别为 0.84 和 0.16。Ag 品位变化系数 2.44%,属于很不均匀型		重要
	矿石矿物成分		金属矿物:辉银矿、自然银、辉铜银矿、黄铁矿、方铅矿、闪锌矿、黄铁矿、褐铁矿、铅矾、软锰矿、硬锰矿。脉石矿物:石英、斜长石、正长石、方解石、黏土矿物、白云母、绢云母、碳酸盐类矿物		重要
	结构		自形-半自形粒状结构、他形粒状结构、固溶体分离结构、交代残留结构、交代网状结构等。		次要
	构造		稀疏浸染状构造、细脉-浸染构造、角砾状构造和网脉状构造,富矿石以网脉状构造为主		次要
	围岩蚀变		主要有绢云母化、黄铁矿化、叶蜡石化、绿泥石化、碳酸盐化、硅化和泥化。围岩蚀变表现出一定的分带性,在平面上自矿体向外依次为碳酸盐化→硅化→绿泥石化、黄铁矿化→泥化→绢云母化		重要
	控矿构造		NWW 向压扭性断裂构造带		必要
	包体类型		分为 5 种:熔融包裹体、气相包裹体、纯 CO_2 包裹体、含液态 CO_2 包裹体和液相包裹体		次要
	成矿温度		130~335℃,主要成矿温度 130~240℃		次要
	成矿压力		180×10^5 Pa		次要
	流体盐度		0.92%		次要

2)灵丘县支家地银铅锌矿典型矿床成矿模式

(1)大地构造背景。

根据山西省燕山期—喜马拉雅构造单元(相)划分,区内属燕辽-太行山岩浆弧(Ⅲ级构造单元)燕山-太行山北段陆缘火山岩浆弧(Ⅳ级构造单元)。基底层由新太古界五台群变质岩地层、中元古界长城系、蓟县系、新元古界青白口系构成。

(2)成矿环境。

①矿质来源:酸性浅成侵入体石英斑岩。

②矿化蚀变分带性:在平面上,自矿体向外,依次为碳酸盐化、硅化→绿泥石化、黄铁矿化→泥化→绢云母化。

③物理化学条件:

a.气液包裹体均一温度范围为130～335℃。主要成矿温度为130～240℃。

b.成矿压力为$180×10^5$ Pa。

c.碳同位素:测定了银矿床中碳酸盐脉菱锰矿的$\delta^{13}C$和$\delta^{18}O$值,从而计算出包裹体水的$\delta^{18}O_{H_2O}$,测得$\delta D=-83‰$。该测试数据指示支家地银铅锌矿为中低温热液矿床,氢氧同位素显示岩浆水及地表水混合的热液特征。

(3)成矿机制。

区内中生代早白垩世规模较大的火山喷发活动趋于结束后,在破火山口构造中产生石英斑岩体的上侵作用。由于该岩体所携带的含矿气液在相对封闭的构造部位产生聚集-爆破,加之含矿热液的交代充填作用形成受隐爆角砾岩控制的中低温热液型银多金属矿床。

按以上成矿作用的时间、空间、环境等要素分析,我们选择通过矿区,涵盖了成矿火山岩浆建造的主要矿体的剖面图,经过修改使之理想化,形成该区典型矿床的成矿模式图,见图3-7-1。

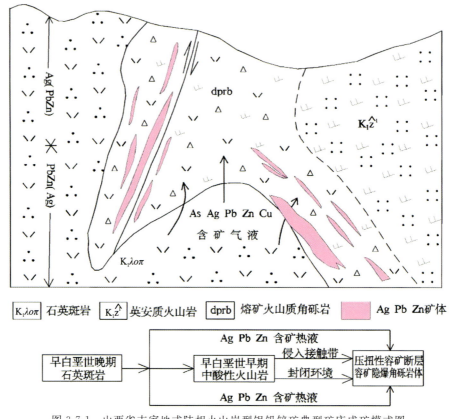

图3-7-1 山西省支家地式陆相火山岩型银铅锌矿典型矿床成矿模式图

2. 热液型银矿典型矿床

热液型银矿典型矿床有1个,为山西省灵丘县小青沟银锰矿。

1)灵丘县小青沟银锰矿典型矿床成矿要素

根据对小青沟银铅锌矿的成矿地质环境、控矿构造系列及矿床特征总结列出了典型矿床的各类成矿要素,并划分其中成矿侵入体即中生代早白垩世石英斑岩、NNE向压扭性控矿断裂构造带、成矿围岩中元古界长城系高于庄组等作为典型矿床小青沟银锰矿必要的成矿要素,其他的划分为重要的、次要的成矿要素。典型矿床成矿要素见表3-7-2。

表3-7-2 山西省灵丘县小青沟式热液型银锰矿典型矿床成矿要素一览表

成矿要素			描述内容			成矿要素分类
储量 (D+E级)		共生	Ag:1 370.02t	平均品位	Ag:165.43g/t	
			Mn:429.750万t		Mn:24.66%	
		伴生	Au:252.09kg		Au:≥0.8g/t	
			Pb:9 011.06t		Pb:≥0.2%	
			Zn:8 043.96t		Zn:≥0.4%	
特征描述			与燕山晚期酸性次火山岩(石英斑岩、花岗斑岩)和长城系高于庄组含锰灰岩有关的中低温热液矿床			
地质环境	沉积岩 (变质岩)	地层单位	长城系高于庄组、蓟县系雾迷山组、青白口系望弧组和下白垩统张家口组			
		岩石组合	长城系高于庄组:杂色砂砾岩、长石石英砂岩、含燧石条带白云质灰岩、含锰灰岩、碳质页岩,局部夹铁锰物质			必要
			下白垩统张家口组一段:安山质凝灰角砾岩、英安质凝灰角砾岩、下白垩统张家口组二段:流纹质凝灰角砾岩。 青白口系望弧组:紫红色燧石角砾岩夹透镜状含砾石石英砂岩。 蓟县系雾迷山组:灰白色石英岩状砂岩、含砾砂屑白云质灰岩			次要
	岩浆岩	岩石结构构造	石英斑岩:斑状结构基质具显微球粒结构,块状构造			必要
		侵入时代	中生代早白垩世			必要
	构造背景		华北陆块区,燕山-太行山北段晚古生代陆缘火山岩浆弧太白维山喷发盆地边部			必要
矿床特征	矿体形态		透镜状、脉状,局部具分支复合现象			次要
	矿石矿物成分		金属矿物:自然银、硫银矿、银锑硫铜矿、软锰矿、硬锰矿、锌锰矿、黑锌锰矿、闪锌矿、方铅矿、黄铁矿、针铁矿。 非金属矿物:碳酸盐矿物(方解石、白云石)、长石、石英、蒙脱石、伊利石、重晶石			重要
	结构构造		自形晶—半自形晶、羽状、放射状、球粒状结构。角砾状、脉状-网脉状、稀疏浸染状、皮壳状、土状、条带状、细脉状等构造			次要
	围岩蚀变		以中低温热液蚀变为主,主要有硅化、碳酸盐化,其次有黏土矿化、黄铁矿化、重晶石化、萤石化、绿泥石化、绿帘石化等			重要
	成矿时代		中生代早白垩世(Pb-Pb同位素年龄87.0Ma)			必要
	控矿构造		NNE向压扭性控矿断裂构造			必要

2)灵丘县小青沟银锰矿典型矿床成矿模式

(1)大地构造背景。

根据山西省燕山期-喜马拉雅构造单元(相)划分,区内属燕辽-太行山岩浆弧(Ⅲ级构造单元),燕山-太行山北段陆缘火山岩浆弧(Ⅳ级构造单元)。基底层由新太古界五台群变质岩地层、中元古界长城系、蓟县系、新元古界青白口系地层构成。

(2)成矿环境。

①矿质来源:中酸性火山岩-浅成侵入岩、中元古界长城系高于庄组含锰大理岩、含锰黑色页岩。

②矿化蚀变分带性(从石英斑岩体到矿体):硅化、萤石化、绢云母化、黄铁矿化、黏土化、碳酸盐化、绿泥石化。

③物理化学条件:

a. 硫同位素 $\delta^{34}S=0.6‰\sim9.6‰$,平均 $3.45‰$,塔式分布效应明显。

b. 碳氧同位素:银锰矿石中 $\delta^{13}C=-5.51‰\sim4.31‰$,平均为 $-4.9‰$,$\delta^{18}O=13.519‰\sim15.954‰$,平均为 $14.527‰$。

c. 由共生硫化物中的硫同位素计算的平均温度为:黄铁矿方铅矿组合生成温度为 $284\sim325℃$。闪锌矿-方铅矿组合为 $163\sim224℃$。上述硫同位素特征反映了硫的内生来源,碳氧同位素显示了矿床内外生混合热液成因特点。矿物组合生成温度说明矿床为中低温热液矿床。这些结论和对该矿床的地质认识是一致的。

(3)成矿机制。

在太白维山地区中生代早白垩世强烈的火山喷发活动趋于结束后,在破火山口构造中产生了浅成的酸性岩浆的侵入作用,形成石英斑岩体(脉)。该岩浆热液携带有丰富的银、铅、锌多金属成矿物质,同时酸性岩浆上侵又影响了长城系高于庄组含锰灰岩,使其中的锰质活化、富集、转移,在含锰灰岩中形成顺层的锰矿体(脉)或银锰矿体(脉)。多数银锰成矿物质沿NNE向的断裂带交代充填形成NNE向的受断层控制的银锰(铅锌)矿带(脉),而在石英斑岩体中则主要形成银(铅锌)矿体(脉)。

按以上成矿作用的时间、空间、环境的分析,我们选择通过矿区,涵盖了成矿火山岩浆建造主要矿体的剖面图,经过修改使之理想化,形成该区典型矿床的成矿模式图,见图3-7-2。

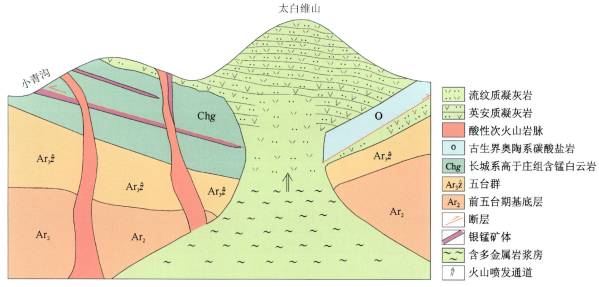

图 3-7-2　山西省灵丘县小青沟式热液型银锰矿典型矿床成矿模式图

3. 矽卡岩型银矿典型矿床

矽卡岩型银矿典型矿床有1个，为山西省灵丘县刁泉银铜矿。

1）灵丘县刁泉银铜矿典型矿床成矿要素

根据对小青沟银铅锌矿的成矿地质环境、控矿构造系列及矿床特征总结列出了典型矿床的各类成矿要素，并划分其中成矿侵入体即中生代早白垩世石英斑岩、NNE向压扭性控矿断裂构造带、成矿围岩中元古界长城系高于庄组地层等作为典型矿床小青沟银锰矿必要的成矿要素，其他的划分为重要的、次要的成矿要素。典型矿床成矿要素见表3-7-3。

表3-7-3 山西省灵丘县刁泉矽卡岩型银铜矿典型矿床成矿要素一览表

成矿要素		描述内容			成矿要素分类
储量 （C+D+E）		Ag:1 569.16t	平均品位	Ag:131.46g/t	
		Cu:162.90千t		Cu:1.36%	
		Au:8 119.49kg		Au:0.68g/t	
特征描述		产于燕山期中酸性侵入岩与寒武系灰岩接触带的矽卡岩型银铜矿			
地质环境	成矿时代	中生代白垩世			必要
	构造背景	华北陆块区燕山-太行山北段陆源火山岩浆弧			重要
	岩石地层单位	寒武系中上统馒头组、张夏组、崮山组、炒米店组			必要
	沉积建造类型	泥页岩-白云岩建造，鲕状灰岩-生物碎屑灰岩建造，泥晶灰岩-碎屑灰岩建造，灰岩建造（寒武系），泥晶灰岩夹碎屑灰岩建造（奥陶系）			重要
	岩浆岩	岩石组合（复式岩体）：辉石闪长岩-黑云母花岗岩-花岗斑岩-石英斑岩。侵入时代：早白垩世（130.5Ma/K-Ar）			必要
成矿构造	接触带构造	岩体（枝）呈突出的半岛状侵入灰岩中形成有利成矿的构造部位			必要
	断裂带构造	沿接触带产出的压扭性断裂构造常为容矿断裂构造			重要
矿床特征	矿体产状及形态	产状：平面上沿接触带呈环形展布，垂直方向上变化较大，上部倾向岩体，下部倾向围岩，呈喇叭口状。 形态：在剖面上多呈弯月形，平面上呈透镜状、脉状、似层状			次要
	矿石矿物组合	金属矿物：铜矿物主要有辉铜矿、斑铜矿、辉铜矿、铜蓝、孔雀石、蓝铜矿；银矿物主要有辉银矿、自然银及硫锑铜银矿；铁矿物主要有磁铁矿。 非金属矿物主要有石榴子石、方解石、白云石、透辉石			重要
	蚀变带及蚀变矿物	由岩体向围岩的蚀变分带： 内蚀变带：绢云母化、钠长石化、钾长石化、硅化。宽0~20m。 矽卡岩带：由透辉石-钙铁榴石矽卡岩、绿帘石矽卡岩、钙铝榴石矽卡岩组成。宽2~60m。矿体主要赋存在此带中。 外蚀变带：包括内侧的透辉石化、钙铁榴石化、钙铝榴石化带和外侧的大理岩-角岩带，宽10~400m			必要
	矿床期次	氧化物期以形成磁铁矿为标志；石英硫化物期分为铜、铁金属硫化物和含银金金属硫化物两个阶段；表生氧化期分为次生硫化物阶段（斑铜矿、蓝辉铜矿、铜蓝）和表生氧化物（孔雀石、赤铜矿、黑铜矿）两个阶段			重要

2）灵丘县刁泉银铜矿典型矿床成矿模式

（1）大地构造背景。

根据山西省燕山期-喜马拉雅构造单元（相）划分，区内属燕辽-太行山岩浆弧（Ⅲ级构造单元）燕山-

太行山北段陆缘火山岩浆弧（Ⅳ级构造单元）。基底地层由新太古界五台群变质岩地层、中元古界长城系、蓟县系、新元古界青白口系地层构成。

(2) 成矿环境。

① 矿质来源及岩浆条件：壳幔源（复式岩体：辉石闪长岩-黑云母花岗岩-花岗斑岩-石英斑岩，其中黑云母花岗岩和辉石闪长岩为成矿母岩。

② 围岩条件：寒武系、奥陶系碳酸盐岩。

③ 构造条件：接触带构造为不整合接触型并伴有断裂构造。

④ 矿化蚀变分带：内蚀变带：绢云母化、钠长石化、钾长石化、硅化，宽0～20m。矽卡岩带：由透辉石-钙铁榴石矽卡岩、绿帘石矽卡岩、钙铝榴石矽卡岩组成，带宽2～60m。矿体主要赋存在此带中。外蚀变带：包括内侧的透辉石化、钙铁榴石化、钙铝榴石化带和外侧的大理岩-角岩带，宽10～400m。

⑤ 物理化学条件

成矿温度：120～400℃（包裹体均一温度）。主要成矿温度185～280℃；硫同位素 $\delta^{34}S = 0.5‰ \sim 5.7‰$，平均 $3.36‰$，塔式分布效应明显。

(3) 成矿机制。

刁泉银铜矿的成矿母岩是中生代早白垩世晚期的中酸性侵入岩，为一规模较小的复式岩体。岩石组合辉石闪长岩-黑云母花岗岩-花岗斑岩-石英斑岩，属钙碱性岩石系列。当其上侵至寒武系碳酸盐岩时，形成总体上呈喇叭口状的侵入接触带（接触断裂构造）。在接触带及其附近产生强烈的接触交代作用（矽卡岩化）。成矿作用分三期：第一期为氧化物期，以形成磁铁矿为标志；第二期石英硫化物期，分为铜、铁金属硫化物和含银、金金属硫化物两个阶段；第三期为表生氧化期，分为次生硫化物（斑铜矿、蓝辉铜矿、铜蓝）和表生氧化物（孔雀石、赤铜矿、黑铜矿）两个阶段。

按以上成矿作用的时间、空间、环境的分析，我们选择通过矿区，涵盖了成矿火山岩浆建造主要矿体的剖面图，经过修改使之理想化，形成该区典型矿床的成矿模式图，见图3-7-3。

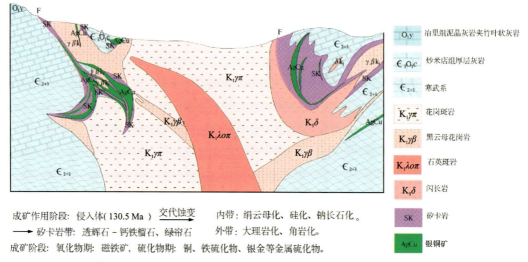

图 3-7-3　山西省灵丘县刁泉式矽卡岩型银铜矿典型矿床成矿模式图

3.7.2　银矿预测工作区成矿规律

1. 陆相火山岩型银矿预测工作区成矿规律

陆相火山岩型银矿划分1个预测工作区——山西省灵丘县支家地式陆相火山岩型银矿太白维山预测工作区。

1)陆相火山岩型银矿太白维山预测工作区成矿要素

根据区内成矿时代、成矿地质环境、控矿构造及成矿地质特征,总结出山西省支家地火山岩型银铅锌矿预测工作区区域成矿要素,并将它们划分为预测区必要的、重要的、次要的成矿要素。其中中生代早白垩世中酸性火山岩、中生代早白垩世次火山岩侵入体石英斑岩、NW向压扭性控矿断裂构造带、火山颈相隐爆角砾岩体及围岩蚀变如绢云母化、黄铁矿化、绿泥石化、碳酸盐化、硅化等为预测区必要的成矿要素,其他的划分为重要、次要成矿要素,详见表3-7-4。

表3-7-4 支家地式陆相火山岩型银矿太白维山预测工作区成矿要素一览表

成矿要素			描述内容	要素分类
特征描述			陆相火山岩型银铅锌矿	
大地构造背景			华北陆块区燕山-太行山北段陆缘火山岩浆弧太白维山火山盆地	必要
区域成矿地质环境	沉积建造	岩石地层单位	长城系高于庄组	次要
		沉积建造类型	硅质团块-条带碳酸盐岩建造,含锰白云岩建造	次要
	火山建造	岩石地层单位	早白垩世张家口组	重要
		火山建造类型	张家口组二段:流纹质熔结凝灰岩建造,张家口组一段:安山岩-英安岩建造、安山质-英安岩角砾熔岩建造,石英粗面岩建造	重要
		侵入时代	中生代早白垩世	必要
		岩石组合	石英斑岩、花岗斑岩、花岗闪长斑岩	必要
		岩体产状	岩株、岩墙	重要
		成因类型	壳幔混合源	
区域成矿地质特征	控矿构造		成矿前构造:中生代火山喷发火山盆地构造	
			成矿期构造:沿火山颈充填石英斑岩(花岗斑岩)体,形成火山颈相控矿隐爆角砾构造、NW向压扭性断裂构造	必要
	区域成矿类型		火山机构型银铅锌矿	必要
			沉积-热液型银锰矿	次要
	围岩蚀变		绢云母化、黄铁矿化、绿泥石化、碳酸盐化、硅化	重要
	重要金属矿物组合		辉银矿、黄铁矿、方铅矿、闪锌矿	重要

2)陆相火山岩型银矿太白维山预测工作区成矿模式

(1)大地构造背景。

根据山西省燕山期-喜马拉雅构造单元(相)划分,区内属燕辽-太行山岩浆弧(Ⅲ级构造单元)燕山-太行山北段陆缘火山岩浆弧(Ⅳ级构造单元)。基底层由新太古界五台群变质岩地层、中元古界长城系、蓟县系、新元古界青白口系地层构成。

(2)区域构造环境。

成矿前构造:中生代火山喷发形成破火山口构造。成矿期构造:沿火山颈充填石英斑岩(花岗斑岩)体,形成火山颈相控矿隐爆角砾构造、NW向压扭性断裂构造。

(3)区域成矿类型。

①成矿时代:中生代早白垩世。

②成矿类型:a.支家地式陆相火山岩型银铅锌矿;b.小青沟式热液型银锰矿。

(4)成矿物质来源:壳幔岩浆源。

(5)成矿机制:当中生代早白垩世规模较大的火山喷发活动趋于结束,在破火山口构造中产生石英斑岩体的上侵作用。由于岩体所携带的含矿气液在相对封闭的构造部位产生聚集-爆破形成角砾岩体和断层带，含矿热液沿着隐爆角砾岩和断层的交代充填作用形成中低温热液型银铅锌多金属矿床。

按以上成矿作用的时间、空间、环境的分析，我们选择通过矿区，涵盖了成矿火山岩浆建造主要矿体的剖面图，经过修改使之理想化，形成火山岩型银铅锌矿区域成矿模式图，见图3-7-4。

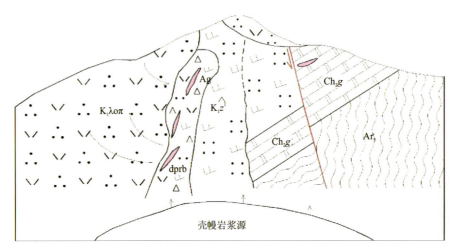

图 3-7-4　山西省灵丘县支家地式陆相火山岩型银铅锌矿区域成矿模式图

$K_1\check{z}^1$.白垩系张家口组火山碎屑岩；$K_1\lambda o\pi$.白垩纪石英斑岩；dprb.隐爆角砾岩；Ag.银矿体；Ch_2g.长城系高于庄组；Ar_3.新太古界五台群

2. 热液型银矿预测工作区成矿规律

热液型银矿划分1个预测工作区——山西省灵丘县小青沟式热液型银锰矿太白维山预测工作区。

1) 热液型银锰矿太白维山预测工作区成矿要素

根据区内成矿时代、成矿地质环境、控矿构造及成矿地质特征，总结出山西省小青沟式热液型银锰矿预测工作区区域成矿要素，并将它们划分为预测区必要的、重要的、次要的成矿要素。其中中生代早白垩世中酸性火山岩、中生代早白垩世次火山岩侵入体石英斑岩、长城系高于庄组含锰地层层位、NNE向压扭性控矿断裂构造带、及围岩蚀变如硅化、碳酸盐化、重晶石化、黄铁矿化、绿泥石化等为预测区必要的成矿要素，其他的划分为重要、次要成矿要素。见表3-7-5。

表 3-7-5　山西省灵丘县小青沟式热液型银锰矿太白维山预测区成矿要素一览表

成矿要素		描述内容	要素分类
成矿时代		中生代早白垩世	必要
大地构造位置		华北陆块区燕山-太行山北段陆缘火山岩浆弧太白维山火山喷发盆地	必要
沉积建造-沉积作用	岩石地层单位	长城系高于庄组，蓟县系雾迷山组，青白口系望弧组	重要
	沉积建造类型	望弧组：燧石角砾状砂岩建造	次要
		雾迷山组：硅质团块-条带碳酸盐岩建造	次要
		高于庄组：硅质团块-条带碳酸盐岩建造；含锰白云岩建造	必要
火山建造/火山作用	岩石地层单位	早白垩世张家口组	次要
	火山建造类型	张家口组二段：流纹质熔结凝灰岩建造	次要
		张家口组一段：安山岩-英安岩建造，安山质-英安岩角砾熔岩建造，石英粗面岩建造	次要

续表 3-7-5

成矿要素		描述内容	要素分类
岩浆岩	岩石组合	石英斑岩、花岗斑岩、花岗闪长斑岩	必要
	岩体产状	岩株、岩脉	重要
	侵入时代	中生代早白垩世	重要
区域成矿地质特征	区域成矿类型	热液型银锰矿	必要
	成矿物质来源	银铅锌成矿物质来源于石英斑岩等早白垩世次火山岩。锰矿物质来源于长城系高于庄组含锰建造	必要
	控矿构造	矿田构造：火山构造盆地边缘带；控矿构造：近 SN 向压扭性逆冲断裂带	必要
	成矿围岩蚀变	硅化、碳酸盐化、重晶石化、绿泥石化、黄铁矿化	重要
	成矿特征	银锰成矿作用为主，伴生铅锌矿化	重要

2）热液型银矿太白维山预测工作区成矿模式

（1）大地构造背景。

根据山西省燕山期-喜马拉雅构造单元（相）划分，区内属燕辽-太行山岩浆弧（Ⅲ级构造单元），燕山-太行山北段陆缘火山岩浆弧（Ⅳ级构造单元）。基底层由新太古界五台群变质岩地层、中元古界长城系、蓟县系、新元古界青白口系地层构成。

（2）区域构造环境。

成矿前构造：中生代火山喷发形成破火山口构造。成矿期构造：火山喷发活动结束后，产生酸性次火山岩侵入活动。晚期产生近南北向压扭性断裂构造（成矿构造）。

（3）区域成矿类型。

①成矿时代：中生代早白垩世。

②成矿类型：小青沟式热液型银锰矿；支家地式银铅锌矿。

（4）成矿物质来源：壳幔岩浆源（银铅锌）；长城系高于庄组地层（锰）。

（5）成矿机制。

小青沟式热液型银锰矿：在太白维山破火山口构造中，由于石英斑岩体（脉）上侵作用。一方面岩浆热液携带有丰富的银、铅、锌多金属成矿物质，同时其高温气液又影响了长城系高于庄组含锰灰岩，使其中的锰质活化、富集、转移，在含锰灰岩中形成顺层的锰矿体（脉）或银锰矿体（脉）。多数银锰成矿物质沿 NNE 向的断裂带交代充填形成 NNE 向的受断层控制的银锰（铅锌）矿带（脉），而在石英斑岩体中则主要形成银（铅锌）矿体（脉）。

按以上成矿作用的时间、空间、环境的分析，我们选择通过矿区，涵盖了成矿火山岩浆建造主要矿体的剖面图作为基本素材，经过修改补充使之理想化，形成热液型银锰矿区域成矿模式图，见图 3-7-5。

3. 矽卡岩型银矿预测工作区成矿规律

矽卡岩型银矿划分 1 个预测工作区——山西省灵丘县刁泉式矽卡岩型银矿灵丘东北预测工作区。

1）矽卡岩型银矿灵丘东北预测工作区成矿要素

根据区内成矿时代、成矿地质环境、控矿构造及成矿地质特征，总结出山西省刁泉矽卡岩型银铜矿预测工作区区域成矿要素，并将它们划分为必要的、重要的、次要的成矿要素。其中，中生代早白垩世次火山岩侵入体辉石闪长岩、花岗闪长岩、黑云母花岗岩、花岗斑岩、石英斑岩体，围岩寒武系张夏组、崮山组、奥陶系冶里组碳酸盐岩沉积建造，矽卡岩蚀变带，侵入断裂带构造等作为预测区必要的成矿要素，其他的划分为重要、次要成矿要素，详见表 3-7-6。

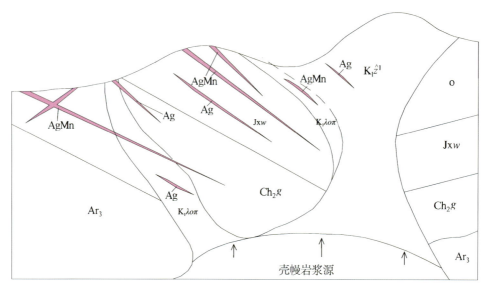

图 3-7-5 山西省灵丘县小青沟式热液型银锰矿太白维山预测工作区区域成矿模式图

$K_1\hat{z}^1$.白垩系张家口组火山碎屑岩;$K_1\lambda o\pi$.白垩纪石英斑岩;O.奥陶系灰岩;Jxw.蓟县系雾迷山组;
Ag(Mn).银(锰)矿体;Ch_2g.长城系高于庄组;Ar_3.新太古界五台群

表 3-7-6 山西省刁泉式矽卡岩型铜矿灵丘东北预测工作区区域成矿要素表

成矿要素		描述内容	要素分类
成矿时代		中生代早白垩世(130.5～127.2Ma/K-Ar)	必要
大地构造位置		华北陆块区燕山-太行山北段陆缘火山岩浆弧	重要
沉积建造/沉积作用	岩石地层单位	寒武系张夏组、崮山组、奥陶系	必要
	岩石组合	灰岩、鲕状灰岩、竹叶状灰岩	重要
	蚀变特征	大理岩化、矽卡岩化	必要
	沉积建造	泥晶灰岩、碎屑灰岩建造	必要
		鲕状灰岩-泥晶灰岩-生物碎屑灰岩建造	必要
岩浆建造/岩浆作用	岩石名称	辉石闪长岩,花岗闪长斑岩、黑云母花岗岩、花岗斑岩、石英斑岩	必要
	侵入时代	白垩纪	重要
	接触带特征	角岩化、大理岩化、矽卡岩化、硅化	重要
	岩石产状	岩株、岩脉	重要
	岩浆作用范围	<700m	重要
成矿构造	控岩构造	NNW、NE向两组断裂交叉	重要
	接触带构造	岩体侵入灰岩中,形成①灰岩呈半岛状凸向岩体部位为成矿富集区;②往往伴随着断裂构造带,形成赋矿构造	重要
	矿体形态	似层状、透镜状、脉状	次要
成矿特征	矿石矿物组合	黄铜矿、斑铜矿、辉铜矿、铜蓝、孔雀石、辉银矿、自然银、硫锑铜银矿、方铅矿、闪锌矿、磁铁矿	重要
	成矿期次划分	矽卡岩阶段-氧化物阶段-硫化物阶段-表生氧化物阶段	重要
	蚀变及矿物组合	矽卡岩化(透辉石-钙铁榴石、绿帘石、钙铝榴石)、碳酸盐化(大理石、方解石)、硅化、透闪石化、绿泥石化	重要

2）矽卡岩型银矿灵丘东北预测工作区成矿模式

（1）成矿地质背景。

燕山-太行山北段早白垩纪陆缘火山岩浆活动和下古生界寒武系、奥陶系地层构成。碳酸盐岩沉积建造构成了区内有利的成矿地质背景。

（2）区域构造环境。

NNW、NE向两组断裂构造发育，为区域控岩构造。侵入构造带（压扭性）为成矿构造。

（3）成矿机制。

①成矿物质来源：壳幔岩浆源。

②成矿时代为中生代白垩世（130.5Ma左右）。

③成矿物质的生成、富集。

接触交代型银铜矿形成的早期为高温氧化物期，即富钾、钠的含矿溶液交代作用形成的矽卡岩期，主要的金属矿物为磁铁矿。之后是石英硫化物期，成矿流体主要为中低温岩浆热液。由于硫及铜、银、金等成矿元素富集形成金属硫化物或自然金、银矿物，主要在硫化物蚀变带中富集，或向围岩断裂裂隙中运移充填。

④矿体空间位置。

主要在岩体与碳酸盐岩接触带及断裂构造有利部位富集成矿。个别赋存于石英斑岩、接触带附近的围岩或青白口系燧石角砾岩顺层破碎带中。接触带在空间上表现为近地表倾向岩体，呈喇叭口状。中部近直立，下部倾向围岩。

按照成矿作用的时间、空间、环境的分析，我们选择通过矿区，涵盖了成矿侵入岩浆建造、沉积岩建造及主要矿体形态的剖面图作为基本素材，经过修改补充使之理想化，形成矽卡岩型银铜矿区域成矿模式图，见图3-7-6。

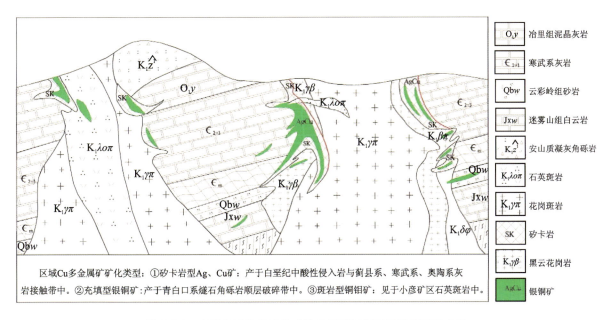

图3-7-6　山西省灵丘县刁泉式矽卡岩型银铜矿区域成矿模式图

3.8 锰矿典型矿床及成矿规律

山西省锰矿涉及的矿产预测类型有 2 类,即热液型银锰矿和沉积型锰铁矿床。

3.8.1 锰矿典型矿床

1. 热液型锰矿典型矿床

热液型锰矿典型矿床有 1 个,为山西省灵丘县小青沟银锰矿。
热液型小青沟银锰矿典型矿床成矿要素、成矿模式参考 3.7.1 节。

2. 沉积型锰矿典型矿床

沉积型锰矿典型矿床有 1 个,为山西省晋城市上村锰铁矿。
1)沉积型上村锰铁矿典型矿床成矿要素

根据对上村矿的成矿地质环境、控矿构造及矿床特征总结列出了典型矿床的各类成矿要素。并划分为必要的、重要的、次要的成矿要素,典型矿床成矿要素见表 3-8-1。

表 3-8-1 山西省晋城县上村式沉积型锰铁矿典型矿床成矿要素一览表

成矿要素		描述内容			成矿要素分类
储量		473.04 万 t	平均品位	锰铁矿石:Mn≥10%,TFe+Mn≥25%。含锰菱铁矿:Mn<10%,TFe≥20%(贫矿)——≥30%(富矿)	
特征描述		湖沼相沉积含锰菱铁矿			
地质环境	地质构造背景	山西断隆区地台盖层形成中期的次稳定发展阶段			重要
	沉积地质时代	晚古生代二叠纪			必要
	沉积地层单位	古生界中下二叠统石盒子组			必要
	岩石组合	含砾砂岩,砂岩,粉砂岩,砂质泥岩。铝土质泥岩,页岩			重要
	岩石结构	泥质结构,砂状结构,粉砂状结构			重要
	沉积建造类型	杂色复陆屑式沉积建造			必要
	韵律旋回结构	冲击-沼泽化湖泊-湖泊相沉积旋回、韵律结构发育			次要
	古构造条件	陆壳上断陷活动带			重要
矿床特征	成矿构造	主要受晚古生界石盒子组第二段湖沼相沉积层控制。形成一缓倾斜的单斜控矿构造			必要
	矿体产状形态	主要为似层状、层状,次为透镜状。走向 NE,延长 3000~3500m,出露宽度约 1800~2000m,矿体厚 0.32~5.17m,平均 1.85m			次要
	矿石矿物组合及结构构造	原生矿石:主要为菱铁矿、锰菱铁矿、少量菱锰;氧化矿石:金属矿物主要为褐铁矿,次要为硬锰矿、软锰矿、黄铁矿。非金属矿物:绿泥石、黏土矿物等。粒状结构、隐晶结构。土状、块状构造为主,少量残留鲕状、豆状构造、块状、鲕状、球状、皮壳状构造			重要

2)沉积型上村锰铁矿典型矿床成矿模式

(1)大地构造背景。

根据山西省前燕山期构造单元(相)划分图,山西省上村式沉积型锰铁矿位于山西碳酸盐台地(Ⅲ级构造单元),汾河-沁水陆表海(Ⅳ级构造单元)。该构造单元总体上处于山西地台盖层形成中期的次稳定发展阶段。

(2)成矿环境。

① 矿质来源:陆相沉积物。

② 沉积环境:含矿层位二叠系石盒子组,自下而上为:还原环境(岩石呈黑色灰色、有机质含量高,底部有机碳含量高)→[弱还原环境:泥质岩石呈灰色、灰绿色、灰黄色湖沼相沉积,富含有机质,有利于成矿(含矿层)]→氧化环境(上部泥岩呈紫红色)。

③ 沉积相:三角洲平原相→网状河相→曲流河相。

(3)成矿机制。

本区位于华北地台西南部沁水成煤盆地东缘。到中二叠纪由海相—海陆相交互沉积发展到陆相河湖沉积环境。矿区岩性特征揭示出古生代中二叠世处于弱还原沉积环境,有较多的有机质成分提供二氧化碳,和沉积物中的铁锰物质结合生成铁锰碳酸盐岩,成矿模式见图3-8-1。

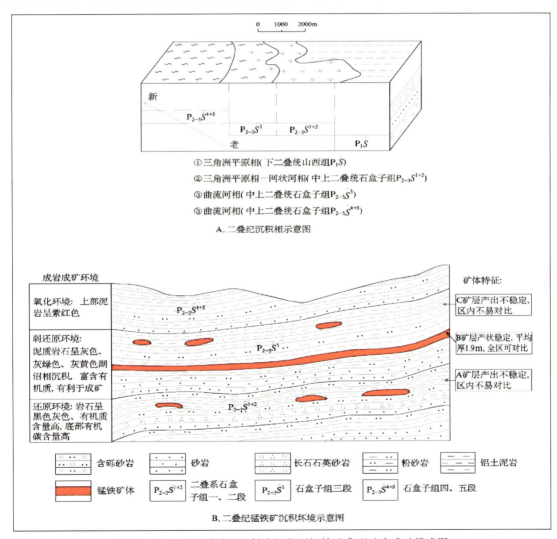

图 3-8-1 山西省晋城县上村式沉积型锰铁矿典型矿床成矿模式图

3.8.2 锰矿预测工作区成矿规律

1. 热液型锰矿预测工作区成矿规律

热液型锰矿划分1个预测工作区——山西省灵丘县小青沟式银锰矿太白维山预测工作区。

热液型银锰矿太白维山预测工作区成矿要素、成矿模式参考3.7.2节。

2. 沉积型锰矿预测工作区成矿规律

沉积型锰矿划分5个预测工作区——山西省上村式沉积型锰铁矿平定预测工作区、山西省上村式沉积型锰铁矿太岳预测工作区、山西省上村式沉积型锰铁矿汾西预测工作区、山西省上村式沉积型锰铁矿长治预测工作区、山西省上村式沉积型锰铁矿晋城预测工作区。

由于各预测区成矿要素，成矿模式基本一致，以下按沉积型锰矿预测工作区加以叙述。

1) 沉积型锰矿预测工作区成矿要素

根据预测区内成矿时代、成矿地质环境、控矿构造及成矿地质特征，总结出预测工作区区域成矿要素，并将它们划分为预测区必要的、重要的、次要的成矿要素。区域成矿要素详见表3-8-2。

表 4-8-2　山西省上村式沉积型锰铁矿预测区成矿要素一览表

成矿要素		描述内容	要素分类
区域成矿地质背景	大地构造位置	山西碳酸盐台地汾河沁水陆表海	重要
	岩石地层单位	古生界二叠系中下统石盒子组	必要
	沉积建造类型	自下而上：复成分砂砾岩建造，长石石英砂岩建造，铝土质岩建造，泥岩建造，砂岩建造	重要
	沉积相	海州平原相—河道沙坝相—曲流河相	重要
区域成矿地质特征	成矿时代	晚古生代中—晚二叠世	必要
	区域成矿类型	沉积型锰铁矿	必要
	成矿构造	主要是受上古生界石盒子组三段沉积层控制，为缓倾斜的单斜层控矿构造	次要
	含矿岩石类型	铝土质泥岩、砂质泥岩、页岩	重要
	岩石矿物组合	氧化矿物：主要为褐铁矿，次要为硬锰矿、软锰矿，少量镜铁矿	重要
		非金属矿物：绿泥石、黏土矿物	
		原生矿物：主要为菱铁矿、锰菱铁矿，少量菱锰矿、褐铁矿	

2) 沉积型锰矿预测工作区成矿模式

通过对现有地质资料如典型矿床上村锰铁矿地质勘查报告、相关矿点矿化点调查资料、预测区沉积岩建造构造图及区内物探、化探、遥感资料的综合研究，以便分析成矿时代、地质背景、成矿作用及区域成矿特征，从而确定沉积型锰铁矿的区域成矿模式。

(1) 成矿地质背景：山西碳酸盐台地（Ⅲ级构造单元）汾河-沁水陆表海（Ⅳ级构造单元）。

(2) 沉积环境：早二叠世，山西的古地理景观是由滨海冲积平原环境演变而成，冲积平原河流十分发育，河漫湖泊、沼泽星罗棋布，气候温暖湿润植物繁茂，使得黑色页岩、碳质页岩在二叠系底部普遍形成，显示还原环境的沉积特征。中二叠世沼泽已不普遍，沉积岩性由杏黄、绛紫、蓝灰色调的泥岩取代了灰绿色、灰色、黑色泥岩薄煤,显示弱还原环境的色调特征。在此环境下有机质分解产生的二氧化碳和沉积物中的铁锰质结合,有形成菱铁矿等碳酸盐矿物的条件。上村式含锰菱铁矿就是在中二叠世晚期弱还原环境下形成的含锰菱铁矿。

(3)成矿物质来源:沁水坳陷盆地锰铁沉积物来源北部内蒙古陆。

(4)矿体特征:从下至上依次为A、B、C层,其中C、A二层厚度较薄,矿体多呈扁豆状,变化很大,极不稳定。B层产于石盒子组的中部矿体厚度0.32~5.71m,平均厚度1.85m,矿体呈似层状,且沉积稳定,全区比对性较强。含矿层位产状平缓,为缓倾斜的单斜层。

按以上成矿作用的时间、空间、环境、矿床形态分析,我们选择通过矿区,涵盖了成矿沉积建造的理想剖面作为基本素材,经过修改补充使之理想化,形成上村式沉积型锰铁矿区域成矿模式图,见图3-8-2。

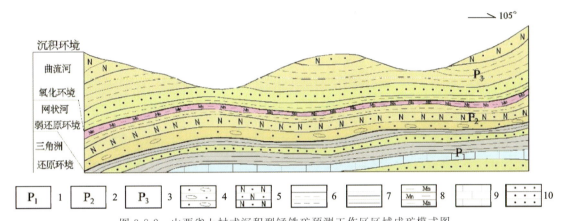

图 3-8-2 山西省上村式沉积型锰铁矿预测工作区区域成矿模式图

1.下二叠统;2.中二叠统;3.上二叠统;4.砂砾岩;5.长石石英砂岩;6.泥岩;7.泥页岩、碳质页岩;8.锰铁质岩;9.灰岩;10.砂岩

3.9 铅锌矿典型矿床及成矿规律

山西省独立铅(锌)矿涉及的矿产预测类型只有1种,为热液型;共、伴生铅锌矿包括2种,陆相火山岩型和接触交代型。

3.9.1 铅锌矿典型矿床

1. 热液型铅锌矿典型矿床

热液型铅锌矿典型矿床有1个,为交城县西榆皮铅矿。

热液型西榆皮铅矿典型矿床成矿要素:

根据对西榆皮铅矿的成矿地质环境、控矿构造系列及矿床特征总结列出了典型矿床的各类成矿要素。并划分其中新太古代花岗闪长质片麻岩建造,古元古代花岗伟晶岩、交代蚀变带、控矿断裂构造构成了典型矿床西榆皮铅矿必要的成矿要素,其他的划分为重要的、次要的成矿要素,见表3-9-1。

表 3-9-1　西榆皮铅矿典型矿床成矿要素一览表

成矿要素		描述内容		成矿要素分类
储量		Pb:27 905.05t 伴生:Zn 3 090.28t Cu 741.44.t	平均品位:Pb 2.65% Zn 0.29% Cu 0.07%	
特征描述		受花岗伟晶岩及断裂构造带控制的热液交代充填型铅矿床		
地质环境	地层	新太古界界河口群园子坪组、阳坪上组		重要
	岩石组合	斜长角闪岩,黑云母变粒岩、黑云石英片岩、大理岩		重要
	原岩类型及变质相带划分	原岩类型:主要为黏土质沉积岩、少量火山岩组分。变质相:铁铝角闪岩相		次要
	岩浆岩	新太古代变质侵入岩:黑云角闪斜长片麻岩、黑云二长片麻岩、花岗片麻岩 花岗伟晶岩,吕梁期岩株状宽脉状花岗岩		必要
	岩石结构构造	片麻岩:粒状、片状变晶结构,片麻状、眼球状构造。花岗伟晶岩:交代结构、块状构造、条带状构造、条痕状构造		次要
	构造背景	华北陆块中部关帝山古元古代后造山岩浆带		重要
成矿构造		花岗伟晶岩边部张扭性断裂构造带		必要
矿体特征	矿石矿物组合	金属矿物:方铅矿、磁黄铁矿、闪锌矿、磁铁矿、黄铁矿、黄铜矿。非金属矿:主要矿物有透辉石、石英、微斜长石;次要矿物有石榴子石、正长石、钠长石、角闪石、绿泥石、方解石、石墨;稀少矿物有阳起石、透闪石、绿柱石		重要
	矿石结构构造	自形—他形粒状结构,固溶体分离结构,熔蚀变化结构。脉状充填物构造,星点浸染状构造,团块状构造		重要
	围岩蚀变	石榴子石化、透辉石化、硅化、黄铁矿化、磁黄铁矿化和碳酸盐化		重要
	成矿时代	古元古代(Pb-Pb同位素年龄2085Ma)		必要

2. 热液型西榆皮铅矿典型矿床成矿模式

(1)成矿地质背景:西榆皮铅矿位于吕梁古元古代陆源岩浆弧的关帝山古元古代后造山岩浆带,在太古代晚期,地幔上涌,形成含矿的TTG岩浆上侵,由此形成的岛弧盆地接受碎屑岩、碳酸盐岩沉积。

(2)成矿条件

①矿质来源:TTG岩经过深层次的变形变质作用形成的片麻岩建造、元古代花岗伟晶岩,共同构成矿质的主要来源。

②物理化学条件:$\delta^{34}S=9.4‰\sim32.4‰$,其中主要为10‰~20‰。成矿流体盐度:34.93%(NaCl)。成矿温度:分为高中温(289℃)和中温(186℃)两个阶段。

(3)成矿机制:

片麻岩穹隆构造派生的张扭性滑脱断裂带构成了控矿和容矿构造,近核部产生的花岗质岩上侵促进了矿质的热环流充填交代作用。

按以上成矿模式的分析与总结,选择通过矿区,涵盖了成矿变质建造、岩浆建造及主要矿体,编制成理想剖面图并进行矢量化,建立了该区典型矿床的成矿模式,见图3-9-1。

3. 陆相火山岩型铅锌矿典型矿床(共伴生)

陆相火山岩型铅锌矿典型矿床有1个,为灵丘县支家地银铅锌矿。

陆相火山岩型支家地银铅锌矿典型矿床成矿要素及成矿模式同陆相火山岩型支家地银铅锌矿典型矿床。

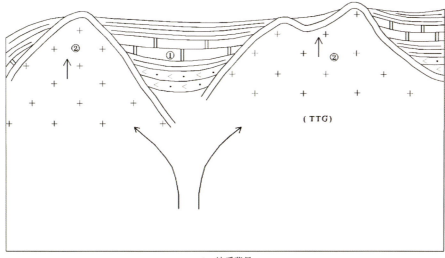

A. 地质背景

①碎屑岩、碳酸盐岩沉积物；②英云闪长石-奥长花岗岩建造

太古宙中期地幔上涌,形成含矿的TTG岩系上侵,岛弧盆地接受碎屑岩、碳酸盐岩沉积

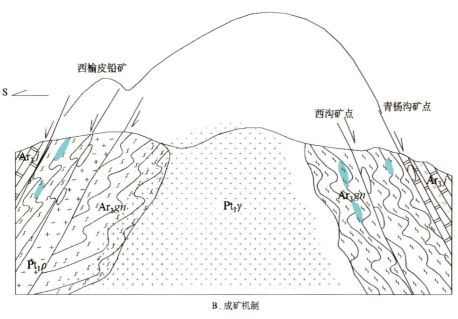

B. 成矿机制

| +++ 花岗岩 | +·+ 花岗伟晶岩 | ～ 片麻岩 |
| 斜长角闪岩 | 大理岩 | 矿体(化) | 张扭性断层 |

1. 成矿构造背景：太古宙TTG岩系经变形变质作用形成穹状片麻岩构造,派生的张扭性滑脱断层,脆韧性断层,脆韧性剪切带构成区域控矿构造。
2. 矿质来源：古元古代花岗伟晶岩及花岗质岩类。
3. 成矿机制：张扭性断层带提供了浅成大气水和深层岩浆流体交汇的有利部位,且处于矿质沉淀的氧化还原界面上,为成矿元素的活化、萃取、迁移、富集提供了良好的条件。

图 3-9-1 西榆皮铅矿典型矿床成矿模式图

4. 接触交代型铅锌矿典型矿床(共伴生)

接触交代型铅锌矿典型矿床有1个,为灵丘县刁泉铜矿

接触交代型铅锌矿刁泉铜矿典型矿床成矿要素及成矿模式同矽卡岩型刁泉银铜矿典型矿床。

3.9.2 铅锌矿预测工作区成矿规律

1. 热液型铅锌矿预测工作区成矿规律

热液型铅锌矿划分 1 个预测工作区——山西省热液型铅矿关帝山预测工作区。

1) 热液型铅矿关帝山预测工作区成矿要素

根据区域成矿时代、成矿地质环境、控矿构造及成矿地质特征,总结出山西省西榆皮式热液型铅矿关帝山预测工作区区域成矿要素,并将它们划分为预测区必要的、重要的、次要的成矿要素。古元古代后造山岩浆带是必要的成矿环境;新太古代片麻岩建造、界河口群大理岩-片岩建造、斜长角闪岩建造、片麻岩穹隆与上覆地层间断裂带及片麻岩中脆韧性断层、硅化、黄铁矿化、透辉石化等矿化蚀变和成矿地质体划分为预测区必要的成矿要素,其他的划分为重要、次要成矿要素,详见表 3-9-2。

表 3-9-2 西榆皮热液型铅矿关帝山预测区区域成矿要素一览表

成矿要素			描述内容	要素分类
成矿时代			古元古代	必要
大地构造位置			华北陆块中部关帝山古元古代后造山岩浆带	必要
区域成矿地质环境	变质建造作用	岩石地层单位	界河口群园子坪组、阳坪上组	必要
		地层时代	新太古代	重要
		主要岩性	斜长角闪岩,黑云变粒岩,大理岩,二云片岩,石英岩	必要
		建造类型	斜长角闪岩-黑云变粒岩变质建造,大理岩-片岩变质建造	重要
		变质相	铁铝角闪岩相	重要
	变质侵入建造	原岩类型	奥长花岗岩-英云闪长岩-花岗岩系列	次要
		主要岩性	黑云角闪斜长片麻岩,角闪黑云斜长片麻岩,花岗片麻岩	必要
		建造类型	英云闪长质片麻岩建造,花岗闪长质片麻岩建造,二长片麻岩建造	重要
		侵入时代	中太古代	次要
	变形变质作用	作用时代	新太古代—古元古代	必要
	变质伟晶岩建造	岩石名称	花岗伟晶岩	必要
		岩石系列	钙碱性系列	重要
		形成时代	古元古代	必要
		接触带特征	与围岩形成正扭性断裂接触带,形成交代充填型矿化	必要
区域控矿构造			片麻岩穹状构造,上部脆韧性剪切构造带;花岗伟晶岩侵入片麻岩中,在两侧接触带形成张扭性容矿断裂构造	必要
成矿区域地质特征	区域成矿类型		花岗(伟晶岩)岩株、岩墙、上覆片麻岩、黑云角闪斜长片麻岩及片麻岩脆韧剪切带中形成蚀变型多金属矿床。界河口群大理岩、黑云片岩接触带形成热液交代充填矿床	必要
	成矿围岩蚀变		硅化、黄铁矿化、矽卡岩化(透辉石、石榴子石化)、碳酸盐化、绿泥石化	重要
	成矿特征		常为多金属矿化特征,成矿元素有铅、锌、铜、银、金	重要

2）热液型铅矿关帝山预测工作区成矿模式

此次工作通过对西榆皮铅矿典型矿床的研究,总结区内成矿地质作用、成矿地质背景、矿田构造、成矿特征控制因素,研究成矿规律,为区内西榆皮热液型铅矿的资源评价预测奠定了基础。

从矿床(点)分布看,在整个关帝山预测区,经勘查工作证实的铅矿床仅有西榆皮铅矿1处,但发现的类似矿点、矿化点有28处,它们的共同特点是:①矿化类型不是单一的,多为Cu、Pb、Zn、Ag等多金属矿化。②其产出岩层多数受新太古代变质侵入岩(片麻岩)建造控制。③断裂构造控矿作用明显。

从成矿建造和构造条件分析,产于晚太古代结晶基底中的铅多金属矿受片麻岩穹隆构造派生的一系列断裂构造控制。区内大致可以分为两种断裂构造控矿形式:①较深层的韧性剪切带构造控矿,代表性矿点为娄烦西沟矿点,矿化类型为Au、Cu、Mo、Pb区域成矿要素图中西沟插图(图3-9-2)。②受太古宙片麻岩与上覆地层接触断裂构造带(滑脱断层)控制的铅多金属矿矿床,代表矿点有青杨沟、楼尔上等。

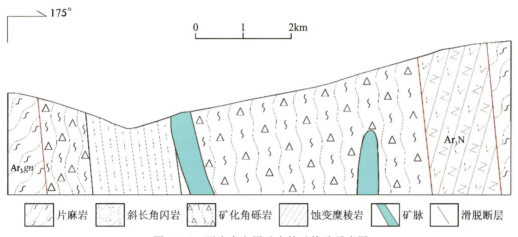

图3-9-2 西沟多金属矿点控矿构造示意图

在建立预测工作区区域成矿模式时,考虑到由于典型矿床相对的独立性及预测区矿点资料反映成矿要素的局限性,在本区建立区域成矿模式,重点放在区域地质构造背景、控矿构造演化、矿床围岩、成矿作用和成矿过程分析,重视现有矿点资料,使编制的预测成矿模式图能简要表达成矿地质作用过程和矿床分布特征。

2. 陆相火山岩型铅锌矿(共伴生)预测工作区成矿规律

陆相火山岩型铅锌矿(共伴生)划分1个预测工作区,该预测工作区和山西省支家地式火山岩型银矿太白维山预测工作区相同,其成矿要素及成矿模型也相同。

3. 接触交代型铅锌矿(共伴生)预测工作区成矿规律

接触交代型铅锌矿划分1个预测工作区,该预测工作区和山西省刁泉式接触交代型铜矿灵丘刁泉预测工作区相同,其成矿要素及成矿模型也相同。

3.10 硫铁矿典型矿床及成矿规律

山西省涉及的矿产预测类型共包括3类,分别是云盘式沉积变质型、阳泉式沉积型、晋城式沉积型。

3.10.1 硫铁矿典型矿床

1. 云盘式沉积变质型硫铁矿典型矿床

云盘式沉积变质型硫铁矿1个,即五台县金岗库硫铁矿。

1)金岗库硫铁矿典型矿床成矿要素

通过分析研究,确定含矿地层、岩石组合、成矿时代、成矿环境、构造背景为必要要素,岩性组合、矿石矿物组合、蚀变、控矿条件为重要要素,岩石结构、矿石结构、矿石构造为次要要素,具体见表3-10-1。

表3-10-1 五台县金岗库硫铁矿典型矿床成矿要素表

成矿要素		描述内容		成矿要素分类
储量		3 598.0千t	平均品位　　19.07%	
特征描述		云盘式沉积变质型硫铁矿		
地质环境	地层	上太古界五台群石咀亚群金岗库组		必要
	岩石组合	云母片麻岩、粗粒角闪岩、磁铁石英岩,滑石片岩等		必要
	岩石结构	片麻结构、中粗粒变晶结构		次要
	成矿时代	硫铁矿形成于太古宙并经后期区域变质作用		必要
	成矿环境	太古代有基性海底火山活动,后期的热液带来Fe、S等物质,在还原的环境下生成硫铁矿		必要
	构造背景	五台山新太古代岛弧(岛弧带)		必要
矿床特征	岩性组合	云母片麻岩、粗粒角闪岩、磁铁石英岩为主,次为角闪片岩、花岗片麻岩、滑石片岩		重要
	矿物组合	黄铁矿含量10%～20%,还有磁黄铁矿,磁铁矿,石英等		重要
	结构	半自形—他形粒状变晶结构、花岗变晶结构		次要
	构造	块状构造、条带状构造		次要
	蚀变	绿泥石化、硅化、黑云母化、绢云母化、高岭土化		重要
	控矿条件	围岩条件:为一系列太古宙基性海底火山活动的产物,如角闪岩、磁铁石英岩、角闪片岩等,且蚀变现象明显;成矿构造条件:成矿前的一系列断层为成矿热液提供了通道		重要

2)金岗库硫铁矿典型矿床成矿模式

(1)围岩控制因素。

绝大多数矿体分布在前震旦纪变质基性角闪石岩、角闪石片麻岩中,另一部分生成于磁铁石英岩中(它的围岩也同上)。故角闪石岩、角闪石片麻岩、磁铁石英岩的存在是形成黄铁矿的有利条件。由于该矿是沉积变质矿床,绝大多数矿体形态为层状。

(2)构造控制因素。

主要矿层的分布与老地层片理走向方向是一致的。倾斜方向陡缓也随着片理倾角大小而变化,从深部工程可知道,成矿前的断层很发育,可见到黄铁矿沉淀在断层带或附近,或者是出现在含磁铁石英岩遭受严重挤压处,说明成矿前的断层对矿液的流动循环起了决定性作用,是成矿通道。

(3)热液的来源及成矿时代。

黄铁矿层的围岩和本身都具有明显的热液蚀变现象,它的围岩应属地槽相的基性岩浆的喷出和侵入作用形成的,经过后期地壳变动而生成的变质岩。这些岩层在地面上有明显的相变和不规则的原始形状,但变质后的片理产状是共有的(一致的),这些说明了变质作用发生的时间与本区花岗岩化同时产生。据此推断热液的来源与基性火成活动有着密切的成因上的联系,成矿时代在前震旦纪末期,但早于滹沱系。

(4)成矿作用。

①黄铁矿成矿期。

黄铁矿的成矿作用的方式有3种:

a. 以沉淀方式为主要形式生成的块状黄铁矿层和条带状矿层,这是最主要的方式。

b. 以交代围岩和浸染作用而形成的浸染状矿层,这是次要的方式,

c. 顺层贯入热液而形成的含黄铁矿石英岩矿层,这也是次要的方式。

虽然这几种类型的矿石在同一矿层中都可能存在,但其主次关系非常明显。

Fe的来源:来自热液,或来自磁铁石英岩,或来自围岩中的含Fe矿物。

S的来源:来自海底基性火山活动和区域变质中的热液,或来自H_2S气体。

在大量黄铁矿沉淀的后期,硫质的供应缺乏,因此沉淀以磁黄铁矿为主,间夹少量黄铁矿、黄铜矿。

②成矿尾声。

矿石中晚期黄铜矿细脉、碳酸盐脉的形成,代表成矿进入尾声。

③围岩蚀变。

矿区内普遍存在绿泥石化、硅化、黑云母化、绢云母化、高岭土化、碳酸盐化。

五台金岗库硫铁矿成矿模式见图3-10-1。

1. 前五台纪末期发生海底基性岩浆活动

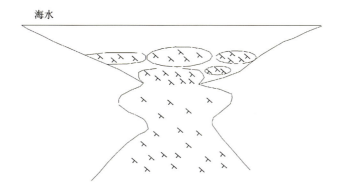

2. 地壳隆起后,经区域变质形成了角闪岩、角闪片麻岩、磁铁石英岩等,稍后在还原环境下(热液中含H_2S气体)又形成了黄铁矿

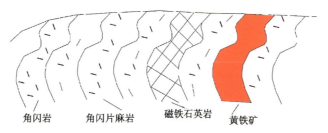

图3-10-1 山西省五台县金岗库硫铁矿典型矿床成矿模式图

2. 阳泉式沉积型硫铁矿典型矿床

阳泉式沉积型硫铁矿 1 个,即平定县锁簧硫铁矿。

1)锁簧硫铁矿典型矿床成矿要素

通过分析研究,确定含矿地层、成矿时代、成矿环境、构造背景为必要要素,岩石组合、岩石结构、矿石矿物组合、控矿条件为重要要素,矿石结构、矿石构造为次要要素,见表 3-10-2。

表 3-10-2 平定锁簧硫铁矿典型矿床 成矿要素表

成矿要素		描述内容			成矿要素分类
储量		12 200.6 千 t	平均品位	$FeS_2:20.27\%$	
特征描述		煤系阳泉式沉积型硫铁矿			
地质环境	地层	上石炭统月门沟群太原组湖田段			必要
	岩石组合	灰岩、铝土质页岩、硫铁矿			必要
	岩石结构	粒状结构、砂状结构、泥状结构等			次要
	成矿时代	晚石炭世初期			必要
	成矿环境	晚石炭世初期受奥陶系凹凸不平的侵蚀面控制,浅海相胶体化学沉积及滨海相盆地沉积形成			必要
	构造背景	汾河-沁水陆表海盆地			必要
矿床特征	矿石矿物组合	硫铁矿大小结晶颗粒构成的团块及土状黏土矿物,次要矿物在局部地方有次生的白色纤维状石膏细脉及黄铁矿风化的褐铁矿或赤铁矿的结核			重要
	结构	自形、半自形、他形粒状结构,少量胶体结构			次要
	构造	块状、结核状构造			次要
	控矿条件	矿体严格受奥陶系灰岩古侵蚀面形态控制			重要

2)锁簧硫铁矿典型矿床成矿模式

中奥陶世末期,受加里东运动的影响,华北上升为陆,至中石炭世前遭受长期风化侵蚀作用,岩石中易溶成分 K、Na 被溶解、搬运而去,不易溶的 SiO_2、Al_2O_3、Fe_2O_3 则残留在原地富集,这给中石炭初期 Si、Al、Fe 沉积提供了良好的条件。

中石炭世海侵开始,形成浅海沉积,古陆之间的盆地及时形成,古陆上风化的溶解度较小的 Si、Al 物质形成胶体溶液,与中石炭世在温湿气候、适宜植物生长的条件下形成的大量腐殖酸生成络合物,被搬运到浅海中,由于浅海中盐类(KCl、NaCl 等)作用,使 pH 值发生改变,破坏了起保护作用的腐殖化合物而沉淀,形成了黏土或铝土矿沉积。

中石炭世初期,在古陆边缘形成不经常与大海连通的滨海盆地,盆地中由于植物腐烂,有大量的 H、S 存在,与铁结合便形成了黄铁矿床,其中黏土颜色较深,不含化石也足以证明是在缺氧的还原环境中形成的,而黄铁矿层的厚度,多受奥陶系凹凸不平的侵蚀面控制。

由于长期的风化作用,黄铁矿形成后部分地方受地下水的影响遭到破坏,风化形成褐铁矿,并在矿层中形成次生石膏脉,由于风化氧化铁的浸染,使黏土岩的下部呈红、褐、黄灰等色。

黄铁矿风化而形成的褐铁矿及赤铁矿,即通称的山西式铁矿,一般存在埋藏较浅或地下水能影响到的地方,山西式铁矿是黄铁矿风化而来。

综上所述,锁簧硫铁矿矿床属浅海相的胶体化学沉积及滨海盆地沉积而形成的矿床,为似层状的沉积型矿床。

根据上述矿床成因分析,编制锁簧硫铁矿成矿模式图,见图 3-10-2。

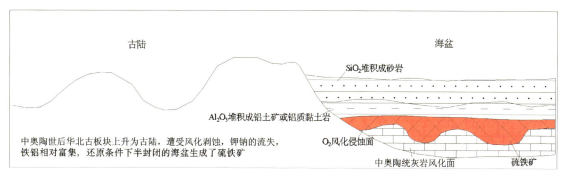

图 3-10-2　山西省平定县锁簧硫铁矿典型矿床成矿模式图

3. 晋城式沉积型硫铁矿典型矿床

晋城式沉积型硫铁矿 1 个,即晋城市周村硫铁矿。

1)周村硫铁矿典型矿床成矿要素

通过分析研究,确定含矿地层、岩石组合、成矿时代、成矿环境、构造背景为必要要素,矿石矿物组合、控矿条件为重要要素,岩石结构、矿石结构、矿石构造为次要要素,见表 3-10-3。

表 3-10-3　晋城市周村硫铁矿典型矿床成矿要素表

成矿要素		描述内容			成矿要素分类
储量		12 578.7 千 t	平均品位	FeS_2:22.68%	
特征描述		煤系晋城式沉积型硫铁矿			
地质环境	地层	上石炭统月门沟群太原组中下部			必要
	岩石组合	厚层状灰岩、页岩、砂质页岩、砂岩、臭煤层、硫铁矿			必要
	岩石结构	粒状结构、砂状结构、泥状结构、碎屑结构等			次要
	成矿时代	晚石炭纪			必要
	成矿环境	海陆交互相沉积环境			必要
	构造背景	汾河-沁水陆表海盆地			必要
矿床特征	矿石矿物组合	硫铁矿多呈星散状或小晶体镶嵌于灰色铝土质页岩、黑色页岩或砂岩中,有时为黄铁矿结核			重要
	结构	自形、半自形、他形粒状结构,少量胶体结构			次要
	构造	块状、结核状构造			次要
	控矿条件	矿体严格受石炭系煤系地层控制			重要
备注		伴生矿产:煤 1 893.02 万 t,菱铁矿 468.60 万 t			

2)周村硫铁矿典型矿床成矿模式

与阳泉式沉积型硫铁矿相同,仅形成时间稍晚。

根据以上矿床成因分析,编制周村硫铁矿成矿模式图,见图 3-10-3。

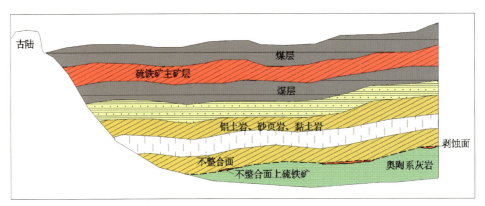

图 3-10-3　山西省晋城市周村硫铁矿典型矿床成矿模式图

3.10.2　硫铁矿预测工作区成矿规律

1. 云盘式沉积变质型硫铁矿预测工作区成矿规律

盘式沉积变质型硫铁矿划分 1 个预测工作区——山西省云盘式沉积变质型硫铁矿五台山预测工作区。

1）云盘式沉积变质型硫铁矿五台山预测工作区成矿要素

通过分析研究，确定含矿地层、岩石组合、成矿时代、成矿环境、构造背景为必要要素，矿石矿物组合、岩性组合、围岩蚀变、控矿条件为重要要素，岩石结构、矿石结构、矿石构造为次要要素，见表 3-10-4。

表 3-10-4　云盘式沉积变质型硫铁矿五台山预测工作区成矿要素表

成矿要素		描述内容	成矿要素分类
特征描述		云盘式沉积变质型硫铁矿床	
地质环境	含矿地层	新太古界石嘴亚岩群金岗库组	必要
	岩石组合	含榴角闪片岩、斜长角闪岩、含榴角闪变粒岩、含榴黑云变粒岩夹条带状磁铁石英岩、滑石片岩等	必要
	岩石结构、构造	中粗粒变晶结构，片麻状构造	次要
	成矿时代	硫铁矿形成于太古宙并经后期区域变质作用	必要
	成矿环境	太古宙有基性火山活动，后期的热液带来 Fe、S 等物质，在还原的环境下生成硫铁矿	必要
	构造背景	五台山新太古代岛弧（岛弧带）	必要
矿床特征	岩性组合	含榴角闪片岩、斜长角闪岩、含榴角闪变粒岩、含榴黑云变粒岩夹条带状磁铁石英岩、滑石片岩等	重要
	矿物组合	黄铁矿含量 10%～20%，还有磁黄铁矿，磁铁矿，石英等	重要
	结构	半自形—他形粒状变晶结构、花岗变晶结构	次要
	构造	块状构造、条带状构造	次要
	蚀变	绿泥石化、硅化、黑云母化、绢云母化、高岭土化	重要
	控矿条件	围岩条件：为一系列太古宙基性火山活动的产物，如角闪岩、磁铁石英岩，角闪片岩等，且蚀变现象明显。成矿构造条件：成矿前的一系列断层为成矿热液提供了通道	重要

2）云盘式沉积变质型硫铁矿五台山预测工作区成矿模式

（1）成矿的前奏。

前震旦纪末期发生过一次广泛的基性火成活动（地槽）和一定的喷发作用，由于火成活动和喷发的气体、流体的分异与围岩的交代作用，在矿层两侧形成了高温的矽卡岩，导致了磁铁矿的浸染、石榴子石的聚集,拉开了成矿的序幕。

(2)黄铁矿成矿期。

黄铁矿的成矿作用的方式有3种:

①以沉淀方式为主要形式生成的块状黄铁矿层和条带状矿层。

②以交代围岩和浸染作用而形成的浸染状矿层。

③顺层贯入作用而形成的含黄铁矿石英岩矿层,虽然这几种类型矿石在同一矿层中都可能存在,但其主次关系非常明显。从矿层所在位置的地质情况分析:这些变化与热液的温度和当时的地质环境有绝对的关系。浸染状矿层和含黄铁矿石英岩出露地段,围岩蚀变以硅化和黑云母化为主,并伴随着一定量的磁铁矿生成,这代表着热液活动的较高温阶段,也只有在这种情况下热液才能与围岩发生作用,使黄铁矿沉淀下来。块状黄铁矿和条带状矿层,形成借助于围岩构造裂隙或前期黄铁矿沉淀后的重复侵入,显然,这时期的热液活动性比较弱。

Fe 的来源:来自热液、磁铁石英岩,或来自围岩中的含 Fe 矿物。

S 的来源:来自热液,或来自 H_2S 气体。

在大量黄铁矿沉淀的后期,硫质的供应缺乏,因此沉淀以磁黄铁矿为主,间夹少量黄铁矿、黄铜矿。

(3)成矿尾声。

矿石中晚期黄铜矿细脉和含闪锌矿、黄铜矿的碳酸盐脉以及含方铅矿和闪锌矿石英脉的形成,已经是成矿的尾声了。

根据上述矿床成因和过程分析,山西省云盘式沉积变质型硫铁矿五台山预测工作区成矿模式见图 3-10-1,和金岗库典型矿床成矿模式图一致。

2. 阳泉式沉积型硫铁矿预测工作区成矿规律

阳泉式沉积型硫铁矿划分5个预测工作区——山西省阳泉式沉积型硫铁矿阳泉预测工作区、山西省阳泉式沉积型硫铁矿汾西预测工作区、山西省阳泉式沉积型硫铁矿乡宁预测工作区、山西省阳泉式沉积型硫铁矿平陆预测工作区、山西省阳泉式沉积型硫铁矿保德预测工作区。

由于阳泉式硫铁矿各预测区成矿要素、成矿模式基本一致,以下仅以阳泉预测工作区为例加以叙述。

1)阳泉式沉积型硫铁矿预测工作区成矿要素

通过分析研究,确定含矿地层、岩石组合、成矿时代、成矿环境、构造背景为必要要素,矿石矿物组合、控矿条件为重要要素,岩石结构、矿石结构、矿石构造为次要要素,见表 3-10-5。

表 3-10-5 阳泉式沉积型硫铁矿阳泉预测工作区成矿要素表

成矿要素		描述内容	成矿要素分类
特征描述		阳泉式沉积型硫铁矿床	
地质环境	地层	上石炭统月门沟群太原组湖田段	必要
	岩石组合	灰岩、铝土质页岩、硫铁矿	必要
	岩石结构	粒状结构,砂状结构、泥状结构等	次要
	成矿时代	晚石炭世初期	必要
	成矿环境	晚石炭纪初期,受奥陶系凹凸不平的侵蚀面控制,浅海相胶体化学沉积及滨海相盆地沉积形成	必要
	构造背景	汾河-沁水陆表海盆地	必要
矿床特征	矿石矿物组合	硫铁矿大小结晶颗粒构成的团块及土状黏土矿物,次要矿物在局部地方有次生的白色纤维状石膏细脉及黄铁矿风化而成的褐铁矿或赤铁矿的结核	重要
	矿石结构	自形、半自形、他形粒状结构,少量胶体结构	次要
	矿石构造	块状、结核状构造	次要
	控矿条件	矿体严格受奥陶系灰岩古侵蚀面形态控制	重要

2)阳泉式沉积型硫铁矿预测工作区成矿模式

中奥陶世末期,受加里东运动的影响,华北上升为陆,至中石炭世前遭受长期风化侵蚀作用,岩石中易溶成分 K、Na 被溶解、搬运而去,不易溶的 SiO_2、Al_2O_3、Fe_2O_3 则残留在原地富集,这给中石炭世初期 Si、Al、Fe 沉积提供了良好的条件。

中石炭世海侵开始,形成浅海沉积,古陆之间的盆地及时形成,古陆上风化的溶解度较小的 Si、Al 物质形成胶体溶液,与中石炭纪在温湿气候、适宜植物生长的条件下形成的大量腐植酸生成络合物,被搬运到浅海中,由于浅海中盐类(KCl、NaCl 等)作用,使 pH 值发生改变,破坏了起保护作用了腐殖化合物而沉淀,形成了黏土或铝土矿沉积。

中石炭世初期,在古陆边缘形成不经常与大海连通的滨海盆地,盆地中由于植物腐烂,有大量的 H、S 存在,与铁结合便形成了黄铁矿矿床,其中黏土颜色较深,不含化石也足以证明是在缺氧的还原环境中形成的,而黄铁矿层的厚度,多受奥陶系凹凸不平的侵蚀面控制。

由于长期的风化作用,黄铁矿形成后部分地方受地下水的影响遭到破坏,风化形成褐铁矿,并在矿层中形成次生石膏脉,由于风化氧化铁的浸染,使黏土岩的下部呈红、褐、黄灰等色。

黄铁矿风化而形成的褐铁矿及赤铁矿,即通称的山西式铁矿,一般存在埋藏较浅或地下水能影响到的地方,山西式铁矿是黄铁矿风化而来。

综上所述,阳泉式沉积型硫铁矿阳泉预测工作区硫铁矿属浅海相的胶体化学沉积及滨海盆地沉积而形成的矿床,为似层状的沉积型矿床。

根据上述矿床成因分析,编制阳泉预测工作区成矿模式图,同平定县锁簧硫铁矿区成矿模式图(图 3-10-2)。

3. 晋城式沉积型硫铁矿预测工作区成矿规律

晋城式沉积型硫铁矿划分 1 个预测工作区——山西省晋城式沉积型硫铁矿晋城预测工作区。

1)晋城式沉积型硫铁矿晋城预测工作区成矿要素

通过分析研究,确定含矿地层、岩石组合、成矿时代、成矿环境为必要要素,矿石矿物组合、控矿条件、构造背景为必要要素,岩石结构、矿石结构、矿石构造为次要要素,见表 3-10-6。

表 3-10-6 晋城式沉积型硫铁矿晋城预测工作区成矿要素表

成矿要素		描述内容	成矿要素分类
特征描述		阳泉式沉积型硫铁矿床	
地质环境	地层	上石炭统月门沟群太原组	必要
	岩石组合	厚层状灰岩、页岩、砂质页岩、砂岩、臭煤层、硫铁矿	必要
	岩石结构	粒状结构,砂状结构、泥状结构、碎屑结构等	次要
	成矿时代	晚石炭世	必要
	成矿环境	海陆交互相沉积环境	必要
	构造背景	汾河-沁水陆表海盆地	必要
矿床特征	矿石矿物组合	硫铁矿多呈星散状或小晶体镶嵌于灰色铝土质页岩、黑色页岩或砂岩中,有时为黄铁矿结核	重要
	矿石结构	自形、半自形、他形粒状结构,少量胶体结构	次要
	矿石构造	块状、结核状构造	次要
	控矿条件	矿体严格受石炭系煤系地层控制	重要

2)晋城式沉积型硫铁矿晋城预测工作区成矿模式

山西省晋城式沉积型硫铁矿晋城预测工作区的成矿模式和阳泉预测工作区基本一致,但成矿时间较晚,地壳小幅升降频繁。故晋城式沉积型硫铁矿晋城预测工作区硫铁矿也属浅海相的胶体化学沉积及滨海盆地沉积而形成的矿床,为似层状的沉积型矿床,成矿模式图见图3-10-3,和周村硫铁矿成矿模式一致。

3.11 磷矿典型矿床及成矿规律

山西省磷矿涉及的矿产预测类型共包括2类,它们分别是辛集式沉积型、变质型。

3.11.1 磷矿典型矿床

1. 辛集式沉积型磷矿典型矿床

辛集式沉积型磷矿典型矿床1个,即芮城水峪磷矿;变质型磷矿1个,即灵丘平型关磷矿。

1)芮城水峪磷矿典型矿床成矿要素

通过分析研究,确定含矿地层、岩石组合、成矿时代、成矿环境、构造背景为必要要素,矿石矿物组合、控矿条件为重要要素,岩石结构、矿石结构、矿石构造为次要要素,见表3-11-1。

表 3-11-1 水峪磷矿典型矿床成矿要素表

成矿要素		描述内容			成矿要素分类
储量		3 975.53万 t	平均品位	$P_2O_5:6.90\%$	
特征描述		沉积型磷矿床			
地质环境	地层	下寒武统辛集组			必要
	岩石组合	下段为含磷岩石组合,中段为含钙砂岩与泥岩互层,上段为含燧石结核(条带)白云质灰岩			必要
	岩石结构、构造	砂状结构,砂质结构,块状构造、条带状构造			次要
	成矿时代	早寒武世			必要
	成矿环境	地台型半封闭干燥的近岸滨海相—浅海相沉积磷块岩矿床,弱碱性、盐度较高,古气候由寒冷干燥转化为炎热干燥			必要
	构造背景	三门峡碳酸盐岩台地			必要
矿床特征	矿石矿物组合	胶磷矿 4%~30%、方解石、白云石 5%~65%、石英 20%~80%			重要
	结构	砂状、砂质结构			次要
	构造	块状、条带状构造			次要
	控矿条件	矿体形态严格受古侵蚀面形态控制,黏土-硅质岩相			重要

2)芮城水峪磷矿典型矿床成矿模式

(1)本区磷块岩层位位于上震旦统古侵蚀面上,下寒武统辛集组底部的海侵序列中,即磷块岩形成于早寒武世海侵旋回的早期阶段,层位稳定,矿体形态严格受古侵蚀面形态的控制,上震旦统侵蚀面较低凹的地方,磷块岩的沉积较厚,反之则薄至尖灭,致使矿体常呈不连续的透镜体。

矿体与下伏罗圈组在空间分布上有一定的关系,但两者厚度无联系,绝大部分罗圈组分布地段均有磷块岩的沉积,沉积在冰蚀"U"形谷中,地表矿体纵横向变化较大而深部相对稳定。

(2)从罗圈组冰水泥砾岩沉积到磷块岩,含石盐假晶、薄层石膏的"钙质红层"、白云质沉积以及矿层含赤铁矿,大量的白云石反映了当时的气候从寒冷干燥而转化为炎热干燥,磷块岩可能就是在这个由寒冷干燥而转化为炎热干燥的气候条件下形成的。

(3)寒武纪初期,本区处于滨海—浅海地带,北侧中条古陆为剥蚀区,蓟县运动后经长期风化剥蚀作用,该区已近夷平,但靠近古陆的南侧尚有一片低凹盆地,这些盆地成为古风化壳的残积物,陆源物及磷酸盐的沉积地,自水峪矿区从西至东计有永济水幽、运城岳窑头、平陆靖家山等磷矿区构成了一个处于中条古陆南东边缘地带的磷矿带,与安徽风台、河南鲁山辛集等地磷块岩矿虽然相隔很远,但属于同一层位,显而易见,古地理对沉积磷块岩矿形成起着控制作用。

含磷岩系本身所具备的碎屑物粗细交替的特点说明了当时沉积环境的不稳定性,砾状磷块岩、砾状结核状磷块岩、假鲕状磷块岩、砂质磷块岩的特征,清楚地表明了磷矿具有显著的多期性,反复冲刷多次沉积成岩,在不稳定性中有相对的稳定性。

从磷块岩中存在着大量的白云石及少量的石膏表明了当时磷质沉积pH值与镁近似,有一定钙质,可能是在弱碱性、盐度较高的介质条件下生成。

综上所述,水峪磷矿岩矿床属地台型半封闭干燥的近岸滨海相—浅海相沉积矿床。

根据上述矿床成因分析,编制水峪磷矿成矿模式图,见图3-11-1。

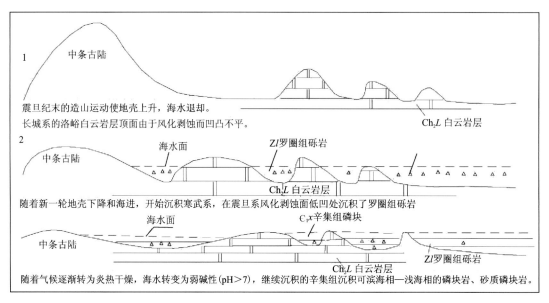

图3-11-1　山西省水峪磷矿典型矿床成矿模式图

2.变质型磷矿典型矿床

变质型磷矿典型矿床1个,即灵丘平型关磷矿。

1)变质型灵丘平型关磷矿典型矿床成矿要素

通过分析研究,确定含矿岩体、岩石组合、成矿时代、成矿环境为必要要素,矿石矿物组合、控矿条件、构造背景为重要要素,侵入围岩、岩石结构、矿石结构、矿石构造为次要要素,见表3-11-2。

表 3-11-2　平型关磷矿典型矿床成矿要素表

成矿要素		描述内容			成矿要素分类
储量		34 485.69 万 t	平均品位	P_2O_5：2.86%	
特征描述		变质型磷矿床			
地质环境	含矿岩体	变质基性—超基性岩浆岩			必要
	岩石组合	含磷辉石(角闪)正长黑云片岩、混染含磷辉石(角闪)正长黑云片岩			必要
	岩石结构	同化混染结构			次要
	成矿时代	吕梁期			必要
	侵入围岩	五台群铺上组文溪段黑云斜长片麻岩			次要
	成矿环境	基性岩浆开始结晶时,最早结晶的矿物是辉石和少量的长石,随着矿物结晶的不断进行,岩浆的性质开始起变化,在早结晶的矿物之间开始出现含氟的挥发性溶液质点,分布比较均匀,此时具备了磷灰石矿物生成的条件			必要
	构造背景	五台新太古代岛弧(岛弧带)			重要
矿床特征	矿石矿物组合	辉石 20%～40%、黑云母 30%～50%、正长石 5%～20%、磷灰石 1.4%～10.2%			重要
	结构	花岗鳞片变晶结构或鳞片花岗变晶结构			次要
	构造	片状构造、片麻状构造			次要
	控矿条件	矿体形态严格受变质基性侵入岩体控制			重要

2)变质型灵丘平型关磷矿典型矿床成矿模式

元古代吕梁期,基性—超基性岩脉侵入五台群铺上组文溪段地层中,当基性岩浆开始结晶时,最早结晶的是辉石和少量的长石,随着结晶不断进行,岩浆性质开始起变化,在早结晶的矿物之间开始出现含氟的挥发性溶液质点,分布比较均匀,磷灰石矿物此时已具备了生成条件,由于挥发性溶液有限,易于结晶的磷灰石结晶不好,晶体较小,较早结晶的磷灰石,被后来继续结晶的辉石和长石所包裹,岩浆结晶结束形成基性—超基性侵入岩体,经历了漫长的区域变质、多期岩浆的双重作用,变质较深,岩性变为含磷辉石(角闪)正长黑云片岩,从以上特征分析,磷灰石形成于岩浆结晶阶段,变质作用使原岩岩性变复杂,所以该矿床的成因类型为变质型矿床。

根据以上矿床成因分析,编制平型关磷矿成矿模式图,见图 3-11-2。

3.11.2 磷矿预测工作区成矿规律

1. 辛集式沉积型磷矿预测工作区成矿规律

辛集式沉积型磷矿划分 1 个预测工作区——辛集式沉积型磷矿芮城预测工作区。

1)辛集式沉积型磷矿芮城预测工作区成矿要素

通过分析研究,确定含矿地层、岩石组合、成矿时代、成矿环境、构造背景为必要要素,矿石矿物组合、控矿条件为重要要素,岩石结构、矿石结构、矿石构造为次要要素,见表 3-11-3。

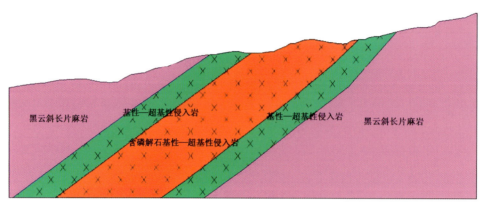
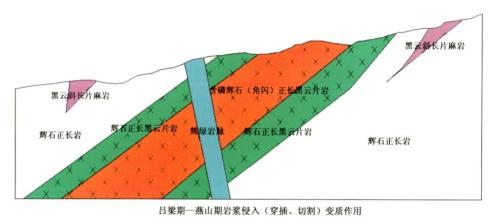

图 3-11-2 山西省平型关磷矿典型矿床成矿模式图

表 3-11-3 辛集式沉积型磷矿芮城预测工作区成矿要素表

成矿要素		描述内容	成矿要素分类
特征描述		沉积型磷矿床	
地质环境	地层	下寒武统辛集组、朱砂洞组	必要
	岩石组合	下段为含磷岩石组合,中段为含钙砂岩与泥岩互层,上段为含燧石结核(条带)白云质灰岩	必要
	岩石结构、构造	砂状结构、砂质结构,块状构造、条带状构造	次要
	成矿时代	早寒武世	必要
	成矿环境	地台型半封闭干燥的近岸滨海相—浅海相沉积磷块岩矿床,弱碱性、盐度较高,古气候由寒冷干燥转化为炎热干燥	必要
	构造背景	三门峡碳酸盐岩台地	必要
矿床特征	矿石矿物组合	胶磷矿 4%～30%、方解石、白云石 5%～65%、石英 20%～80%	重要
	结构	砂状、砂质结构	次要
	构造	块状、条带状构造	次要
	控矿条件	矿体形态严格受古侵蚀面形态控制,黏土-硅质岩相	重要

2)辛集式沉积型磷矿芮城预测工作区成矿模式

(1)本区磷块岩层位位于上震旦统古侵蚀面上,下寒武统辛集组底部的海侵序列中,即磷块岩形成于早寒武世海侵旋回的早期阶段,层位稳定,矿体形态严格受古侵蚀面形态的控制,上震旦统侵蚀面较低凹的地方,磷块岩的沉积较厚,反之则薄至尖灭,致使矿体常呈不连续的透镜体。

(2)从罗圈组冰水泥砾岩沉积到磷块岩,含石盐假晶、薄层石膏的"钙质红层"、白云质沉积以及矿层含赤铁矿,大量的白云石反映了当时的气候从寒冷干燥而转化为炎热干燥,磷块岩可能就是在这个由寒冷干燥而转化为炎热干燥的气候条件下形成的。

(3)寒武纪初期,本区处于滨海—浅海地带,北侧中条古陆为剥蚀区,蓟县运动后经长期风化剥蚀作用,该区已近夷平,但靠近古陆的南侧尚有一片低凹盆地,这些盆地成为古风化壳的残积物、陆源物及磷酸盐的沉积地,自水峪矿区从西至东计有永济水幽、运城岳窑头、平陆靖家山等磷矿区构成了一个处于中条古陆南东边缘地带的磷矿带,与安徽凤台、河南鲁山辛集等地磷块岩矿虽然相隔很远,但属于同一层位,显而易见,古地理对沉积磷块岩矿形成起着控制作用。

含磷岩系本身所具备的碎屑物粗细交替的特点说明了当时沉积环境的不稳定性,砾状磷块岩、砾状结核状磷块岩、假鲕状磷块岩、砂质磷块岩的特征,清楚地表明了磷矿具有显著的多期性,反复冲刷搬运多次沉积成岩,在不稳定性中有相对的稳定性。

从磷块岩中存在着多量的白云石次及少量的石膏表明了当时磷质沉积 pH 值与镁近似,有一定钙质,可能在弱碱性,盐度较高的介质条件下生成的。

综上所述,水峪磷矿岩矿床属地台型半封闭干燥的近岸滨海相—浅海相沉积矿床。

辛集式沉积型磷矿芮城预测工作区区域成矿模式见图 3-11-3。

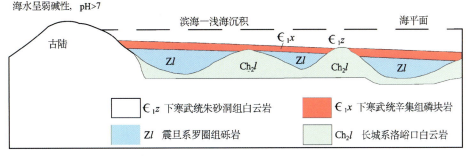

图 3-11-3　山西省辛集式沉积型磷矿芮城预测工作区区域成矿模式图

2. 变质型磷矿预测工作区成矿规律

变质型磷矿划分 2 个预测工作区——变质型磷矿平型关预测工作区、变质型磷矿桐峪预测工作区。

1)变质型磷矿预测工作区成矿要素。

(1)变质型磷矿平型关预测工作区成矿要素。

通过分析研究,确定含矿岩体、岩石组合、成矿时代、成矿环境为必要要素,矿石矿物组合、控矿条件、构造背景为重要要素,侵入围岩、岩石结构、矿石结构、矿石构造为次要要素,见表 3-11-4。

表 3-11-4　变质型磷矿平型关预测工作区成矿要素表

成矿要素		描述内容	成矿要素分类
特征描述		变质型磷矿床	
地质环境	含矿岩体	变质煌斑岩	必要
	岩石组合	含磷辉石(角闪)正长黑云片岩、混染含磷辉石(角闪)正长黑云片岩	必要
	岩石结构	同化混染结构	次要
	成矿时代	吕梁期	必要
	侵入围岩	五台群石咀亚群金岗库组黑云斜长片麻岩	次要
	成矿环境	基性岩浆开始结晶时,最早结晶的矿物是辉石和少量的长石,随着矿物结晶的不断进行,岩浆的性质开始起变化,在早结晶的矿物之间开始出现含氟的挥发性溶液质点,分布比较均匀,此时具备了磷灰石矿物生成的条件	必要
	构造背景	五台新太古代岛弧(岛弧带)	重要
矿床特征	矿石矿物组合	辉石 20%～40%、黑云母 30%～50%、正长石 5%～20%、磷灰石 1.4%～10.2%	重要
	结构	花岗鳞片变晶结构或鳞片花岗变晶结构	次要
	构造	片状构造、片麻状构造	次要
	控矿条件	矿体形态严格受变质基性侵入岩体控制	重要

(2)变质型磷矿桐峪预测工作区成矿要素。

通过分析研究,确定含矿岩体、岩石组合、成矿时代、成矿环境为必要要素,矿石矿物组合、控矿条件、构造背景为重要要素,岩石结构、矿石结构、矿石构造为次要要素,见表 3-11-5。

表 3-11-5　变质型磷矿桐峪预测工作区成矿要素表

成矿要素		描述内容	成矿要素分类
特征描述		变质型磷矿床	
地质环境	含矿岩体	新太古界赞皇群石家栏组	必要
	岩石组合	黑云母斜长片麻岩、斜长角闪岩	必要
	岩石结构	变晶似斑状结构	次要
	成矿时代	五台期	必要
	成矿环境	随着海底基性火山喷发,岩浆的冷却速度较快,仅有极少量的辉石、长石呈细小的结晶形成,而含氟的挥发性溶液也开始形成磷灰石	必要
	构造背景	太行山(南段)新太古代岩浆弧	重要
矿床特征	矿石矿物组合	氟磷灰石、钛铁矿、磁铁矿、角闪石、斜长石、石英、云母	重要
	结构	似斑状结构	次要
	构造	片状构造、片麻状构造、条带状构造	次要
	控矿条件	受有基性海底火山岩变质而成的黑云母斜长片麻岩、斜长角闪岩控制	重要

2)变质型磷矿预测工作区成矿模式

(1)变质型磷矿平型关预测工作区成矿模式。

元古宙吕梁期,基性—超基性岩脉(煌斑岩)侵入五台群石咀亚群金岗库组黑云斜长片麻岩地层,当基性岩浆开始结晶时,最早结晶的是辉石和少量的长石,随着结晶不断进行,岩浆性质开始起变化,在早结晶的矿物之间,开始出现含氟的挥发性溶液质点,分布比较均匀,磷灰石矿物此时已具备了生成条件,由于挥发性溶液有限,易于结晶的磷灰石结晶不好,晶体较小,较早结晶的磷灰石,被后来继续结晶的辉石和长石所包裹,经历了漫长的区域变质,多期岩浆的双重作用,变质较深,岩性复杂,所以从磷灰石的成因,可证实该矿的成因类型为变质型矿床。

变质型磷矿平型关预测工作区区域成矿模式见图3-11-4。

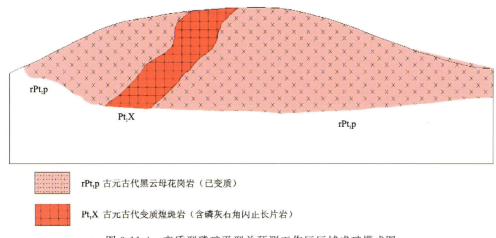

图 3-11-4　变质型磷矿平型关预测工作区区域成矿模式图

（2）变质型磷矿桐峪预测工作区成矿模式。

太古宙五台期,随着海底基性火山喷发,岩浆的冷却速度较快,仅有极少量的辉石、长石呈细小的结晶形成,而含氟的挥发性溶液也开始形成磷灰石,冷却后形成基性火山沉积岩,经区域变质和造山运动作用,基性火山岩在高温高压条件下变质形成以斜长角闪片麻岩为主的变质岩层,并褶皱隆起。

变质型磷矿桐峪预测工作区区域成矿模式见图3-11-5。

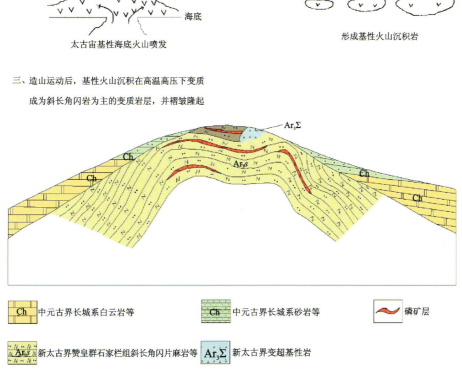

图 3-11-5　变质型磷矿桐峪预测工作区区域成矿模式图

3.12 萤石矿典型矿床及成矿规律

山西省萤石矿涉及的矿产预测类型为1种,为董庄式岩浆热液型。

3.12.1 萤石矿典型矿床

董庄式岩浆热液型萤石矿典型矿床1个,即山西省浑源县董庄萤石矿。

1. 董庄式岩浆热液型浑源县董庄萤石矿典型矿床成矿要素

通过分析研究,确定含矿岩体、岩石组合、成矿时代、成矿环境为必要要素,构造背景、矿石矿物组合、控矿条件为重要要素,矿石结构、矿石构造、岩石结构、侵入围岩为次要要素,见表3-12-1。

表3-12-1 浑源县董庄萤石矿矿典型矿床成矿要素表

成矿要素		描述内容		成矿要素分类
储量		18.12万t	平均品位 CaF$_2$ 53.97%	
特征描述		董庄式岩浆热液型萤石矿		
地质环境	含矿岩体	燕山期石英斑岩或新太古代土岭花岗闪长-奥长花岗质片麻岩(恒山杂岩)硅化破碎带		必要
	岩石组合	石英斑岩、霏细岩、黑云斜长片麻岩、黑云角闪斜长片麻岩		必要
	岩石结构	花岗变晶或鳞片粒状变晶结构		次要
	成矿时代	燕山期造山运动、石英斑岩		必要
	成矿环境	萤石矿围岩主要为石英斑岩及黑云斜长片麻岩或硅化、绿泥石化黑云斜长片麻岩,矿体多富集于酸性岩浆岩及其接触带中,由此确定大断裂或次一级的断裂是成矿的主导因素,大量的石英斑岩或酸性岩浆岩沿断裂带分布,为萤石矿的形成提供了物质来源和气热液的通道,氟主要来源于燕山期石英斑岩及其伴生的高温阶段形成的萤石、磷灰石等富氟副矿物的再溶滤,产于石英斑岩体内接触带的萤石矿的钙质来源于近矿围岩中的斜长石绢云母化析钙蚀变,产于岩体外接触带的萤石矿的钙质来源于对钙质围岩的萃取		必要
	构造背景	恒山古元古代再造杂岩带(高压麻粒岩带)		必要
	矿物组合	萤石、石英		重要
	结构	细晶—粗晶他形粒状结构,少量为自形、半自形粒状结构		次要
	构造	块状、角砾状、网脉状构造		次要
	控矿条件	矿体严格受NW向或NNW向挤压破碎带控制		重要

2. 董庄式岩浆热液型萤石矿浑源县董庄典型矿床成矿模式

萤石矿围岩主要为石英斑岩及黑云斜长片麻岩或硅化、绿泥石化黑云斜长片麻岩,矿体多富集于酸性岩浆岩及其接触带中,由此确定大断裂或次一级的断裂是成矿的主导因素,大量的石英斑岩或酸性岩浆岩沿断裂带分布,为萤石矿的形成提供了物质来源和气热液的通道,氟主要来源于燕山期石英斑岩及其伴生的高温阶段形成的萤石、磷灰石等富氟副矿物的再溶滤,产于石英斑岩体内接触带萤石矿的钙质来源于近矿围岩中的斜长石绢云母化析钙蚀变,产于岩体外接触带萤石矿的钙质来源于对钙质围岩的萃取。成矿模式见图 3-12-1。

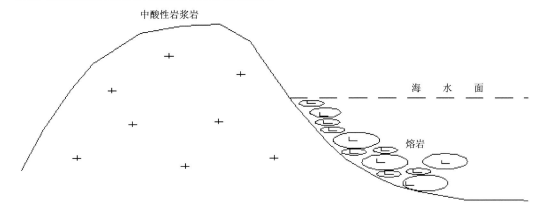
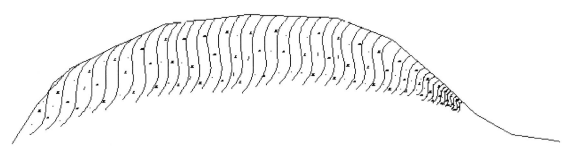
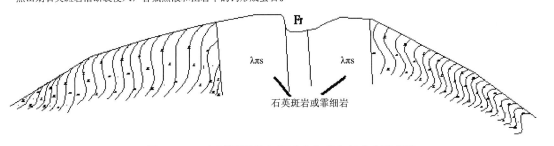

图 3-12-1　山西浑源董庄萤石矿典型矿床成矿模式图

3.12.2　萤石矿预测工作区成矿规律

董庄式岩浆热液型萤石矿划分 2 个预测工作区——山西省董庄式岩浆热液型萤石矿浑源预测工作区、山西省董庄式岩浆热液型萤石矿离石预测工作区。

1. 浑源预测工作区成矿规律

1) 浑源预测工作区成矿要素

通过分析研究,确定含矿岩体、岩石组合、成矿时代、成矿环境为必要要素,矿石矿物组合、构造背景、控矿条件为重要要素,岩石结构、矿石结构、矿石构造为次要要素,见表 3-12-2。

表 3-12-2 董庄式岩浆热液型萤石矿浑源预测工作区成矿要素表

成矿要素		描述内容	成矿要素分类
特征描述		岩浆热液型萤石矿床	
地质环境	含矿岩体	燕山期石英斑岩或新太古代土岭花岗闪长-奥长花岗质片麻岩(恒山杂岩)硅化破碎带	必要
	岩石组合	石英斑岩、霏细岩、黑云斜长片麻岩、黑云角闪斜长片麻岩	必要
	岩石结构	花岗变晶或鳞片粒状变晶结构	次要
	成矿时代	燕山期造山运动、石英斑岩	必要
	侵入围岩	新太古代土岭花岗闪长-奥长花岗质片麻岩(恒山杂岩)	次要
	成矿环境	萤石矿围岩主要为石英斑岩及黑云斜长片麻岩或硅化、绿泥石化黑云斜长片麻岩,矿体多富集于酸性岩浆岩及其接触带中,由此确定大断裂或次一级的断裂是成矿的主导因素,大量的石英斑岩或酸性岩浆岩沿断裂带分布,为萤石矿的形成提供了物质来源和气热液的通道,氟主要来源于燕山期石英斑岩及其伴生的高温阶段形成的萤石、磷灰石等富氟副矿物的再溶滤,产于石英斑岩体内接触带的萤石矿的钙质来源于近矿围岩中的斜长石绢云母化析钙蚀变,产于岩体外接触带的萤石矿的钙质来源于对钙质围岩的萃取	必要
	构造背景	恒山古元古代再造杂岩带(高压麻粒岩带)	重要
矿床特征	矿石矿物组合	萤石、石英	重要
	结构	细晶—粗晶他形粒状结构,少量为自形、半自形粒状结构	次要
	构造	块状、角砾状、网脉状构造	次要
	控矿条件	矿体严格受NW向或NNW向挤压破碎带控制	重要

2)浑源预测工作区成矿模式

浑源预测工作区成矿模式同浑源县董庄萤石矿典型矿床成矿模式。

2. 离石预测工作区成矿规律

1)离石预测工作区成矿要素

通过分析研究,确定含矿岩体、岩石组合、成矿时代、成矿环境为必要要素,矿石矿物组合、控矿条件、构造背景为重要要素,岩石结构、矿石结构、矿石构造为次要要素,见表3-12-3。

表 3-12-3 董庄式岩浆热液型萤石矿离石预测工作区成矿要素表

成矿要素		描述内容	成矿要素分类
特征描述		岩浆热液型萤石矿床	
地质环境	含矿岩体	横岭粗粒黑云母花岗岩	必要
	岩石组合	灰白色中粗粒黑云母花岗岩	必要
	岩石结构	花岗变晶或鳞片粒状变晶结构	次要
	成矿时代	吕梁期酸性岩浆岩	必要
	成矿环境	矿体多富集于酸性岩浆岩,大断裂或次一级的断裂是成矿的主导因素,酸性岩浆岩脉为萤石矿的形成提供了物质来源和气热液的通道	必要
	构造背景	关帝山古元古代后造山岩浆带	重要
矿床特征	矿石矿物组合	萤石、石英	重要
	结构	细晶—粗晶他形粒状结构,少量为自形、半自形粒状结构	次要
	构造	块状、角砾状、网脉状构造	次要
	控矿条件	矿体受破碎带或酸性岩脉控制	重要

2）离石预测工作区成矿模式

山西省董庄式岩浆热液型萤石矿离石预测工作区成矿模式和浑源预测工作区基本一致，从略。

3.13 重晶石矿典型矿床及成矿规律

山西省重晶石矿涉及的矿产预测类型为1种，为大池山式层控内生型。

3.13.1 重晶石矿典型矿床

大池山式层控内生型重晶石矿典型矿床1个，即翼城县三郎山重晶石矿。

1. 大池山式层控内生型翼城县三郎山重晶石矿典型矿床成矿要素

综合研究三郎山矿区所有资料，如成矿时代、地质背景、基底、顶板、岩性组合、古气候、资源量、矿体厚度、控矿地层岩系厚度、矿体规模、矿体倾向延伸等，在全面研究成矿地质作用、控矿因素、矿化特征后，归纳总结主要成矿要素，并将成矿要素划分为必要、重要、次要三类，据此编制典型矿床成矿要素一览表，见表3-13-1。

表3-13-1　山西省翼城县三郎山大池山式重晶石矿区典型矿床成矿要素一览表

成矿要素		描述内容		成矿要素分类
储量		46 737.5t	平均品位20%~60%	
特征描述		层控内生型重晶石矿床		
地质环境	地层	古生界三山子组—寒武系		必要
	岩石组合	鲕状灰岩、白云岩、白云质灰岩、碳酸盐岩		必要
	岩石结构	碎屑结构		次要
	成矿时代	中生代		必要
	成矿环境	受寒武系—奥陶系碳酸盐岩围岩断层裂隙控制		重要
	大地构造位置	大地构造属临汾-运城地垒盆地		重要
矿床特征	矿体形态	脉状、细脉状、网格状		重要
	矿石结构	粒状结构		次要
	矿石构造	块状构造		次要
	矿物组合	重晶石，次为方解石，偶见方铅矿小颗粒		重要
	控矿条件	受寒武系—奥陶系碳酸盐岩围岩断层裂隙控制		必要

2. 大池山式层控内生型翼城县三郎山重晶石矿典型矿床成矿模式

矿区重晶石矿为充填于古生界寒武系—奥陶系富钡碳酸盐岩围岩断层裂隙中的层控内生型重晶石矿床。矿床成矿模式见图3-13-1。

（1）大气降水渗入地下，随深度增加而被加热，直接溶解膏盐成为热卤水，或混合有深地层卤水。

（2）卤水受水化学垂直分带法则的制约，SO_4^{2-}型水多集中于浅层，而氯化物卤水主要富集于底层，

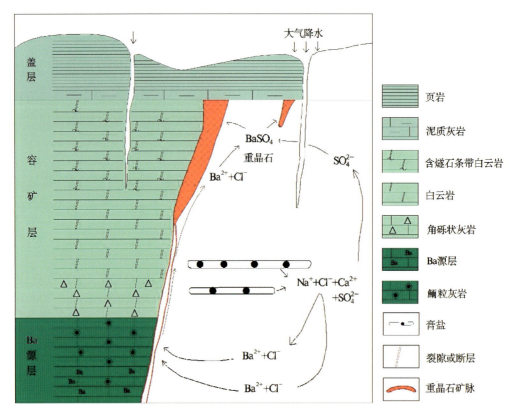

图 3-13-1 翼城县三郎山重晶石矿典型矿床成矿模式图

于是溶解膏盐生成的卤水中的 SO_4^{2-} 向浅层运移，Cl^- 向底层集中。

(3) 氯化物卤水在底层的 Ba 源层浸出 Ba 等元素组分，形成含矿的卤水，主要以 $BaCl_2$ 等形式存在于卤水中。

(4) 因地热梯度，构造运动等作用释放热量的影响，使含 Ba 卤水增温而具有驱动能力，沿断裂运移上升至浅层与 SO_4^{2-} 型水相遇，促使物化条件迅速改变（温、压下降，Eh 升高，pH 降低），于是 Ba^{2+} 与 SO_4^{2-} 化合成重晶石沉淀于断裂空间，由于上覆泥质类岩层的屏蔽作用，使上述成矿过程能够重复缓慢地进行，直到矿床完全形成。

3.13.2 重晶石矿预测工作区成矿规律

大池山式层控内生型重晶石矿划分 6 个预测工作区——离石西重晶石矿预测工作区、离石东重晶石矿预测工作区、昔阳重晶石矿预测工作区、浮山重晶石矿预测工作区、翼城重晶石矿预测工作区、平陆重晶石矿预测工作区。

1. 大池山式层控内生型重晶石矿预测工作区成矿要素

在典型矿床研究的基础上，深入研究区域内矿床（点）不同工作阶段的勘查评价资料，结合以往研究成果认识，按照区域成矿地质环境与区域成矿地质特征两个方面归纳总结区内具有共性的成矿地质作用、控矿因素、矿化特征，形成预测区成矿要素。按照技术规程要求，在全面分析各要素对成矿作用的重要性程度和影响程度后，将成矿要素划分为必要、重要、次要三类，编制预测工作区成矿要素表、成矿要素图，详见表 3-13-2。

表 3-13-2 山西省大池山式重晶石区域成矿要素表

区域成矿要素		描述内容	成矿要素类型
区域成矿地质背景	大地构造位置	华北（陆块）区	必要
	主要控矿构造	受中生代末太行挤压隆起带控制	重要
	赋矿地层	中条群、寒武系—奥陶系碳酸盐岩及石盒子组砂岩	必要
	控矿条件	受赋矿地层围岩断层裂隙控制	必要
区域成矿地质特征	区域成矿类型	层控内生型	必要
	成矿时代	中生代燕山期	必要
	矿体形态	脉状、细脉状、网格状	重要
	矿石结构	粒状结构、束状结构	重要
	矿石构造	块状构造	重要
	矿石矿物组合	重晶石、次为方解石，偶见方铅矿小颗粒	重要

2. 大池山式层控内生型重晶石矿预测工作区成矿模式

山西式层控内生型重晶石矿主要产于中条群、寒武系—奥陶系碳酸盐岩及石盒子组砂岩中，受赋矿地层围岩断层裂隙控制，产于控矿主干断层的次一级断层中。通过综合研究成矿时代、区域地质背景与成矿作用、矿体产状、矿石类型及矿物组合、矿石结构构造、找矿标志等内容，用剖面图形式表达预测区理想化的区域成矿模式。

区域成矿过程与典型矿床成矿模式相似，且受各预测区地层、岩性、构造的限制，见图 3-13-2。

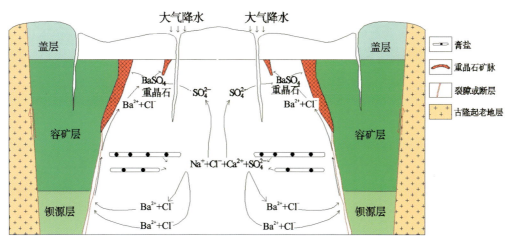

图 3-13-2 山西省大池山式重晶石矿区域成矿模式图

3.14 山西省煤的成矿特征及其演化

山西省煤矿成矿规律研究和矿产资源预测是以煤田和煤产地作为单元。根据含煤地层的发育特征、分布区域及范围大小、所处的大地构造部位，划分为六大煤田和 8 个煤产地。这六大煤田是：大同煤田、宁武煤田、西山煤田、霍西煤田、河东煤田、沁水煤田。8 个煤产地是：阳高煤产地、广灵煤产地、浑源煤产地、五台煤产地、灵丘煤产地、繁峙煤产地、平陆煤产地、垣曲煤产地。而煤田和煤产地的划分与成矿区带是一致的，因为成矿区带在划分时已充分考虑了煤矿资源的分布情况。六大煤田中，除大同煤田、宁武煤田、西山煤田属于Ⅴ级成矿区带外,其他3个都属于Ⅳ级成矿区带;煤产地一般属于Ⅴ级成矿区带或Ⅴ级成矿区带中的1个矿种。霍西煤田、河东煤田、沁水煤田分别为Ⅳ-9汾西成矿亚区、Ⅳ-12河东成矿亚区和Ⅳ-6沁水成矿亚区;大同煤田、宁武煤田、西山煤田则分别属于Ⅳ-4-7大同矿带、Ⅳ-4-8朔县-宁武-静乐矿带和Ⅳ-4-14太原矿带。煤产地在区域矿产资源中一般处于次要地位,不是作为划分Ⅴ级成矿区带的依据,它们大多数已反映在Ⅴ级成矿区带的命名中。

3.14.1 山西省煤田及煤矿区的划分与分布

山西省煤矿地质依据聚煤和控煤构造特征将其划分为赋煤区、赋煤带、煤田和矿区(煤产地)4个等级,它属于华北赋煤区,分为5个赋煤带,6个煤田,30个矿区(煤产地),见表3-14-1。

表3-14-1　山西省赋煤单元划分表

赋煤区	赋煤带	煤田	矿区(煤产地)
华北赋煤区	鄂尔多斯东缘赋煤带	河东煤田	河曲、河保偏、柳林、离石、石楼隰县、乡宁
	晋北赋煤带	大同煤田 宁武煤田	大同(C—P,J)、平朔朔南、宁武轩岗、静乐岚县、宁武(J)、浑源煤产地、灵丘煤产地、五台煤产地、繁峙煤产地、阳高煤产地、广灵煤产地
	晋中赋煤带	霍西煤田	霍州、襄汾
	晋东南赋煤带	沁水煤田 西山煤田	阳泉、潞安、晋城、沁源、东山、平遥、安泽、西山古交
	晋南赋煤带		垣曲煤产地、平陆煤产地

3.14.2 含煤地层及对比

1. 石炭系—二叠系含煤层

1)地层分区

山西属华北地层区,分属于阴山、燕山、鄂尔多斯、山西、豫西地层分区。上述地层区划主要着眼于太古宇、元古宇、古生界及中、新生界的综合特点。为了详细、深入研究上古生界含煤地层,有必要在上述地层分区的基础上,依据地层发育状况、岩性岩相特征、含煤性、古生物特征、古构造特征等,对山西晚古生代地层进行分区。

(1)大同—怀仁小区(Ⅰ)。指右玉、怀仁一线以北地区。主要特征:①本溪组铁铝岩不发育,灰岩仅局部可见;②太原组不含灰岩及海相动物化石,煤层厚度大,含煤系数高达22%～41%;③缺失上二叠统石千峰组(狭义);④古生物群以植物为主。

(2)宁武—临汾小区(Ⅱ)。指右玉、怀仁一线以南至垣曲—夏县一线以北地区。主要特征:①本溪组灰岩发育较好,含丰富的动物化石;②太原组灰岩层数多,化石丰富,含煤系数为4.5%～35%,北部煤层发育较好;③山西组发育海相泥岩层;④上石盒子组除宁武煤田中部轩岗一带发育煤层外,本区其他地区均无煤层或煤线发育;⑤山阴—原平一线以东和太原以北地区缺失下石盒子组上部、上石盒子组及石千峰组(狭义);⑥动、植物化石均较丰富。

(3)垣曲—夏县小区(Ⅲ)。指垣曲—夏县一线以南地区。主要特征:①本溪组不发育或局部缺失,多数地区仅有下部的铁铝岩沉积;②太原组灰岩不发育,含煤系数低,多为3%～4%;③山西组煤层发育不好,多为不可采煤层;④上石盒子组含煤;⑤生物化石较少。

2)地层划分

山西晚古生代含煤地层采用了《中国地层指南及中国地层指南说明书(修订版)》中所附的"中国区域年代地层(地质年代)表"方案,划分方法采用多重地层学方案,即首先进行岩石地层划分。自中奥陶统侵蚀面始,由下而上划分为本溪组(铁铝岩段、半沟段)、太原组(晋祠段、西山段、山垢段)、山西组、下石盒子组、上石盒子组、石千峰组。在岩石地层划分的基础上,根据地层所含化石及其组合,对生物地层进行划分,建立生物带及组合带,最后根据生物带及成因地层的推论和解释,划分地质年代和年代地层,采用石炭纪二分,二叠纪三分的方案。自下而上为晚石炭世,早、中、晚二叠世(表 3-14-2)。

表 3-14-2　本书采用的地层时代表

	晚二叠世	石千峰组(狭义)		上二叠统
二叠系(纪)	中二叠世	上石盒子组		中二叠统
		下石盒子组		
	早二叠世	山西组		下二叠统
		太原组	山垢段	
			西山段	
			晋祠段	
石炭系(纪)	晚石炭世	本溪组	半沟段	上石炭统
			铁铝岩段	

(1)年代地层。

参照 2000 年 5 月召开的第三届全国地层会议讨论通过并报国土资源部批准后正式出版发行的《中国地层指南》进行划分(表 3-14-3)。

表 3-14-3　中国地层时代表(2001)

宇(宙)	界(代)	系(纪)	统(世)	阶(期)
显生宇(宙)PH	古生界(代)Pz	二叠系(纪)P	上(晚)二叠统(世)P_3	孙家沟阶(期)
				待建
			中二叠统(世)P_2	下石盒子阶(期)
				待建
			下(早)二叠统(世)P_1	太原阶(期)
		石炭系(纪)C	上(晚)石炭统(世)C_2	晋祠阶(期)C_2^4
				本溪阶(期)C_2^3
				羊虎沟阶(期)C_2^2
				红土垴阶(期)C_2^1
			下(早)石炭统(世)C_1	榆树梁阶(期)C_1^3
				臭牛沟阶(期)C_1^2
				前黑山沟阶(期)C_1^1

(2)岩石地层单位。

山西晚古生代岩石地层单位自下而上分为本溪组、太原组、山西组、下石盒子组、上石盒子组和石千峰组(狭义),现分别叙述如下:

①本溪组:山西的本溪组平行不整合于中、下奥陶统或寒武系之上,并以奥陶系或寒武系侵蚀面为底,其顶界置于太原组晋祠砂岩或相当岩层之底。厚0～60m,总的变化趋势是北、中部厚,南部薄,最南部的垣曲—夏县小区仅发育底部的铁铝岩,厚0～10m。早在1957年,刘鸿允将太原西山本溪组划分为下部铁铝岩组及上部半沟组。1987年,潘随贤建议以最下部一层灰岩之底为界,下部称铁铝岩段,上部称半沟段。

铁铝岩段以鸡窝状黄铁矿及灰色—灰白色铝质岩、铝质泥岩为主;半沟段主要为黑色、灰色泥岩、粉砂岩、细砂岩,夹薄煤层及1～6层灰岩。太原—阳泉以北地区灰岩层数少,但厚度大,至北部大同—怀仁小区仅发育一层,厚度最大可达5m。太原、阳泉等地灰岩层数一般为2～4层,太原东山局部可达6层,厚度变小,泥质含量增高。阳城—乡宁地区以南,缺少灰岩沉积。煤层多不可采,在北部多为薄煤层,中部较厚,南部多为煤线。

②太原组:太原组系指本溪组之上至最高一层灰岩。在太原西山其顶界置于山西组底部的北岔沟砂岩或相当岩层之底,厚50～140m。总的变化趋势是南厚北薄。在垣曲—夏县小区由于受中条古隆起的影响,缺失下部沉积,厚度仅为20～50m。根据岩性、岩相及沉积旋回并结合古生物特征,太原组可以划分为3个岩性段:

a.晋祠段:层型剖面在太原市晋祠镇附近,自晋祠砂岩底至下煤组之顶。岩性以细砂岩、粉砂岩及泥岩为主,夹主要可采煤层及1～4层灰岩。生物群以 *Triticites* 带分子富集为特征。灰岩层在晋西北保德一带较发育,最多可见4层,其中2层较稳定,多为厚层状,含少量燧石结核,厚1.4～1.7m。北部大同—怀仁地区灰岩缺失,中部一般只见1层泥质含量较高的灰岩,厚约1m。南部仅局部地区可见1层泥质灰岩或泥灰岩,厚0.4～1.3m。主要煤层有4层,其中庙沟灰岩以下的1～2层煤层(下煤组)为主要可采煤层,全区稳定,一般厚10～20m。

b.西山段:层型剖面在太原西山,自庙沟灰岩及相当层位底至东大窑灰岩之顶界。岩性以砂岩、砂质泥岩、泥岩为主,夹多层灰岩。

灰岩层在南部地区比较发育,最北部大同—怀仁小区未见灰岩。向南至朔县、偏关、浑源及宁武一带,下部出现1～3层海相泥岩及泥灰岩沉积。宁武、轩岗一线以南地区,下部灰岩发育较好,上部亦出现海相泥岩及泥灰岩。太原—阳泉一线以南地区灰岩发育齐全,有4～5层含泥灰岩及灰岩,下部灰岩多含燧石结核或燧石条带。晋东南地区灰岩最为发育,最多可见6层,亦含燧石结核或燧石条带。中煤组在大同地区最厚可达7.23m,至晋东南变薄,多不可采。

c.山垢段:主要发育于晋东南地区,层型剖面位于晋城市南岭乡以东1km处的小东沟附近。自陵川附城灰岩之顶至山垢灰岩(或小东沟灰岩)之顶,厚约15m。本段岩性为泥岩、砂质泥岩、细砂岩夹灰岩,上部山垢灰岩变化较大,在长治以北的左权、武乡、襄垣一带相变为硅质岩;在长治、高平、陵川、晋城、阳城和沁水等地,时为硅质岩,时为泥灰岩。

③山西组:山西组系指太原西山北岔沟砂岩底至骆驼脖砂岩底。厚20～120m,总的变化趋势是南厚北薄。岩性主要为砂岩、粉砂岩、砂质泥岩,夹海相泥岩及煤层。平鲁—朔县—五台以北地区岩性多为中粗粒石英砂岩、粉砂岩夹泥岩及煤层,砂岩厚度大,层数多,一般厚3～30m。向南至太原—阳泉一线,砂岩层数明显减少,厚度一般为1～10m。南部地区砂岩层数很少,一般仅1～5层。本组中、下部出现含有 *Lingula* sp. 和 *Dictyoclostus* sp. 碎片的海相泥岩。主要煤层有3层,舌形贝页岩及相当层位之下的煤层为主要可采煤层,在北、中部最发育,厚6～15m,向南变薄,至晋东南一般小于1m。上煤组在

晋东南最发育,厚约3m,层位稳定,俗称"香煤"。

④下石盒子组:系指太原地区自骆驼脖砂岩之底至桃花泥岩之顶的一段沉积。厚59～80m,一般为80～100m,总的分布趋势是南厚北薄。岩性以黄绿色—灰黄色—灰绿色砂岩及泥岩为主,夹局部可采煤层,顶部夹1～2层紫斑泥岩。北部地区砂岩较发育,单层厚度大。向南砂岩层数、厚度减少。顶部桃花泥岩在晋中、晋南地区发育较好,北部大同—怀仁小区多不发育。本组下部含薄煤层或煤线,在中部和南部地区发育较好,但多不可采。据山西区域地质测量队(1975—1982年)的资料,本组按其岩性可分为上、下两部分,下部为黄绿色—灰绿色—灰黑色页岩及薄层砂岩互层,夹有煤线;上部以黄绿色页岩及砂岩为主,夹紫红或杂色泥岩。

⑤上石盒子组:系指桃花泥岩之顶至本组顶部燧石层(即那琳所指的石髓层)上砂岩之底的一段沉积。厚172～517m。岩性以杂色(暗紫、杏黄为主)砂岩、砂质泥岩及泥岩为主,中、上部夹1～4层薄层状硅质岩。南部垣曲—夏县小区及宁武煤田中部轩岗一带夹有煤线。据山西区域地质测量队(1975—1982年)的资料,本组按其岩性可分为上、中、下3部分:下部为黄绿色砂岩、杏黄色砂质泥岩、砂质页岩和页岩为主,其下部暗紫色砂质泥岩时有出现,中、上部紫红色砂质页岩和页岩明显出现。中部为黄白色、黄绿色砂岩、黄绿色砂质泥岩和页岩,紫红色砂质泥岩、砂质页岩和页岩明显增多。以一层白色、黄白色厚层砂岩作为底砂岩,该砂岩在阳泉狮脑峰山发育良好,由多层砂岩夹砂质泥岩组成,层位稳定,被命名为"狮脑峰砂岩"。上部为黄绿色、灰白色砂岩、暗紫色、黄绿色砂质泥岩、砂质页岩和页岩组成。底部为一层灰白色含砾砂岩,阳泉一带称为"含水砂岩"。顶部时见含黑、红色燧石泥岩。与上覆石千峰组为连续沉积。

⑥石千峰组(狭义):本组以一层黄色—黄绿色厚层—巨厚层含砾砂岩与下伏的上石盒子组分界。岩性为砖红色—暗紫色—紫红色泥岩、砂质泥岩,黄绿色—灰绿色不同粒度的长石砂岩、长石质硬砂岩及长石石英砂岩等。中、上部夹0～5层层状、透镜状淡水灰岩或钙质结核。岩性、岩相变化大,自北向南淡水灰岩层数增多。总厚66～188m,一般为100～150m。

2. 石炭系—二叠系含煤层划分对比

上述本溪组、太原组、山西组含煤岩系经过几十年的煤炭地质调查、生产实践及本书进一步的分析研究,依据岩煤层特征的可比性,即区域分布的广泛性,层位的稳定性以及岩煤层的特殊性,岩石地层、生物地层组合的特征等,自上而下确定了13个主要标志层与煤组。以太原西山为标准剖面,本溪组2个(铁铝岩层及畔沟灰岩),太原组8个(晋祠砂岩、吴家峪灰岩、下煤组、庙沟-毛儿沟灰岩、斜道灰岩、中煤组、东大窑灰岩、山垴灰岩),山西组2个(北岔沟砂岩、上组煤),表3-14-3为山西省石炭二叠含煤岩系主要标志层层序对比表。

13个标志层具有等时对比意义,分析如下:

1)铁铝岩层

铁铝岩层(TL)包括G层铝土矿和山西式铁矿,由于受寒武系、奥陶系古侵蚀面影响,岩层厚度变化较大,1～21m不等,一般为4～9m。底部黄铁矿主要分布于晋城、陵川、沁水、阳泉、孝义、西山、朔县、保德、离柳等,临县—盂县以北地区较差。铝质岩主要分布于平陆、沁源、汾西、孝义、中阳、离石、盂县、阳泉及河曲、保德等地。总的分布趋势是山西中、北部及东部较厚,南部和西部较薄,多呈透镜状、团块状或似层状,本层分布广泛,层位稳定,大多数区均发育。在山西大部分地区铁铝岩层的沉积视为等时的,自北而南平行不整合于中寒武统、下奥陶统、中奥陶统石灰岩之上(表3-14-4)。

表 3-14-4　山西石炭二叠含煤岩系主要标志层层序对比表

系	统	组	段	大同煤田 北部	大同煤田 中部	大同煤田 南部	宁武煤田 北部	宁武煤田 南部	河东煤田 北段	河东煤田 中段	河东煤田 南段	西山煤田	霍西煤田	沁水煤田 安泽、沁源	沁水煤田 东山	沁水煤田 阳泉	沁水煤田 和顺	沁水煤田 武乡、长治	沁水煤田 陵川	煤组
二叠系 P	中统 P_2	下石盒子组 P_2x	上段 P_2x^2	桃花泥岩砂砾岩	桃花泥岩砂砾岩	桃花泥岩粗砂岩	桃花泥岩粗砂岩	桃花泥岩粗砂岩	桃花泥岩粗砂岩	桃花泥岩粗砂岩(K_5)	桃花泥岩中细砂岩(K_9)	桃花泥岩 K_5 砂岩	桃花泥岩 K_9 砂岩	桃花泥岩 K_9 砂岩	桃花泥岩 K_9 砂岩	桃花泥岩 K_9 砂岩	桃花泥岩 K_9 砂岩	桃花泥岩 K_9 砂岩	桃花泥岩 K_9 砂岩	
			下段 P_2x^1	砂砾岩(K_4)	粗砂岩(K_4)	粗砂岩(K_4)	泥质岩 K_5砂岩	薄煤线 K_5砂岩	薄煤线 S_5砂岩	薄煤线 K_4砂岩	薄煤线 K_8砂岩	薄煤线路驼脖砂岩(K_4)	薄煤层	薄煤线 K_8砂岩	薄煤线 K_8砂岩	薄煤线 K_8砂岩	薄煤线 K_8砂岩	薄煤线 K_8砂岩	薄煤线 K_8砂岩	上煤组
	下统 P_1	山西组 P_1s		$山_1$砂岩	$山_1$砂岩		1#泥质岩	1#泥质岩	1#、2#中砂岩	1#砂岩	薄煤线砂岩	01#,02#、03#上、下铁磨沟砂岩	1#砂岩	$1_上$# 砂岩	1#砂岩	1#砂岩	1#砂岩	1#砂岩	1#砂岩	
				$山_2$砂岩	$山_2$砂岩	$山_2$砂岩	2#砂岩	2#砂岩	3#、4#中砂岩	2#、3#中砂岩	1#砂岩	1#、2#上冀家沟砂岩	1#砂岩	1#砂岩	2#砂岩	2#砂岩	2#砂岩	2#砂岩	2#砂岩	
				$山_3$砂岩	$山_3$砂岩	$山_3$砂岩	3#砂岩	3#砂砾岩	泥质岩	4#砂岩	2#砂岩	舌形贝页岩3#冀家沟砂岩	泥质岩	泥质岩	3#、4#砂岩	3#、4#砂岩	泥质岩	3#砂岩	3#砂岩	
				$山_4$ K_3砂岩	$山_4$ K_3砂岩	$山_4$ K_3砂岩	4#K_4砂岩	4#K_4砂岩	6#砂岩	5#K_3砂岩	3#砂岩	4#北岔沟砂岩(K_3)	3#K_7砂岩	3#K_7砂岩	5#、6#第三砂岩(K_7)	5#、6#K_7砂岩	4#K_7砂岩	4#K_7砂岩	4#K_7砂岩	
		太原组 C_2P_1t	山垭段		泥质岩	泥质岩	泥质岩	泥质岩	8#S_4砂岩	海相泥岩	泥质岩	泥质岩	泥质岩	泥灰岩	泥质岩	泥质岩	泥质岩	K_6泥灰岩	山垭灰岩(K_6)	中煤组
			西山段	$山_4$砂砾岩(K_1)	中细砂岩(K_2)	中细砂岩	5#砂砾岩	5#砂岩	煤线砂岩	6#泥质岩	5#砂岩	5#火山村砂岩	5#、6#K_5砂岩	K_5砂岩 5#、6#砂岩	泥质岩	南峪灰岩(K_6)	南峪灰岩(K_6)	K_5灰岩5#	附城灰(K_5)6#、7#、8#、9#砂岩	
				2#、3#、4#、5#(二十米层)	2#、3#(上二十米层)										8#、9#第一砂岩	8#、9#第一砂岩	7#、8#、9#砂岩	8#、9#砂岩		

续表 3-14-4

地层单位			大同煤田			宁武煤田		河东煤田			西山煤田	霍西煤田	沁水煤田					煤组
系	统	组	北部	中部	南部	北部	南部	北段	中段	南段			安泽沁源	东山	阳泉	和顺	武乡长治	陵川	
二叠系 P	下统 P_1																		
			泥质岩 8、9# 10#（五米层）鹅毛口砂岩（K_2）	砂砾岩 4# 5#（下二十米层）泥质岩 8、9#、10#（五米层）鹅毛口砂岩（K_2）	砂砾岩 5#、泥质岩 鹅毛口砂岩（K_2）	泥质岩 6# 钙质泥岩 7#	泥质岩 6# 中粗砂岩（K_3）L_3灰岩 7#	魏家滩海相层 9# 中粗砂岩 土门页岩（L_3）10#	L_5灰岩 6# 中细砂岩 L_4灰岩 7#	K_4灰岩 7# 中细砂岩 K_3灰岩 8#	东大䇻灰岩 6#、$6_下$#七里沟砂岩 斜道灰岩（L_4）$7_下$#下三尺（7#）	K_4灰岩 7# 细砂岩 K_3灰岩 8#	K_4灰岩 7# 细砂岩 K_3灰岩 8#	K_4灰岩 11#、12# 砂岩 猴石灰岩（K_4）11#、12# 砂岩 钱石灰岩（K_3）13#	K_4灰岩 11#、12# 砂岩 K_3灰岩 13#	K_4灰岩 11#、12# 砂岩 K_3灰岩 13#	红矾沟灰岩（K_4）11#、12# 砂岩 老金沟灰岩（K_3）13#	
							L_2灰岩 L_1灰岩 8#	保德灰岩（L_2）关家崖海相层（L_1）	L_2+L_3灰岩 L_1灰岩	K_2灰岩	毛儿沟灰岩（K_2）庙沟灰岩（L_1）	青六尺（9#）八尺（10#）11#	K_2灰岩	K_2灰岩	四节石灰岩（K_2）	K_2灰岩	K_2灰岩	松窑沟灰岩（K_2）	下煤组
				4#	9#	9#		11#、12# 13#、14#	8#、9# 10#	9#、10#	丈玉煤（8#）八尺煤（9#）	9#、10#、11#	9#、10# 11#	15#、$15_下$#	15#、$15_下$#	15#、$15_下$#	14#、15#	15#	
			透镜状灰岩 L_0（L_0）11# K_1 煤线中细砂岩	透镜状灰岩 11# K_1鹅毛口砂岩（K_2）	透镜状灰岩 11# K_1煤线中粗砂岩	透镜状灰岩 11# K_1煤线中细砂岩	透镜状灰岩 11# K_1煤线中粗砂岩	扒楼沟灰岩 15# K_1煤线中细砂岩	透镜煤灰岩（L_0）11# K_1煤线中细砂岩	透镜状灰岩 11# K_1中细砂岩	吴家峪灰岩（K_2）11# 晋祠砂岩（K_1）畔沟灰岩 煤线中细砂岩	透镜状灰岩 12# K_1砂岩	透镜状灰岩 16# K_1砂岩	透镜状灰岩 16# K_1砂岩	透镜状灰岩 16# K_1砂岩	透镜状灰岩 16# K_1砂岩	后寺灰岩 16# K_1砂岩	
石炭系 C	上统 C_2	本溪组 C_2b 晋祠段 畔沟段 铁铝岩段	口泉灰岩（K_1）煤线中粗砂岩 铁铝层	口泉灰岩（K_1）煤线中粗砂岩 铁铝层	口泉灰岩（K_1）煤线中粗砂岩 铁铝层		石灰岩 煤线中粗砂岩 铁铝层	张家沟灰岩煤线中细砂岩 铁铝层	灰岩（L_0）11# K_1砂岩 铁铝层	石灰岩 薄煤层 中细砂岩 铁铝层	畔沟灰岩 煤线中细砂岩 铁铝层	石灰岩 薄煤层 细砂岩 铁铝层	石灰岩 薄煤层 中细砂岩 铁铝层	石灰岩 薄煤层 中细砂岩 铁铝层	石灰岩 薄煤层 中细砂岩 铁铝层	石灰岩 薄煤层 细砂岩 铁铝层	泥质岩 细砂岩 铁铝层	
			峰峰组 石灰岩	峰峰组 石灰岩	峰峰组 石灰岩	峰峰组上马家沟组 石灰岩	峰峰组 石灰岩	峰峰组上马家沟组 石灰岩	峰峰组 石灰岩	峰峰组 石灰岩	峰峰组 石灰岩	峰峰组 石灰岩	峰峰组 石灰岩	峰峰组 石灰岩	峰峰组 石灰岩	峰峰组 石灰岩	峰峰组 石灰岩	
煤系基底			中寒武统石灰岩	下奥陶统石灰岩	下马家沟组石灰岩													

2)畔沟灰岩

畔沟灰岩（L_b）指畔沟段中1层（或数层）层状或透镜状灰岩。总的分布趋势是中部厚，南北薄。北部灰岩层数少，单层厚度大，大同口泉灰岩厚1.1m，中部太原、阳泉灰岩层数增多，一般2～4层，厚1～6m，向南至灵石三交等地为3层，上层灰岩厚0.2～1.7m，左权—武乡一带为2层，厚0.6～1m。

3)晋祠砂岩

晋祠砂岩为巨厚层灰色—灰白色中粗粒泥质石英杂砂岩或凝灰岩。位于太原组底部，是本溪组和太原组的分界砂岩，同时也是晚石炭世早、晚期之分界砂岩。就全省范围而言，晋祠砂岩实指本溪组最上部一层畔沟灰岩与吴家峪灰岩（大同煤田为海相泥岩）之间的不同砂体。岩性为灰色—灰白色—灰绿色石英砂岩、石英杂砂岩及含岩屑杂砂岩。层序上，晋祠砂岩位于畔沟灰岩与吴家峪灰岩之间，因此，畔沟灰岩和吴家峪灰岩发育地区，均可以其间厚砂岩作为晋祠砂岩层位，对于缺失吴家峪灰岩（或其相当的海相层）的大同一怀仁小区，可以北部普遍发育的8、9、10号煤组（五米层）或11号煤层作为间接标志层，以其和畔沟灰岩之间的巨厚层状中粒石英砂岩（鹅毛口砂岩）作为晋祠砂岩层位，另则，在山西中北部普遍含有火山物质或夹薄层凝灰岩，凝灰质砂岩，可作为同时性的极好标志。K_1砂岩在北部发育较好，层位稳定，厚度大，一般为5～10m，最厚可达15m，多为厚、巨厚层状含砾石英砂岩。

4)吴家峪灰岩

吴家峪灰岩（L_0）岩石多呈深灰色—灰黑色，透镜状层理及脉状层理发育，层面上见有大量的生物觅食迹。位于太原组西山段下部下煤组之下。下煤组在全省普遍发育，标志明显，在山西北、中部较发育，尤以西北部保德一带发育最好。自下而上为无名灰岩，是目前山西石炭系最低的含蜓灰岩，上层扒楼沟灰岩与太原西山吴家峪灰岩层位相当。层位稳定，一般厚1～2m，最厚可达5m。灰岩层数多为1～2层，最多可达4层，岩性为泥晶生物碎屑灰岩。至太原、阳泉一带，吴家峪灰岩多为生物屑泥晶灰岩，富含蜓、有孔虫及棘皮类骨屑。晋东南陵川附城发育1层，名后寺灰岩（L_0）相当于吴家峪灰岩。南部该灰岩层多不连续，但厚度变化小，一般厚0～2m，阳泉—长治以东、柳林—灵石—乡宁以西、以南地区及右玉—应县以北地区，吴家峪灰岩相变为含腕足类及双壳化石的海相泥岩。

5)下煤组

下煤组（C_x）是位于庙沟—毛儿沟灰岩之下8、9号煤的统称，8、9号煤在全省稳定发育，有时合并为单一厚煤层，有时呈煤组出现，当呈煤组时二者间常有一带状砂体，宽度为2～3km，称屯兰砂岩。

大同煤田为5号煤层，总平均厚度为4.51～13.30m。宁武煤田为9号煤层，总平均厚度为9.70～13.00m。河东煤田北部为11、12、13、14号煤层，总平均厚度为9.2～14.0m。中部为8、9、10号煤层，总平均厚度为6.7～10.7m。南部为9、10号煤层，总平均厚度为5.8m。西山煤田为8、9号煤层，总平均厚度为6.67m。霍西煤田汾孝、灵石、霍州、南湾里、襄汾区为9、10、11号煤层，总平均厚度为7.04m。沁水煤田东山、寿阳、阳泉、和顺为15、15_F号煤层，总平均厚度为6.76m。武乡、潞安、长治、高平、晋城、阳城、沁水为14、15号煤层，总平均厚度为4.86m。安泽、沁源为9、10、11号煤层，总平均厚度为4.60m。该煤组煤层形成于海退期，山西境内煤层普遍发育，除北部和南部，以及中部的局部地段出现零星的不可采点外，均为中厚至厚煤层，且稳定可采。煤层厚度变化的总趋势为由南向北增厚。

垂向上该煤组以庙沟—毛儿沟灰岩作为直接顶板，以吴家峪灰岩作为近距下伏层。近年来研究表明，庙沟—毛儿沟海侵期是华北晚古生代最大的海侵。其南部可达华北地台的南缘，北部大同煤田、兴隆煤田都有其相应沉积，因此是下煤组极好的对比标志。本煤层（组）厚度大，结构简单，有别于太原组下部其他煤层。此外，太原以北本煤层（组）之下普遍发育有一层火山事件沉积。综上所述，下煤组的聚积是一次全盆地范围沉积同时性的事件。因此，本煤组对比可靠。

6)庙沟-毛儿沟灰岩

庙沟灰岩（L_0）、夹沉凝灰岩的毛儿沟灰岩（L_2+L_3），在晋东南为一厚层灰岩，名松窑沟灰岩（K_2），向北至柳林、文水、盂县分为2～3层。其间夹1层层位稳定的海相泥岩。厚度自南向北逐渐增大，太原西山厚1.6～8.0m。下部庙沟灰岩层（L_1）层位稳定，为下煤组（8、9号）煤的直接顶板，而且为晚石炭世与早二叠世的分界。上部毛儿沟灰岩层(L_2+L_3)间常夹 1 层厚 0~2m 的沉凝灰岩层或泥岩、粉砂岩夹煤层,将毛儿沟灰岩分为 L_2、L_3 两个分层,根据该灰岩的结构特征与 L_1 灰岩及下煤组的共生关系、其间所夹的沉凝灰岩,不同地区的毛儿沟灰岩层均可进行对比。

另外,L_1 灰岩中广泛存在以粗纺锤形至亚球形壳体的 *Rugosofusulina* 富集为特征的䗴类动物群,与下部吴家峪灰岩 *Triticites* 带及其上毛儿沟灰岩 *Dunbarinella*(*Schwagerina* 属)动物群区别明显。其上述对比标志明显,加之其下伏层为全区稳定发育的下煤组,因此其对比是可靠无疑的。庙沟-毛儿沟灰岩分布范围遍及山西全省,太原以南为灰岩,太原以北普遍为泥灰岩或海相泥岩,至口泉以北尖灭。泥岩中富含腕足类,毛儿沟灰岩中普遍含有 *Schwagerina nervicalis* 动物群,亦是本层重要的对比标志。

7) 斜道灰岩

斜道灰岩(L_4)位于西山段中部,介于毛儿沟灰岩和七里沟砂岩(Q_S)之间,为 7 号煤的直接顶板。岩性以灰黑色—深灰色薄—中厚层状含生屑泥晶灰岩为主,含有丰富的䗴、牙形刺、腕足类、珊瑚类及海百合茎化石,本层对比主要依据地层层序及所含生物化石。

斜道灰岩在北部发育较差,厚度一般为 0~2.5m,中部及南部发育较好,厚度多在 2.5~5m 之间,柳林、乡宁一带最厚可达 10m。

8) 七里沟砂岩

七里沟砂岩(Q_S)为灰白色巨厚层状石英杂砂岩,长石石英杂砂岩。位于斜道灰岩和东大窑灰岩之间的许多同层位砂体,标志明显。太原—阳泉以南地区,斜道灰岩和东大窑灰岩均发育,根据层序相似性,可将其间一层较厚的砂岩作为七里沟砂岩。太原—阳泉以北地区,多缺失东大窑灰岩(L_5),或毛儿沟灰岩(L_3)、斜道灰岩(L_4)全部缺失,此时可以 6 号和 7 号煤作为间接标志层来对比。

七里沟砂岩在北部地区比较发育,层位稳定,厚度大,一般 5~10m,最厚可达 30m。粒度以中—粗粒为主,南部区砂体发育较差,相变明显,厚度小,一般 0~5m,多为细粒石英砂岩。

9) 中煤组

中煤组位于太原组西山段毛儿沟灰岩与东大窑灰岩之间,大同煤田为 2、3、4 号煤层,总平均厚度为 6.95m。宁武煤田为 5、6、7、8 号煤层,总平均厚度为 3.70m。河东煤田北部 9、10 号煤层,平均厚度为 6.52m。中部 6、7 号煤层,总平均厚度为 1.85m。南部为 5、6、7、8 号煤层,总平均厚度为 1.9m。西山煤田为 5、6、7 号煤层,总平均厚度为 2.30m。霍西煤田汾孝、灵石、霍州、南湾里、襄汾为 5、6、7、8 号煤层,总平均厚度为 2.53m。沁水煤田东山、寿阳、阳泉、和顺为 8、9、10、11、12、13 号煤层,总平均厚度为 3.3~6.0m。武乡、潞安、长治、高平、晋城、阳城、沁水为 5、6、7、8、9、10、11、12、13 号煤层,总平均厚度为 0.9~4.8m。沁源、安泽为 5、6、7、8 号煤层,总平均厚度为 1.6~2.2m。大同煤田、宁武煤田北部、河东煤田北部为主要成煤期,形成厚煤层;宁武煤田南部、河东煤田中部、西山煤田、霍西煤田北部、沁水煤田北部,海水进退影响明显,形成薄至中厚煤层。煤层厚度大同煤田最大(厚 6.95m),是该组煤沉积的聚煤中心,且分布较稳定;河东煤田、霍西煤田、沁水煤田南部,海水占驻时间较长,形成局部可采的薄至中厚煤层,且分布不稳定。煤层厚度变化的总趋势是北厚南薄,东南部最薄,煤层层数是由北向南,由西向东减少。

10) 东大窑灰岩

东大窑灰岩(L_5)由 Norin 1922 年命名于西山玉门沟上游东大窑煤矿。位于西山段上部,层序上处于七里沟砂岩和北岔沟砂岩之间,同时为太原组与山西组分界线,与北岔沟砂岩的间距在太原西山较小,向南渐增大。L_5 灰岩在西山剖面为黑色砂质泥岩与含生物屑泥晶—微晶菱铁岩互层,水平虫孔发育。黑色粉砂质泥岩中,产海百合茎及双壳类化石。在剖面附近的东大窑沟,此层相变为东大窑灰岩(L_5),含丰富的䗴、牙形刺及腕足类化石。由于 L_5 灰岩上、下没有可靠的标志层,因此对比主要依据生物群面貌及其与国内外同期动物群。

按传统的地层划分对比意见,东大窑灰岩与和顺的南峪灰岩、霍西煤田的海相泥岩相对比,主要依据是生物群面貌组合特征。近年来,通过研究方法和手段的不断提高,如层序地层学、火山事件等研究,认为南峪灰岩、霍西煤田的海相泥岩从沉积规律的角度上应高于东大窑灰岩。本书采用了此种观点。

11)山垢灰岩

山垢灰岩(L_5)命名地点在陵川附城,位于太原组山垢段,为浅灰色—深灰色中—中厚层状泥灰岩。这是太原组最高的一层海相层,下距附城灰岩6~18m。除阳城町店厚达5.6m外,一般厚度为0~2.5m。左权、武乡、襄垣一带相变为硅质岩,化石稀少。山垢灰岩是上煤组下部最高的海相层,距上煤组间距介于10~17m之间,因此易于对比。中部及北部区,可将上煤组下10~17m处层位作为附城灰岩的相当层位。该灰岩在和顺一带为南峪灰岩,再向北未见该灰岩沉积,分布范围很小。

12)北岔沟砂岩

北岔沟砂岩(K_3)由Norin 1922年创名于太原西山北岔沟(柳子沟)。为厚—巨厚层灰白色细—粗粒石英杂砂岩,局部为中粒长石石英砂岩、岩屑石英杂砂岩、中粒长石石英杂砂岩等。在太原西山、河东煤田、宁武煤田位于山西组底部,大同煤田中煤组(上二十米层)之上的砂岩,阳泉第三砂岩,霍西K_7砂岩,陵川附城山垢灰岩之上的砂岩均与太原西山北岔沟砂岩层位相当,层序上,北岔沟砂岩之上为全区普遍发育的上煤组,利用上煤组这一间接标志可以对北岔沟砂岩(K_3)进行区域对比。

北岔沟砂岩在北中部地区发育良好,层位稳定,厚度大,一般为10~20m,最大可达30m,南部地区发育较差,相变明显,厚度小,一般为0~5m,最大可达10m以上。

13)上煤组

上煤组煤层位于山西组,大同煤田为山$_1$、山$_2$、山$_3$、山$_4$号煤层,总平均厚度为3.07m。除山$_4$号煤层为不稳定局部可采煤层外,其他为极不稳定煤层,多不可采。宁武煤田为1、2、3、4号煤层,总平均厚度为6.67m。河东煤田北部为1、2、3、4、5、6、8号煤层,总平均厚度为4.77m。中部为1、2、3、4、5号煤层,总平均厚度为5.61m。南部为1、2、3号煤层,总平均厚度为5.20m。西山煤田为01、02、03、1、2、3、4号煤层,总平均厚度为6.62m。霍西煤田汾孝、灵石、霍州、南湾里、襄汾区为1、2、3号煤层,总平均厚度为3.59m。沁水煤田东山、寿阳、阳泉、和顺为1、2、3、4、5、6号煤层,总平均厚度为2.4~4.8m。武乡、潞安、长治、高平、晋城、阳城、沁水为1、2、3、4号煤层,总平均厚度为4.6~7.7m。沁源、安泽为1、2、3号煤层,总平均厚度为3.1~3.9m。煤层厚度变化的总趋势是由北向南,由西向东增厚,煤层层数由北向南,由西向东减少。

3. 侏罗系、白垩系、古近系含煤层

1)侏罗纪含煤地层

侏罗纪含煤地层局限于大同煤田的中、北部和宁武煤田的中南部。侏罗纪的含煤地层为大同组,其含义为永定庄组之上,云岗组底砾岩(K_{21})之下的陆相含煤地层及相当层位。

(1)大同煤田侏罗纪含煤地层。

该地层分布在南起马道坡,北止上深涧,西起旧高山,东至青磁窑的范围内。含煤地层大致呈NE-SW向展布,长47km,宽20km,总面积约800km^2。

大同组在南部整合于下侏罗统永庄组之上,在北部则超覆于古生界不同地层之上。大同组是一套以河湖相为主的含煤碎屑岩地层,其岩性由灰色—灰白色粗、中、细粒砂岩与灰黑色粉砂岩、砂质泥岩、泥岩及煤层组成。含煤地层总厚50~240m,一般为180~200m。可采煤层达21层,煤层总厚21m,含煤系数9.5%,单层最大厚度可达7.81m。

依据其煤层发育情况可划分为下、中、上3个含煤段。

下含煤段:由灰白色中、细粒砂岩和灰色粉砂岩,灰黑色砂质泥岩、泥岩及煤层组成,底部常有一层灰白色含砾粗粒砂岩。厚度为15~90m,一般为70m,包含15、14、12、11号4个煤组。

中含煤段:由灰色—灰黑色粉砂岩、砂质泥岩、泥岩和煤层组成,岩石粒度较下部偏细。厚度为20~100m,一般85m,包括10、9、8、7、4-5号5个煤组。

上含煤段:由灰白色—灰黄色粗—细粒砂岩、灰色—灰黑色粉砂岩、砂质泥岩、泥岩和煤层组成。厚

度为 15~50m，一般 40m，包括 3、2 号 2 个煤组。

(2)宁武煤田侏罗纪含煤地层。

该地层分布于宁武县三张庄至静乐县闹林沟一带，东西宽约 15km，南北长约 80km，面积约 1200km²。大同组地层厚 320~450m，一般厚 360m 左右。含煤 10~14 层，煤层总厚 2.43~7.50m，含煤系数为 0.68%~1.74%，可采煤层 2 层，大部分不稳定，多为局部可采煤层。本区缺失永定庄组，大同组平行不整合覆盖于中三叠统铜川组不同层位之上。

上部地层为大同组主要含煤岩段，岩性组合为：上部灰色—暗灰色细粒砂岩、中细粒砂岩、粉砂岩夹泥岩薄层与 2 号煤层。2 号煤层一般厚 2~4m。中部以中细粒长石砂岩为主，砂岩下部往往见植物化石的炭化碎片，夹有粉砂岩、泥岩。下部为 3 号煤层与灰黑色、暗灰色细碎屑岩，3 号煤层一般厚 1~1.5m。2 号煤层与 3 号煤层间距为 29~35m。

综上所述，大同、宁武煤田大同组的岩性相似。下部以灰色—深灰色中—粗粒砂岩为主，局部为砾岩或含砾粗粒砂岩，其次为细粒砂岩、泥岩和煤层。中部以灰色、深灰色粉砂岩、泥岩为主，间夹细粒砂岩或薄煤层、煤线，局部有中粒砂岩。上部以浅灰色细粒砂岩为主，其次为粉砂岩、泥岩和煤层。在垂向上呈现明显的粗—细—粗的三分性。

2) 早白垩世含煤地层

早白垩世含煤地层为下白垩统中庄铺群羊投崖组，主要分布于浑源县中庄铺、芦子洼、南水头、同咀、西柏林、小窝单及阳高县天桥、郭家坡等地。以羊投崖附近发育最佳，为一套小型山间盆地沉积的陆地类磨拉石相含煤沉积建造。主要岩性特征为：以灰黄色砾岩或砂岩为主体，下部夹煤层及碳质泥岩，局部夹火山沉积碎屑岩或砂质灰岩透镜体。含较丰富的介形类、腹足类、双壳类、轮藻、植物及孢子花粉等化石。一般可分为上、下两段：下段为砂岩或砾岩夹煤层（或碳质泥岩），厚 200~800m；上段以砂岩或砾岩为主，夹粉砂岩等，一般不见煤层，厚 100~600m。

(1)在浑源县东南部的中庄铺—芦子洼一带，该组厚 200~500m，砾岩发育，煤层薄而煤质低劣，向北西砂岩渐增。

(2)在浑源县南水头—西柏林一带，上段呈砾岩与砂岩互层，下段所夹煤层相对发育。

(3)在阳高县郭家坡—天桥一带，该组厚达 1400m，下段厚 800m 左右，呈灰黄色砂岩与砂质泥岩、煤层或碳质泥岩互层，煤层层数多，煤质较好，煤层总厚达 18m；上段厚 600m 左右，呈灰黄色砂岩夹粉砂岩及砂质泥岩等。

(4)早白垩世含煤地层中所含煤层均为褐煤。

3) 古近纪含煤地层

山西省古近系分布不广，主要出露于晋南的垣曲盆地、三门峡盆地及晋北的繁峙玄武岩区，其中垣曲盆地为含煤盆地，繁峙玄武岩的沉积夹层中产褐煤，而三门峡盆地不含煤（小安组上部局部见薄煤）。

(1)垣曲盆地古近纪含煤地层。古近系渐新统白水组是垣曲盆地的含煤地层。白水组仅分布于垣曲盆地柳沟—成家坡和后头坡一带，约 50km² 的范围内，出露最大厚度（柳沟剖面）为 380m，与西滩组连续沉积，而上覆新近系和第四系则覆盖在白水组的不同层位上，呈角度不整合接触关系，白水组的主要岩性为底部含砾砂岩，其上为浅灰绿色、黄绿色泥岩与浅黄色、浅灰黄色粉砂岩和细粒砂岩互层，间夹浅灰白色具泥晶结构的泥灰岩与黑色褐煤和碳质泥岩。盆地共含煤 21 层，煤层总厚 26.30m，含煤系数 6.88%。单层煤厚 0.10~0.80m，最厚达 1.20m。煤层不稳定，呈透镜状、窝子状产出。

(2)繁峙玄武岩区古近纪含煤地层。主要分布在繁峙县城北一带，面积约 550km²，玄武岩微向滹沱河谷倾斜，倾角小于 15°，岩性主要为灰色、灰黑色伊丁石化粗玄岩、橄榄粗玄岩夹中细粒橄榄玄武岩，由玄武岩多次喷发沉积而成，具有韵律、多旋回的层状构造，其间夹数个各具棕色、黄褐色、灰白色、黑色等不同色彩的玄武岩喷发间断风化面（或沉积夹层），岩性为黏土、砂岩、黏土化玄武岩或褐煤。

4. 煤层

山西省境内的含煤地层发育良好,出露广泛,含煤地层覆盖面积占到全省面积的 2/5。主要成煤时代是石炭纪—二叠纪和侏罗纪,其次是白垩纪、古近纪。就其工业价值和经济价值而言,石炭纪—二叠纪和侏罗纪是最重要的含煤时代,白垩纪、古近纪的含煤地层大多只具备研究价值,开发利用前景不大。

石炭纪—二叠纪含煤地层在山西的分布最为广泛,从南到北、从东到西,广布于三晋大地之上,前述的"含煤地层覆盖面积占到全省面积的 2/5"即指石炭纪—二叠纪含煤地层。

较相比而言,侏罗纪地层的分布就较为局限,主要分布范围是在北纬 38 度线以北。在北纬 38 度线以南分布范围较为局限,仅限于太谷、祁县、榆社三县的交界地带,不仅分布零星,其地层也只发育中侏罗统云冈组。

将含煤地层进一步划分,可细分为本溪组、太原组、山西组、下石盒子组、大同组。在这 5 个含煤地层中,本溪组和下石盒子组仅有地质研究价值和指相意义。

根据含煤地层的发育特征、分布区域及范围大小、所处的大地构造部位,划分为六大煤田和 8 个煤产地。这六大煤田是:大同煤田、宁武煤田、西山煤田、霍西煤田、河东煤田、沁水煤田。8 个煤产地是:阳高煤产地、广灵煤产地、浑源煤产地、五台煤产地、灵丘煤产地、繁峙煤产地、平陆煤产地、垣曲煤产地。以大同煤田、河东煤田、沁水煤田为例可见一斑。

1)大同煤田

大同煤田位于山西省的最北端,是双纪煤田,即大同侏罗纪煤田和大同石炭纪—二叠纪煤田。从平面上看,大同侏罗纪煤田镶嵌于大同石炭纪—二叠纪煤田之中,在北部略有超出。从纵向上看,大同侏罗纪煤田叠加于大同石炭纪—二叠纪煤田之上。

(1)大同侏罗纪煤田。

含煤地层为大同组,共含煤层 20 余层,其中可采煤层有 14 层(含复煤层,即分层),编号为 2、3、4、7、8、9、10、11-1、11-2、11-3、12、13、14、14-2 号。

由于大同侏罗纪的煤炭资源已全部被占用,且历年来开采强度很大,所剩资源已不多,目前有的矿井煤炭资源已接近枯竭,正谋求转移或向深部石炭纪—二叠纪延伸,故对大同侏罗纪的煤层不再做进一步的叙述。

(2)大同石炭纪—二叠纪煤田。

大同石炭纪—二叠纪煤田的主要含煤地层是太原组和山西组,共含有编号的煤层 14 层,其中:山西组含煤 4 层,编号为山$_1$、山$_2$、山$_3$、山$_4$;太原组含煤 10 层,编号为 1、2、3、4、5、6、7、8、9、10 号。

①山西组。

A.煤层发育特征。

山西组含煤 4 层,编号为山$_1$、山$_2$、山$_3$、山$_4$。这 4 层煤除山$_4$号煤层外,其余煤层厚度薄、稳定性差、发育零星,仅有地质研究意义。

山$_1$号煤层:位于山西组顶部,上距山西组与下石盒子组分界砂岩 K_4 约 7.00m 左右。厚度为 0~0.72m,平均为 0.15m。该煤层分布极为零星,野外以煤线形式出现,且不稳定。因其厚度小,稳定性差,煤田勘查钻孔中很难发现其行踪。

山$_2$号煤层:位于山西组上部,上距 K_4 砂岩 10~15m。由于它与山$_1$号煤层很难同时出现在一个钻孔中,所以与山$_1$号煤层的间距难以界定。厚度为 0~0.90m,平均为 0.23m。该煤层分布极为零星。

山$_3$号煤层:位于山西组中下部,上距 K_4 砂岩 15~20m。厚度为 0~1.30m,平均为 0.25m。虽然见有零星可采点,但其稳定性差,均无开采价值。

山$_4$号煤层:是山西组所含煤层中仅有的可采煤层,发育于山西组下部,位于山西组与太原组分界砂岩 K_3 之上 2~5m,有时 K_3 砂岩为其直接底板。煤层厚度大,稳定性好,厚度为 0.20~9.97m,平均为 2.44m。顶板岩性多为砂岩、砂质泥岩,底板岩性多为碳质泥岩,结构简单。山$_4$号煤层主要分布于大同煤田的中部偏东,在煤田的北部和南部分布的普遍性略差。

山西组煤层发育特征见表 3-14-5,各煤层厚度比较见图 3-14-1。

表 3-14-5　山西组煤层主要特征表

煤层编号		山$_1$	山$_2$	山$_3$	山$_4$
厚度 /m	最小	0	0	0	0.20
	最大	0.72	0.90	1.30	9.97
	平均	0.15	0.23	0.25	2.44

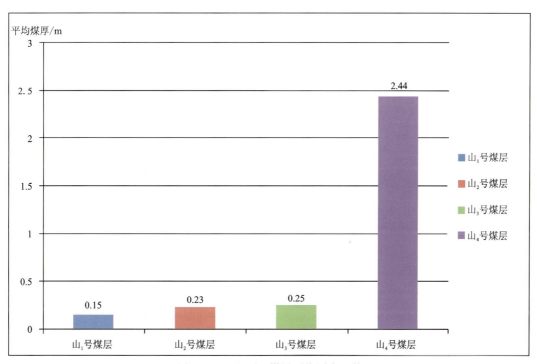

图 3-14-1　山西组煤层平均厚度比较

B. 煤层对比。

山西组的煤层对比主要是采用标志层法,煤层特征法(煤层厚度、结构),煤层、标志层间距法。

a. 山$_4$ 号煤层的对比。

从山西组的岩性组成特征来看,位于底部的 K$_3$ 砂岩是理想的对比标志。该砂岩具有厚度大(最厚可达 20 余米),稳定性好(在整个煤田普遍发育)的特征,是一个良好的对比标志。

在多数情况下,山$_4$ 号煤层与 K$_3$ 砂岩的间距较近,有时 K$_3$ 砂岩成为山$_4$ 号煤层的直接底板。在有的地区,二者的间距也会加大,最大时可达 20m 以上。当山$_4$ 号煤层与 K$_3$ 砂岩的间距较大时,山$_4$ 号煤层会有夹矸发育,即结构由简单变为中等,这一变化特征较为明显,也可作为对比依据之一。

通过以上几个特征来确认山$_4$ 号煤层,一般情况下不会有大的误差,对比结果具有相当的可靠性。

b. 山$_1$ 号煤层、山$_2$ 号煤层、山$_3$ 号煤层的对比。

这三层煤的共同特点是:煤层厚度小;横向稳定性差;与上、下标志层与煤层的间距变化大。这三层煤的上述 3 个特点,使得煤层对比无规律可循,极大地增加了对比的难度。

本次对这三层煤的对比主要是依据数层法和产出部位法,对比依据的顺序是:

首先确定煤层的产出部位,位于山西组顶部的煤层,一般定为山$_1$ 号煤层,按间距的加大依次定为山$_2$ 号煤层、山$_3$ 号煤层。

当同一剖面出现多层煤时(山$_4$ 号煤层除外),则按顺序自上而下依次排为山$_1$ 号煤层、山$_2$ 号煤层、山$_3$号煤层。

当同一剖面出现 3 层以上煤层时(山$_4$号煤层除外),则按产出的部位顺序选取厚度大的进行编号,剩余的煤层则作为无编号煤层处理。

当同一剖面出现的煤层少于 3 层时(山$_4$号煤层除外),则按产出部位确定编号。

② 太原组。

A. 煤层发育特征。

太原组共含煤 11 层,按照本煤田大部分地区的编号习惯,编为 1、2、3、4、5、3-5、6、7、8、9、10 号,其中 3、5(3-5)、8 号为全区稳定可采煤层,2、6、9 号为局部或零星可采煤层,1、7、10 号为不可采煤层。在煤田南部,煤层的编号与其他地区有所差别。

1 号煤层:发育于太原组顶部,是一层极不发育的煤层,仅在极个别钻孔见其痕迹,最大厚度不足 0.50m。不仅没有工业价值,也很少有研究价值和对比意义。

2 号煤层:发育于太原组顶部,上距 1 号煤层约 1m 左右,主要分布于煤田的中东部、北部和南部,西部较少见到此煤层。在发育区范围内稳定性较好,结构简单,一般不含夹矸。厚度为 0.11~4.49m,平均为 2.06m。顶板岩性多为砂岩、泥岩,底板岩性多为砂质泥岩、碳质泥岩。

3 号煤层:发育于太原组上部,上距 2 号煤层约 4.30m。全煤田普遍发育,稳定性好,是大同煤田主要可采煤层之一。全煤田范围内,厚度为 0.25~10.16m,平均 3.89m。发育于煤田南部的 3 号煤层(南部编号为 4 号)厚度大,在 5.85~6.08m 之间,平均 5.97m,稳定性好,是煤田南部重要的可采煤层之一。顶板岩性多为细粒砂岩、砂质泥岩,底板岩性多为砂质泥岩。在煤田各处的发育特征见表 3-14-6。

表 3-14-6　3 号煤层发育特征表

区域(本区编号)	最小厚度/m	最大厚度/m	平均厚度/m
潘家窑(3)	1.30	3.71	2.51
塔山(3)	0.25	9.95	3.76
魏家沟(3)	3.09	8.28	6.12
小峪(3)	0.89	10.16	5.79
燕子山(3)	0.52	7.59	5.94
左云南(3)	0.37	8.77	3.24
史家屯(4)	5.85	6.08	5.97
发育区汇总	0.25	10.16	3.89

4 号煤层:发育于太原组上部,上距 3 号煤层约 2.10m。4 号煤层主要发育于中、南部,煤田北部未见有 4 号煤层发育,发育于煤田中部的 4 号煤层厚度小,稳定性差,尖灭频繁,煤层厚度多在 1.00m 以下(平均 0.50m 左右),向四周则迅速尖灭。在小峪一带,煤层较为发育,厚度为 0.15~2.85m,平均为 1.62m。

5 号煤层:在煤田北部,发育于太原组上部,有时 K$_3$ 砂岩成为其直接顶板。往南 5 号煤的层位逐渐向下移动,到了煤田南部便位于太原组中下部了(在煤田南部煤层编号为 9 号)。该煤层全煤田普遍发育,稳定性好,是大同煤田主要可采煤层之一。全煤田范围内,厚度为 0.76~21.50m,平均 10.10m。顶板岩性多为砂砾岩、砂质泥岩,底板岩性多为砂质泥岩、细砂岩。有时 3 号煤层和 5 号煤层会合并为一层,称为 3-5 号煤层。合并区主要分布于魏家沟、塔山、同忻勘探区及左云南勘探区的局部区域。在 3-5 号煤层的分布区,4 号煤层处于尖灭状态。3-5 号煤层厚度为 10.90~25.55m,平均 17.58m。顶板岩性多为砂砾岩、粗砂岩,底板岩性多为泥岩、碳质泥岩。5 号煤层在全煤田范围内普遍情况略有不同,各个不同区域煤层的发育特征见表 3-14-7。

表 3-14-7　5 号煤层发育特征表

区域(本区编号)	最小厚度/m	最大厚度/m	平均厚度/m
潘家窑(5)	8.44	21.50	12.27
塔山(5)	2.69	14.25	9.38
魏家沟(5)	11.06	14.99	13.30
小峪(5)	2.87	16.55	7.01
燕子山(5)	0.76	12.10	4.80
左云南(5)	2.33	19.90	9.73
同忻(5)	1.70	7.14	4.51
史家屯(9 号)	3.82	14.01	9.10
发育区汇总	0.76	21.50	10.10

6 号煤层：主要发育于煤田的中南部地区，在潘家窑、塔山、魏家沟、左云南等勘探区有零星分布，煤田北部较少见其痕迹(偶而以煤线形式出现)，横向稳定性差。煤层产出部位是太原组的中部，上距 5 号煤层约 2.60m。厚度为 0～1.80m，平均为 0.47m，属零星可采煤层。在塔山、魏家沟区煤层最大厚度可达 3.14m，属局部可采或零星可采煤层。顶板岩性多为泥岩、碳质泥岩，底板岩性多为砂质泥岩。

7 号煤层：发育于太原组中部，上距 6 号煤层约 12.00m。与 6 号煤层一样，呈星点状散布于全煤田的各处，发育区面积小，尖灭区面积大。基本特点是煤层厚度小，稳定性差，尖灭频繁。厚度为 0～3.50m，平均为 0.95m，属零星或局部可采煤层。

8 号煤层：位于太原组下部(在煤田南部的玉井区编号为 11 号)，上距 7 号煤层约 6.50m。全煤田普遍发育，是煤田内的主要可采煤层之一。厚度为 0.35～10.69m，平均为 4.57m。顶板岩性多为泥岩、泥灰岩，底板岩性多为高岭质泥岩、泥岩、细砂岩。发育特征详见表 3-14-8。

表 3-14-8　8 号煤层发育特征表

区域(本区编号)	最小厚度/m	最大厚度/m	平均厚度/m
潘家窑(8)			3.94
塔山(8)	3.30	9.92	6.17
魏家沟(8)	3.20	7.15	5.92
小峪(8)	3.80	7.71	5.34
燕子山(8)	1.60	10.69	5.87
左云南(8)	0.35	10.20	3.47
同忻(8)	0.65	4.15	2.62
史家屯(11 号)	4.00	6.44	5.26
发育区汇总	0.35	10.69	4.57

另外，在左云南勘探区，8 号煤层常多出一个分层(8-1 号煤层)，8-1 号煤层在左云南勘探区发育较为广泛，厚度为 0.28～5.29m，平均为 2.15m。

9 号煤层：位于太原组下部，上距 8 号煤层约 2.30m。发育零星，属局部或零星可采煤层。厚度为 0.10～3.52m，平均为 0.82m。顶板岩性多为砂质泥岩，底板岩性多为高岭质泥岩、泥岩。煤层发育特征详见表 3-14-9。

表 3-14-9 9 号煤层发育特征表

区域（本区编号）	最小厚度/m	最大厚度/m	平均厚度/m
潘家窑 9	0.50	2.54	1.35
塔山（9）	0.30	3.52	0.97
小峪（9）	0.45	2.00	1.11
燕子山（9）	0.10	0.90	0.64
左云南（9）	0.10	2.50	0.72
同忻（9）	0.46	0.50	0.48
史家屯（11 号）	数据在 8 号煤层中统计		
发育区汇总	0.10	3.52	0.82

10 号煤层：位于太原组底部，上距 9 号煤层约 1.70m。发育零星，属不可采或零星可采煤层，一般很难见到其踪迹。在小峪一带较为发育，厚度为 0.25～1.76m，平均为 0.86m，属局部可采或零星可采煤层。在其他地区，煤层厚度小（一般小于 0.50m）且分布零星。顶板岩性多为砂质泥岩、细粒砂岩，底板岩性多为砂质泥岩、泥岩。各煤层平均厚度比较见图 3-14-2。

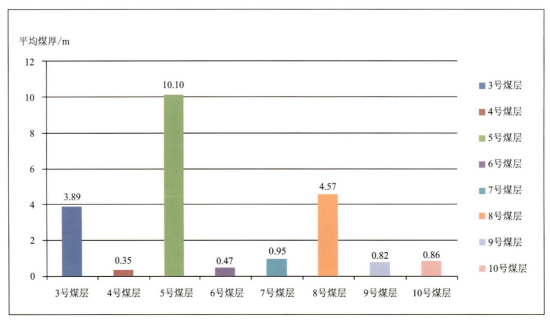

图 3-14-2 各煤层平均厚度比较

B. 煤层对比。

太原组的煤层对比主要是采用标志层法，煤层特征法（煤层厚度、结构），煤层、标志层间距法。

a. 太原组的煤层、标志层主要特征如下。

K_1 灰岩：该灰岩全煤田普遍发育，横向稳定性好，在空间上连续稳定，在时间上有相对统一的优势，是一个良好的对比标志。它是距太原组底部最近的一层灰岩，位于 K_2 砂岩之下数米，是确认 K_2 砂岩的良好的辅助标志层。

K_2 砂岩：该砂岩是太原组与本溪组的分界砂岩，具有厚度变化大（从不足 1m 到 13m 以上），层位稳定的特征，岩性在横向上相对比较稳定（有时会相变为粉砂岩）。K_2 砂岩与 K_1 灰岩相距不远，把 K_1 灰岩作为辅助标志层来确定 K_2 砂岩具有相当的准确性。

K_3 砂岩：该砂岩具有厚度大（最厚可达 20 余米）、稳定性好（在整个煤田普遍发育）的特征，是一个良好的对比标志。虽然该砂岩的岩性有时在横向上粒度变化较大(相变为粉砂岩),但其层位稳定。

b.5 号煤层的对比。

5 号煤层的对比相对简单,首先,该煤层具有厚度大(煤田内厚度最大)、稳定性好的特征,5 号煤层本身就是良好的对比标志。其次,5 号煤层位于 K_3 砂岩之下,有时 K_3 砂岩是 5 号煤层的直接顶板。它与 K_3 砂岩相互印证,可以得到较为准确的对比效果。

c.8、9 号煤层的对比。

8、9 号煤层位于 5 号煤层之下,是除 5 号煤层以外厚度最大的煤层。当 5 号煤层确定之后,其下的厚煤层便是 8、9 号煤层了。8、9 号煤层的另一特点是:两层煤在有的区域厚度相近,当两层煤厚度不相等时,基本上是 8 号煤层厚度大,9 号煤层厚度小。

d.10 号煤层的对比。

10 号煤层位于太原组底部,厚度薄、稳定性差,距 K_2 砂岩很近,一般将太原组最下面的一层薄煤层定为 10 号煤层。

e.6、7 号煤层的对比。

6、7 号煤层是位于 5 号煤层之下,8、9 号煤层之上的两层薄煤层,其层位的确定主要是依据 5 号煤层和 8、9 号煤层的确认,当 5 号煤层和 8、9 号煤层确定后,6、7 号煤层的确定就容易了。

f.1、2、3、4 号煤层的对比。

1、2、3、4 号煤层位于太原组顶部及上部,对比依据主要有两个:一是依据 K_3 砂岩,二是依据 5 号煤层,1、2、3、4 号煤层位于 K_3 砂岩和 5 号煤层之间。如何区分这 4 层煤难度较大,只能依据这 4 层煤的产出层位,用数层的方法来确定,其准确性不好判断。

2)河东煤田

河东煤田自北向南几乎贯穿全省,煤层横向变化较大,加之不同的地质勘查单位对煤层的编号未能统一。为阅读方便,本次对煤层进行了统一编号。各地区煤层的编号对应关系如表 3-14-10、表 3-14-11 所示。

表 3-14-10 山西组煤层编号对比表

地区	煤层编号对应关系				
河曲	1	3	4	6	8
保德	1	3	4	6	8
兴县	1	3	4	6	8
临县	1	3	4	6	8
三交北	1	2	3	4	5
三交	1	2	3	4	5
柳林		2	3	4(3+4)	5
石楼	1	2	3	4(3+4)	5
隰县			1	2	3
蒲县			1	2	3
乡宁			1	2	3
王家岭			1	2	3

表 3-14-11 太原组煤层编号对比表

地区	煤层编号对应关系				
河曲	9	10	11	13	15
保德	9	10	11	13	15
兴县	9	10	11	13	15
临县	9	10	11	13	15
三交北	6	7	8	9	11
三交	6	7	8	9	11
柳林	6	7		8+9、9、8+9+10	11
石楼	6	7	9、8+9	10、9+10	11
隰县	7	8		10	11
蒲县	7	8	9	10	
乡宁	7	8		10	
王家岭	7	8		10	12

河东煤田的主要含煤地层是太原组和山西组,共含煤层10层,其中:山西组含煤5层,编号为1、2、3、4、5号;太原组含煤5层,编号为6、7、8、9、10号。

①山西组。

A.煤层发育特征。

就全煤田的煤层发育特征而言,在山西组所含的5层煤层中,基本属局部可采或零星可采煤层,无稳定的全区可采煤层。而对于某一个局部区域而言,常有稳定可采煤层。

1号煤层:位于山西组上部,该煤层仅在三交一带发育较好,煤层厚度为0.10~2.22m,平均厚度为0.92m,结构简单,属局部或零星可采煤层。在其他区域,煤层厚度横向变化很大,多属极不稳定煤层,无工业价值。煤层的顶板多为砂质泥岩、泥岩,底板多为泥岩、砂质泥岩。

2号煤层:位于山西组上部,上距1号煤层1.69~10.88m,平均6.80m。该煤层在三交、柳林、石楼一带发育较好,煤层厚度为0~2.31m,平均厚度为0.87m,结构简单。在三交属局部可采煤层,在柳林、石楼一带属零星可采煤层。在其他区域,煤层厚度横向变化很大,多属极不稳定煤层,无工业价值。煤层的顶板多为砂质泥岩、泥岩,底板多为泥岩、砂质泥岩。在兴县、三交、三交北一带属稳定可采煤层,在保德、临县、柳林、石楼一带属局部可采煤层。在隰县、蒲县、乡宁、王家岭地区,煤层厚度在0.91~8.65m之间。煤层的顶板多为砂质泥岩、泥岩、细砂岩,底板多为泥岩、砂质泥岩。煤层发育特征见表3-14-12。

表 3-14-12 2号煤层发育特征表

区域(本区编号)	最小厚度/m	最大厚度/m	平均厚度/m
三交(2)	0.19	2.11	1.03
柳林(2)	0	1.30	0.59
石楼(2)	0	2.31	0.98
分布区汇总	0	2.31	0.87

3号煤层:位于山西组中部,上距2号煤层1.01~22.45m,平均为9.44m。该煤层在煤田中北部的兴县、临县、三交北、三交、柳林、石楼一带发育较好,煤层厚度为2.73m,平均厚度为1.11m,结构简单。在兴县、三交、柳林属局部可采煤层,在临县、三交北、石楼一带属零星可采煤层。煤层的顶板多为砂质

泥岩、泥岩、粉砂岩,底板多为泥岩、粉砂岩。煤层发育特征见表3-14-13。

表3-14-13 3号煤层发育特征表

区域(本区编号)	最小厚度/m	最大厚度/m	平均厚度/m
兴县(4)	0.53	2.63	1.41
县(4)	0	2.73	1.36
三交北(3)	0	1.77	0.80
三交(3)	0.45	1.80	1.09
柳林(3)	0.50	1.90	1.07
石楼(3)	0	1.77	0.91
分布区汇总	0	2.73	1.11

4号煤层:位于山西组下部,上距3号煤层9.00~12.00m,平均为10.00m。该煤层在煤田中北部的柳林、石楼一带常与3号煤层合并为一层(有时与5号煤层合并),在未合并的区域3、4号煤层的间距变化很大,在0.75~20.30m之间,一般为9.00m。保德区—石楼区一带,煤层厚度为0~4.85m。煤层发育特征见表3-14-14。

表3-14-14 4号煤层发育特征表

区域(本区编号)	最小厚度/m	最大厚度/m	平均厚度/m
保德(6)	0	4.85	1.15
兴县(6)	0.72	2.32	1.31
临县(6)	0.30	1.86	1.08
三交北(4)	0.73	3.56	1.69
三交(4)	1.69	6.32	3.86
柳林(4、3+4)	0.04	4.96	2.75
石楼(4、3+4)	0.04	5.25	1.71
隰县(2)	1.09	5.65	3.18
蒲县(2)	2.77	2.83	2.80
乡宁(2)	0.91	8.65	4.92
王家岭(2)	3.09	8.50	6.20
分布区汇总	0	8.65	2.79

5号煤层:位于山西组下部,上距4号煤层2.00~12.00m,平均为3.00m左右。该煤层在煤田北部的保德、兴县、临县一带与4号煤层的间距较大,一般在10.00m左右,向煤田南部间距逐渐减小为2.00~3.00m。在隰县区、蒲县区、乡宁区、王家岭区,煤层厚度为0~1.88m,结构简单,基本属不稳定—较稳定、局部可采或零星可采煤层。全煤田普遍发育,煤层厚度为0~11.40m,平均厚度2.24m,在大部分地区结构简单—中等,在兴县、三交北、柳林、石楼一带结构复杂。在煤田范围内基本属较稳定、大部可采煤层。煤层的顶板多为粉砂岩、泥岩、细砂岩、砂质泥岩,底板多为泥岩、砂质泥岩。煤层发育特征见表3-14-15。

表 3-14-15 5 号煤层发育特征表

区域(本区编号)	最小厚度/m	最大厚度/m	平均厚度/m
河曲(8)	0.25	6.95	3.65
保德(8)	0.15	11.40	4.30
兴县(8)	0.39	7.28	2.68
临县(8)	0.60	7.66	4.13
三交北(5)	0.35	7.88	3.87
三交(5)	0.15	4.60	1.03
柳林(5)	0	5.04	2.54
石楼(5)	0	2.78	1.01
隰县(3)	0	1.85	1.03
蒲县(3)	0	1.88	1.04
乡宁(3)	0	1.63	0.80
王家岭(3)	0.10	1.39	0.80
全煤田	0	11.40	2.24

山西组各煤层发育区平均厚度情况见图 3-14-3。

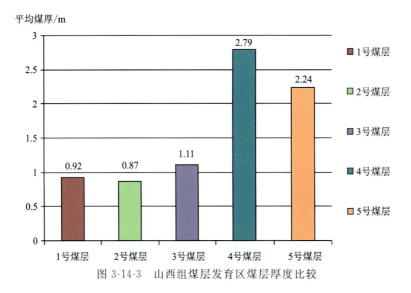

图 3-14-3 山西组煤层发育区煤层厚度比较

B. 煤层对比。

山西组的煤层对比主要是采用标志层法,煤层特征法(煤层厚度、结构),煤层、标志层间距法。首先通过对比确定主采煤层,再以确定的主采煤层为对比依据确认其他煤层。

a. 5 号煤层的对比。

5 号煤层位于山西组的底部、太原组与山西组的分界砂岩 S_4(亦称 K_3 砂岩)之下,二者相距甚近,有时 S_4 砂岩是 5 号煤层的直接底板,S_4 砂岩是 5 号煤层重要的对比标志。5 号煤层厚度大,是山西组厚度最大的煤层,且结构简单(个别为中等或复杂),这一特征是明显且突出的。

b. 1 号煤层的对比。

1 号煤层位于山西组的顶部、下石盒子组与山西组的分界砂岩(S_5)之下,S_5 砂岩是其主要的对比标志。该煤层的分布范围很局限,仅限于三交矿区一带。在 1 号煤层之上,有时发育几条煤线或薄煤层,有的编为 01、02、03 号,有的则未编号,给 1 号煤层的对比带来极大的困难。在这一范围内,一般将厚度较大、层位偏下的定为1号煤层。

c. 2号煤层的对比。

2号煤层位于山西组的上部，上距1号煤层1.69～10.88m，平均6.80m。具有厚度变化大、结构简单的特点。与1号煤层的区别基本依靠与(S_5)砂岩的距离，无其他更有效的办法。

d. 3号煤层的对比。

3号煤层位于山西组的中部偏下，上距2号煤层1.01～22.45m，平均9.44m。具有厚度变化大、结构简单的特点。与2号煤层的区别基本依靠其产出层位，无其他更有效的办法。

e. 4号煤层的对比。

4号煤层位于山西组的下部，具有厚度变化大、结构简单的特点。其对比依据主要是与5号煤层的距离，4号煤层距5号煤层较近，有时与5号煤层合并。

②太原组。

太原组含煤5层，编号为6、7、8、9、10号。其中9号煤层全煤田普遍发育，其余煤层属局部发育或零星发育的煤层。

A. 煤层发育特征。

6号煤层：位于太原组顶部，上距5号煤层2.00～34.00m之间，平均15.00m。该煤层在煤田北部的保德、三交一带与5号煤层的间距较大，一般23.00～28.00m。仅发育于河曲、保德、三交、柳林、蒲县一带，煤层厚度0～8.05m，平均厚度1.59m，结构简单，在发育区范围内基本属较稳定、大部可采煤层或局部可采煤层。其他区域6号煤层不甚发育。煤层的顶板多为灰岩、泥灰岩、海相泥岩，底板多为泥岩、砂质泥岩、粉砂岩。煤层发育特征见表3-14-16。

表3-14-16　6号煤层发育特征表

区域（本区编号）	最小厚度/m	最大厚度/m	平均厚度/m
河曲（9）	0.68	3.99	2.34
保德（9）	0.05	8.05	3.20
三交（6）	0.20	1.50	0.82
柳林（6）	0	1.90	0.74
蒲县（7）	0	1.20	0.86
分布区汇总	0	8.05	1.59

7号煤层：位于太原组上部，上距6号煤层3.00～38.00m，平均20.00m。该煤层在煤田北部的河曲、保德一带与6号煤层的间距较小，在3.00～24.00m之间，一般7.00～8.00m。向南部间距变大，多在25.00～38.00m之间，平均23.00m。仅发育于河曲、保德、临县、石楼、蒲县、王家岭一带，煤层厚度0～13.36m，平均厚度1.82m，结构简单，在发育区范围内基本属较稳定、大部可采煤层或局部可采煤层。煤层的顶板多为砂质泥岩、泥岩、细砂岩，底板多为泥岩、砂岩、砂质泥岩。煤层发育特征见表3-14-17。

8号煤层：位于太原组下部，上距7号煤层4.00～41.00m，平均19.00m。该煤层在煤田北部的河曲、临县及中南部的石楼一带与7号煤层的间距较小，一般在4.00～21.00m之间，平均9.00m。在三交北、三交一带与7号煤层的间距较大，一般在31.00～41.00m之间。仅发育于河曲、保德、临县、三交北、三交、石楼一带，煤层厚度0.05～10.90m，平均厚度2.90m，在大部分分布区属于结构简单，仅在石楼区属结构复杂。在河曲、三交北、三交、石楼一带基本属稳定可采煤层，在保德、临县一带属大部可采煤层或局部可采煤层。煤层的顶板多为砂质泥岩、泥灰岩、灰岩，底板多为泥岩、砂质泥岩。煤层发育特征见表3-14-18。

表 3-14-17　7号煤层发育特征表

区域(本区编号)	最小厚度/m	最大厚度/m	平均厚度/m
河曲(10)	1.00	10.98	5.99
保德(10)	0.02	13.36	1.50
临县(10)	0.30	0.87	0.58
石楼(7)	0.55	5.10	1.56
蒲县(8)	0	1.03	0.73
王家岭(8)	0	1.57	0.55
分布区汇总	0	13.36	1.82

表 3-14-18　8号煤层发育特征表

区域(本区编号)	最小厚度/m	最大厚度/m	平均厚度/m
河曲(11)	2.15	8.65	5.38
保德(11)	0.05	10.90	2.72
临县(11)	0.13	0.95	0.54
三交北(8)	2.50	9.72	3.32
三交(8)	2.14	4.67	3.25
石楼(9,8+9)	0.71	5.00	2.18
分布区汇总	0.05	10.90	2.90

9号煤层:层位于太原组下部,上距8号煤层1.50～21.00m,平均7.60m。全煤田普遍发育,是煤田内的主要可采煤层,煤层厚度0.55～17.60m,平均厚度5.49m,在大部分地区结构简单—中等,在河曲、石楼、乡宁一带结构复杂。在煤田范围内基本属稳定—较稳定煤层,在河曲、保德、兴县、临县、三交、柳林、石楼、隰县、蒲县、王家岭属稳定可采煤层,仅在三交北、乡宁两区域属大部或局部可采煤层。煤层的顶板多为灰岩、炭质泥岩、泥岩,底板多为泥岩、砂质泥岩。煤层发育特征见表3-14-19。

表 3-14-19　9号煤层发育特征表

区域(本区编号)	最小厚度/m	最大厚度/m	平均厚度/m
河曲(13)	1.75	17.63	9.69
保德(13)	0.70	11.80	7.65
兴县(13)	5.17	16.43	11.49
临县(13)	5.26	15.77	10.51
三交北(9)	0.55	6.02	3.79
三交(9)	1.04	9.72	4.19
柳林(8+9+10)	1.84	10.30	4.64
石楼(10,9+10)	1.05	6.55	3.28
隰县(10)	0.85	5.60	2.57
蒲县(10)	0.70	5.20	2.95
乡宁(10)	0.54	6.67	2.75
王家岭(10)	0.79	6.67	2.34
全煤田	0.55	17.60	5.49

10号煤层：位于太原组最下部，分布极为零星，全煤田未见可采点，属不稳定不可采煤层。其顶板为透镜状泥灰岩及其相当层位（L_0）。

太原组煤层发育区煤层厚度变化情况见图3-14-4。

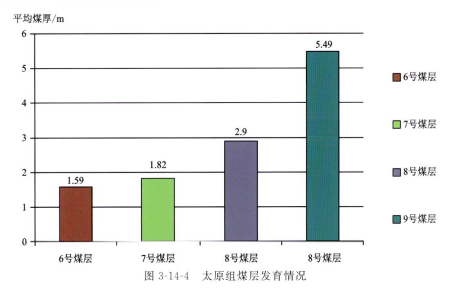

图3-14-4　太原组煤层发育情况

B. 煤层对比。

太原组的煤层对比主要是采用标志层法，煤层特征法（煤层厚度、结构），煤层、标志层间距法。首先通过对比确定主采煤层，再以确定的主采煤层为对比依据确认其他煤层。

a. 9号煤层的对比。

在临县及其以南地区，9号煤层的对比主要是依据K_2（L_1）灰岩，该灰岩是9号煤层的直接底板（有时会有伪底）。在临县及其以北地区主要是依据L_0灰岩，该灰岩位于9号煤层之下，二者相距不远。当灰岩不发育时，煤层自身的厚度及产出层位便是重要标志。位于太原组最下面的、厚度最大的一层（组）煤便可定为9号煤层。

b. 10号煤层的对比。

10号煤层位于太原组最下部，煤层厚度小，分布零星，稳定性差，顶板为透镜状灰岩及其相当层位（L_0）。

c. 6号煤层的对比。

6号煤层位于太原组的顶部，在河曲、保德一带，6号煤层位于山西组与太原组的分界砂岩（S_4）之下，7号煤层之上，煤层结构简单。在三交、柳林矿区一带，6号煤层位于L_5灰岩之下。7号煤层、S_4砂岩、L_5灰岩是6号煤层对比的主要依据。

d. 7号煤层的对比。

在煤田的南部（石楼区以南），7号煤层位于K_3灰岩之上，K_3灰岩经常为其直接底板。

在煤田的中北部（石楼区到兴县区），7号煤层位于L_4灰岩之下，L_4灰岩经常为其直接顶板。

在煤田北部的河曲、保德一带，以煤层厚度巨大为特征，多在10m以上，在太原组有3层巨厚煤层，最上面一层即为7号煤层。

e. 8号煤层的对比。

在煤田的南部（隰县区以南），8号煤层位于K_2灰岩和K_3灰岩之间，K_2灰岩经常为其直接底板，K_3灰岩经常为其直接顶板。

在煤田的中北部（石楼区到临县区），8号煤层位于L_1灰岩之下，L_1灰岩经常为其直接顶板。

在煤田北部的河曲、保德一带，以煤层厚度巨大为特征，多在10m左右，在太原组有3层巨厚煤层，中间一层即为8号煤层，其下不远即是9号煤层。

3)沁水煤田

沁水煤田的主要含煤地层是太原组和山西组,共含煤层17层。其中,山西组含煤4层,编号为1、2、3、4号;太原组含煤13层,编号为5、6、7、8、9、10、11、12、13、14、15、15$_下$、16号。

①山西组。

A.煤层发育特征。

1号煤层:位于山西组上部,该煤层在煤田范围内不甚发育,主要分布于沁源北区、沁源南区、安泽区、左权区一带。发育区范围内煤层厚度为0~2.30m,平均厚度为1.24m,结构简单,基本属不稳定煤层,除安泽区外,属局部可采或零星煤层。该煤层在安泽区发育较好,煤层厚度为2.20~2.30m,平均厚度为2.25m,结构简单,属稳定、全区可采煤层。煤层的顶板多为砂质泥岩、泥岩、中细砂岩,底板多为泥岩、砂质泥岩。煤层发育特征见表3-14-20。

表3-14-20　1号煤层发育特征表

区域(本区编号)	最小厚度/m	最大厚度/m	平均厚度/m
沁源北区(1)	0	1.37	0.71
沁源南区(1)	0	1.91	0.79
安泽区(1)	2.20	2.30	2.25
左权区(1)	0	2.28	1.20
分布区汇总	0	2.30	1.24

2号煤层:位于山西组上部,上距1号煤层7~22m,平均约10m。该煤层在煤田范围内发育不是很广泛,主要分布于沁源北区、沁水西区、武乡区、左权区、平遥区一带。发育区范围内煤层厚度变化很大,在0~6.86m之间,平均厚度为1.10m,结构简单。在武乡区属极不稳定、零星煤层,其他区域属不稳定局部可采煤层。煤层的顶板多为砂质泥岩、泥岩、中细砂岩,底板多为细砂岩、泥岩、砂质泥岩。煤层发育特征见表3-14-21。

表3-14-21　2号煤层发育特征表

区域(本区编号)	最小厚度/m	最大厚度/m	平均厚度/m
沁源北区(2)	0	2.30	0.67
沁水西区(2)	0.39	6.86	1.88
武乡区(3$_上$)	0	1.92	0.64
左权区(2)	0.35	1.95	1.28
平遥区(2)	0.20	3.03	1.05
分布区汇总	0	6.86	1.10

3号煤层:位于山西组下部,上距2号(或1号煤层)煤层6.70~16.21m,平均约9.27m。除昔阳—和顺区未见该煤层外,该煤层在煤田范围内广泛发育,是山西组主要可采煤层,也是沁水煤田的主要可采煤层之一。

煤田范围内煤层厚度变化很大,在沁源北区、沁水西区、太原东山区和平遥区有时会出现尖灭,煤田范围内煤层厚度一般在0~9.05m之间,平均厚度为3.65m。煤层结构在沁水东区、阳城区、晋城区属复杂,在高平东、西区属中等,其他地区均属简单。在沁源北区、沁水西区、太原东山区和平遥区属不稳定、大部可采或局部可采煤层。在左权区、寿阳区属稳定—较稳定、大部可采煤层。煤层的顶板多为砂质泥岩、泥岩、中细砂岩,底板多为粉砂岩、泥岩、砂质泥岩。煤层发育特征见表3-14-22。

表 3-14-22　3 号煤层发育特征表

区域(本区编号)	最小厚度/m	最大厚度/m	平均厚度/m
沁源北区(3)	0	1.45	0.59
沁源南区(2)	0.90	2.73	1.80
安泽区(2)	2.50	3.30	2.90
沁水西区(3)	0	5.88	2.14
沁水东区(3)	2.59	7.75	5.78
阳城区(3)	2.80	7.06	5.45
晋城区(3)	4.83	7.00	6.28
高平东区(3)	1.72	7.89	5.79
高平西区(3)	3.77	6.67	5.68
长治区(3)	3.10	8.40	6.72
潞安区(3)	5.00	9.05	6.00
武乡区(3)	2.14	7.20	5.86
左权区(3)	0.20	4.70	1.90
阳泉区(3)	0.75	4.32	2.27
寿阳区(3)	0.24	3.55	1.09
太原东山区(3)	0	2.30	0.88
平遥区(3)	0	1.91	0.90
全煤田	0	9.05	3.65

4 号煤层：位于山西组下部，该煤层在煤田范围内很不发育，仅分布于阳泉、寿阳两区，上距 3 号煤层 18～22m，平均约 20m。发育区范围内煤层厚度在 0.10～3.55m 之间，平均厚度为 1.14m，结构简单。属较稳定、局部可采煤层。煤层顶板多为砂质泥岩、粉砂岩，底板多为细砂岩、砂质泥岩。煤层发育特征见表 3-14-23。

表 3-14-23　4 号煤层发育特征表

区域(本区编号)	最小厚度/m	最大厚度/m	平均厚度/m
阳泉区(6)	0.10	3.11	1.19
寿阳区(6)	0.20	3.55	1.09
分布区汇总	0.10	3.55	1.14

B. 煤层对比。

山西组的煤层对比主要是采用标志层法，煤层特征法(煤层厚度、结构)，煤层、标志层间距法。首先通过对比确定主采煤层，再以确定的主采煤层为对比依据确认其他煤层。

a. 3 号煤层的对比。

3 号煤层位于山西组的下部、山西组与太原组分界砂岩(K_7)之上，在煤田范围内发育良好，是 K_7 砂岩之上厚度最大的一层煤，K_7 砂岩确定之后，其上的厚煤层便是 3 号煤层，这样的判断准确性很高。

b. 1 号煤层的对比。

1 号煤层位于山西组的顶部、山西组与下石盒子组分界砂岩(K_8)之下，二者相距不远，有时 K_8 砂岩是 1 号煤层的直接顶板。因其稳定性差，对比较为困难，一般来说，当 K_8 砂岩确定之后，其下的第一层煤即为 1 号煤层。

c. 2号煤层的对比。

2号煤层位于山西组的中部偏上,由于没有明显的对比标志,一般是根据其产出层位来判断,即对位于山西组中部,3号煤层之上的煤层,多将其定为2号煤层。

②太原组。

太原组含煤13层,编号为5、6、7、8、9、10、11、12、13、14、15、15$_下$、16号。另外,4号煤层仅具有编号意义,故未将其计入含煤数量统计中。

A.煤层发育特征。

5号煤层:位于太原组上部,该煤层在煤田范围内极不发育,仅分布于沁水东区,上距3号煤层(本区无4号煤层)8~15m,平均约13m。发育区范围内煤层厚度在0~1.74m之间,平均厚度为0.84m,结构简单,属不稳定、局部可采或零星可采煤层。煤层顶板为砂质泥岩、粉砂岩,底板为砂质泥岩。

6号煤层:位于太原组上部,该煤层在煤田范围内很不发育,仅分布于沁源北区、沁源南区、沁水东区、阳城区和平遥区5个区域,当有5号煤层时,上距5号煤层6~18m,平均约13m。当无4、5号煤层时,上距3号煤层6~20m,平均约12m。发育区范围内煤层厚度在0~2.80m之间,平均厚度为0.72m,结构简单,属不稳定、局部可采或零星可采煤层。煤层顶板多为砂质泥岩、泥岩,底板多为泥岩、砂质泥岩。煤层发育特征见表3-14-24。

表3-14-24 6号煤层发育特征表

区域(本区编号)	最小厚度/m	最大厚度/m	平均厚度/m
沁源北区(6)	0	2.18	0.76
沁源南区(6)	0	1.50	0.64
沁水东区(6)	0	1.60	0.43
阳城区(6)	0	1.60	0.60
平遥区(6)	0	2.80	1.75
分布区汇总	0	2.80	0.72

7号煤层:位于太原组中部,该煤层在煤田范围内很不发育,仅分布于沁源北区、沁水东区和平遥区3个区域,上距6号煤层6~24m,平均约15m。发育区范围内煤层厚度在0~2.55m之间,平均厚度为0.50m,结构简单,属极不稳定、局部可采或零星可采煤层。煤层顶板多为砂质泥岩、泥岩,底板多为泥岩、砂质泥岩。煤层发育特征见表3-14-25。

表3-14-25 7号煤层发育特征表

区域(本区编号)	最小厚度/m	最大厚度/m	平均厚度/m
沁源北区($7_下$)	0	1.28	0.54
沁水东区(7)	0	2.55	0.48
平遥区(7)	0	0.80	0.48
分布区汇总	0	2.55	0.50

8号煤层:位于太原组中部,该煤层在煤田范围内不是很发育,仅分布于沁源北区、武乡—左权区、昔阳—和顺区、阳泉区、寿阳区、太原东山区等6个区域。在沁源北区,上距7号煤层约11.80m。在武乡区、左权区、太原东山区,上距3号煤层29~33m。在阳泉曲、寿阳区,上距4号煤层8~18m。发育区范围内煤层厚度在0~3.64m之间,平均厚度为0.93m,结构简单,属不稳定、局部可采或零星可采煤层。煤层顶板在沁源北区,多为灰岩、泥灰岩,在其他区域多为泥岩、砂质泥岩。底板多为泥岩、砂质泥岩。煤层发育特征见表3-14-26。

表 3-14-26　8 号煤层发育特征表

区域（本区编号）	最小厚度/m	最大厚度/m	平均厚度/m
沁源北区（8）	0	1.83	0.58
武乡—左权区（8）	0	1.04	0.60
昔阳—和顺区（8-1）	0.30	2.03	0.74
阳泉区（8）	0.20	3.64	1.73
寿阳区（8）	0.30	3.60	1.14
太原东山区（8）	0	2.50	0.79
分布区汇总	0	3.64	0.93

9 号煤层：位于太原组中部，该煤层在煤田范围内较为发育，大部分地区可见其踪迹。位于其上的煤层在不同的地区是不一样的，有 3、6、7、8 号煤层等不同的情况，与上覆煤层的间距也有很大的差别。发育区范围内煤层厚度在 0～6.69m 之间，平均厚度 1.15m，结构简单。属稳定—较稳定，大部可采或局部可采煤层。煤层顶板在太原东山区、平遥区、沁源北区、沁源南区多为灰岩、泥灰岩，偶见砂质泥岩，在其他区域多为泥岩、砂质泥岩、中—细粒砂岩。煤层底板在高平东区、高平西区、武乡区多为中砂岩或细砂岩，其余地区多为泥岩、砂质泥岩。煤层发育特征见表 3-14-27。

表 3-14-27　9 号煤层发育特征表

区域（本区编号）	最小厚度/m	最大厚度/m	平均厚度/m
沁源北区（5）	0.60	1.22	0.92
沁源南区（5）	0	1.10	0.65
沁水东区（9）	0	2.44	0.88
阳城区（9）	0	1.90	0.84
晋城区（9）	0.80	1.96	1.40
高平东区（9）	0	1.67	1.02
高平西区（9）	0.10	1.73	0.94
武乡区（9）	0	2.39	1.30
昔阳—和顺区（9）	0.20	1.91	1.00
左权区（9）	0	1.35	0.86
阳泉区（9）	0.10	4.10	1.89
寿阳区（9）	0.22	6.69	1.95
太原东山区（9）	0	4.42	1.49
平遥区（9）	0	2.40	0.90
分布区汇总	0	6.69	1.15

10 号煤层：位于太原组下部，该煤层在煤田范围内很不发育，仅在平遥区、武乡区、左权区有其踪迹，且厚度小、稳定性差。上距 9 号煤层 3.00～22.00m，平均为 12.00m。在发育区范围内，煤层厚度在 0～2.54m 之间，平均厚度为 1.00m，结构简单。属不稳定，零星可采或局部可采煤层。煤层顶板多为砂质泥岩、泥岩、炭质泥岩，煤层底板多为泥岩、砂质泥岩、粉砂岩。煤层发育特征见表 3-14-28。

表 3-14-28　10 号煤层发育特征表

区域(本区编号)	最小厚度/m	最大厚度/m	平均厚度/m
武乡区(10)	0	2.54	0.93
左权区(10)	0.20	1.68	0.93
平遥区(10)	0	2.16	1.15
分布区汇总	0	2.54	1.00

11号煤层：位于太原组下部，该煤层在煤田范围内极不发育，仅在寿阳区、左权区见其踪迹，且厚度小、稳定性差。在发育区范围内，煤层厚度在0.05～1.34m之间，平均厚度为0.59m，结构简单。属极不稳定，不可采或零星可采煤层。煤层顶板多为石灰岩，偶见砂质泥岩，煤层底板多为泥岩、砂质泥岩、粉砂岩。煤层发育特征见表3-14-29。

表 3-14-29　11 号煤层发育特征表

区域(本区编号)	最小厚度/m	最大厚度/m	平均厚度/m
左权区(11)	0.70	1.02	0.64
寿阳区(11)	0.05	1.34	0.54
分布区汇总	0.05	1.34	0.59

12号煤层：位于太原组下部，该煤层在煤田范围内极不发育，仅在寿阳区、左权区见其踪迹，稳定性差。在发育区范围内，煤层厚度在0.35～2.25m之间，平均厚度为1.06m，结构简单。属不稳定，局部可采或零星可采煤层。煤层顶板多为砂质泥岩、泥岩，偶见细砂岩，煤层底板多为砂质泥岩、细砂岩，偶见中砂岩。煤层发育特征见表3-14-30。

表 3-14-30　12 号煤层发育特征表

区域(本区编号)	最小厚度/m	最大厚度/m	平均厚度/m
武乡—左权区(12)	0.35	1.72	0.95
阳泉区(12)	0.48	2.25	1.17
分布区汇总	0.35	2.25	1.06

13号煤层：位于太原组下部，该煤层在煤田范围内极不发育，仅在太原东山区见其踪迹，且厚度小、稳定性差。在发育区范围内，煤层厚度在0～1.72m之间，平均厚度为0.84m，结构简单。属不稳定，局部可采或零星可采煤层。煤层顶板多为砂质泥岩、石灰岩，煤层底板多为砂质泥岩、粉砂岩。

14号煤层：位于太原组下部，该煤层在煤田范围内极不发育，仅在左权区、潞安区见其踪迹，且厚度不大、稳定性差。在发育区范围内，煤层厚度在0～1.35m之间，平均厚度为0.87m，结构简单。属不稳定，局部可采或零星可采煤层。煤层顶板在潞安区为石灰岩，在左权区为砂质泥岩、泥岩，煤层底板多为砂质泥岩、泥岩、粉砂岩。煤层发育特征见表3-14-31。

表 3-14-31　14 号煤层发育特征表

区域(本区编号)	最小厚度/m	最大厚度/m	平均厚度/m
左权区(14)	0	1.25	0.93
潞安区(14)	0	1.35	0.80
分布区汇总	0	1.35	0.87

15号煤层：煤层位于太原组下部，该煤层在煤田范围内普遍发育，其分布范围比3号煤层更为广泛，是太原组主要可采煤层之一，也是沁水煤田的主要可采煤层之一。由于沁水煤田的面积太大，煤层发育情况千变万化，在不同的地区，其上发育的煤层也不相同，有3、9、11、10、9+10、12、14号等几种情况，与上覆煤层的距离变化很大，描述起来太繁琐，故不再赘述。在煤田内，煤层厚度在0～12.55m之间，平均厚度3.35m，基本属结构复杂、稳定可采煤层。仅在潞安区、武乡区属结构简单、不稳定、局部可采或零星可采煤层。在潞安区15号煤层经常分叉为3层，编号为15-1、15-2、15-3。由于15号煤层分叉现象分布的局限性，为简化叙述，这里不再将潞安区的15-1、15-2、15-3号煤层独立分层，统一归并到15号的煤层编号中。煤层顶板岩性在大多数地区为砂质泥岩、石灰岩。例外的是，在平遥区为粉砂岩、泥岩，在昔阳-和顺区为砂质泥岩、中细砂岩，在潞安区为泥岩。煤层底板岩性在大多数地区为砂质泥岩、泥岩，在部分地区有粉砂岩、细砂岩，甚至中砂岩。煤层发育特征见表3-14-32。

表3-14-32　15号煤层发育特征表

区域（本区编号）	最小厚度/m	最大厚度/m	平均厚度/m
沁源北区（9+10）	1.28	4.52	2.59
沁源南区（9+10）	1.63	3.10	2.31
安泽区（10、9+10）	2.30	3.82	3.06
沁水西区（15）	1.18	5.12	2.86
沁水东区（15）	0.30	6.70	2.98
阳城区（15）	1.21	4.70	2.48
晋城区（15）	1.67	3.56	2.66
高平东区（15）	1.23	12.55	3.12
高平西区（15）	1.23	4.30	2.74
长治区（15）	1.84	6.85	4.10
潞安区（15-2）	0	1.60	0.75
武乡区（15-1）	0	1.42	0.72
左权区（15）	3.27	7.84	4.93
昔阳—和顺区（15）	3.70	7.65	5.48
阳泉区（15）	4.02	9.16	6.44
寿阳区（15）	0.27	6.01	3.46
太原东山区（15）	3.45	11.85	7.20
平遥区（11）	0.66	5.21	2.37
全煤田	0	12.55	3.35

$15_下$号煤层：$15_下$号煤层位于太原组底部，其分布范围主要在沁源—安泽、潞安—武乡、阳泉—寿阳一带。上距15号煤层2.66～8.50m，平均为5.44m。在发育区范围内，煤层厚度在0～10.72m之间，平均厚度为1.72m。在安泽区属结构简单、全区稳定可采煤层，在其他地区，多属结构简单、不稳定，局部可采或零星可采煤层。煤层顶板多为砂质泥岩、泥岩，在阳泉区、沁源南区有时会有灰岩出现，煤层底板多为砂质泥岩、泥岩，在沁源北区、潞安区有时会有细砂岩或中细砂岩出现。煤层发育特征见表3-14-33。

表 3-14-33　15下号煤层发育特征表

区域（本区编号）	最小厚度/m	最大厚度/m	平均厚度/m
沁源北区（11）	0	2.42	1.01
沁源南区（11）	0	1.40	0.70
安泽区（11）	1.80	2.10	1.95
潞安区（15－3）	0	2.47	1.20
武乡区（15－3）	0.43	4.59	2.93
阳泉区（15下）	0.18	3.73	1.46
寿阳区（15下）	0.32	10.72	2.11
分布区汇总	0	10.72	1.72

16号煤层：位于太原组底部，其分布范围极为有限，主要分布在沁源南区和北区，上距15下号煤层约3.50m。在发育区范围内，煤层厚度在0～3.80m之间，平均厚度1.61m。属结构简单、不稳定，局部可采或零星可采煤层。煤层顶板多为砂质泥岩、细砂岩，煤层底板与煤层顶板一样，多为砂质泥岩、细砂岩。煤层发育特征见表3-14-34。

表 3-14-34　16号煤层发育特征表

区域（本区编号）	最小厚度/m	最大厚度/m	平均厚度/m
沁源北区（16）	0	3.80	1.81
沁源南区（16）	0	3.37	1.40
分布区汇总	0	3.80	1.61

各煤层发育区煤层厚度变化见图3-14-5。

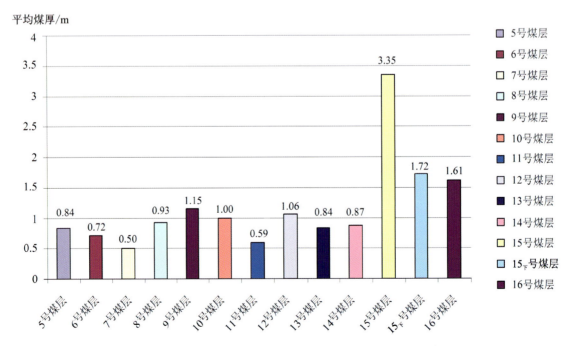

图 3-14-5　各煤层发育区煤层厚度变化

B. 煤层对比。

太原组的煤层对比主要是采用标志层法,煤层特征法(煤层厚度、结构),煤层、标志层间距法。一般是首先通过对比确定主采煤层,再以确定的主采煤层和已知的标志层为对比依据确认其他煤层。

a. 15号煤层的对比。

15号煤层的对比主要依据以下3点:一是15号煤层位于太原组下部;二是15号煤层上有K_2灰岩,下有太原组与本溪组的分界K_1砂岩标志层;三是15号煤层是太原组煤层中厚度最大的。

根据以上3条原则,15号煤层的确定比较容易。K_2灰岩在全煤田发育良好,层位稳定,厚度大(基本上是太原组最厚的一层灰岩,有时分为两层)。K_1砂岩全煤田发育良好,层位稳定。当K_2灰岩和K_1砂岩确定之后,再依据15号煤层的厚度特征(厚度最大),15号煤层的确认便不是难题了。

b. $15_下$号煤层的对比。

$15_下$号煤层的对比与15号煤层类似,即依据其产出层位(位于太原组下部);上有K_2灰岩,下有太原组与本溪组的分界K_1砂岩标志层。一般来讲,15号煤层也是$15_下$号煤层重要的对比标志,当15号煤层之下发育有独立煤层时,将其确定为$15_下$号煤层不会有大的出入。

c. 16号煤层的对比。

由于16号煤层分布的局限性和较差的稳定性,对比的难度较大(即对比依据的充分性不足),一般是根据其产出层位(位于太原组底部)来判断,当15号煤层或$15_下$号煤层之下有煤层发育,且与15号煤层或$15_下$号煤层相距较远时,便定为16号煤层。

d. 14号煤层的对比。

在14号煤层的发育区域,对比的主要依据是K_2灰岩,根据一般的规律,当K_2灰岩分叉为上、下两层时,位于K_2灰岩两个分层之间的煤层便是14号煤层了。

e. 13号煤层的对比。

在13号煤层的发育区域,对比的主要依据是K_2灰岩和K_3灰岩。13号煤层位于K_2灰岩和K_3灰岩之间,K_3灰岩经常是13号煤层的直接顶板,当K_2灰岩和K_3灰岩之间有煤层发育时,即可将其定为13号煤层。

f. 11、12号煤层的对比。

在11、12号煤层的发育区域,对比的主要依据是K_3灰岩和K_4灰岩。11、12号煤层位于K_3灰岩和K_4灰岩之间,这两层煤有时距离较近,有时距离较远。当两层煤距离较远时,K_4灰岩经常是11号煤层的直接顶板。一般情况下,12号煤层与其下的K_3灰岩有一定的距离,二者之间夹有泥岩、粉砂岩。

g. 7、8、9号煤层的对比。

在7、8、9号煤层的发育区域,对比的主要依据是K_4灰岩和K_5灰岩。7、8、9号煤层位于K_4灰岩和K_5灰岩之间,一般情况下,7号煤层位于K_5灰岩之下,K_5灰岩经常是7号煤层的直接顶板。而9号煤层则距离K_4灰岩较近,有时二者之间仅夹有厚度不大的泥质岩类。8号煤层则位于7、9号煤层之间。

在这一层段,有时在8、9号煤层之间煤层数量增多,根据以往的煤层对比习惯,将其视为8号煤层的分叉现象,编为8-1、8-2号煤层。

h. 5、6号煤层的对比。

在5、6号煤层的发育区域,对比的主要依据是K_5灰岩和K_7砂岩。5、6号煤层位于K_5灰岩和K_7砂岩之间,靠上的一般定为5号煤层,靠下的一般定为6号煤层。当有K_6灰岩发育时,K_6灰岩之上是5号煤层,之下是6号煤层。另外,当有4号煤层发育时,4号煤层一般在离K_7砂岩最近的地方。

3.14.3 沉积环境及聚煤规律

1. 岩相古地理格局

1)层序划分与岩相古地理编图

通过层序地层分析以及各煤田的层序地层剖面对比,为了更好地体现山西全省沉积相与层序地层展布情况,特把山西大同煤田,宁武煤田,西山煤田,霍西煤田钻孔联结起来,更好体现全省剖面的沉积环境与层序对比。

(1)在山西省全省南北向沉积相与层序对比图中自北向南所选的钻孔为大同煤田1505、507号钻孔,宁武煤田4、201号钻孔,西山煤田943、6-101号钻孔,沁水2069、2701、21钻孔,霍西煤田109号钻孔。该地区主要发育本溪组、太原组、山西组等3个含煤地层。其中宁武4号钻孔、西山943、6-101号钻孔、霍西109号钻孔、沁水21号钻孔没有揭穿本溪组。此剖面包含的主要岩性为:煤层、砾石、含砾中砂岩、粗中砂岩、石英砂岩、粗砂岩、中砂岩、细砂岩、粉砂岩、砂质泥岩、泥岩、铁质泥岩、碳质泥岩、高岭土质泥岩、铝土质泥岩、钙质泥岩、石灰岩、菱铁矿层、黄铁矿层、铝土岩、砂质泥岩等。

层序Ⅰ主要为海侵体系域,在大同1505号钻孔和沁水2069号钻孔层序Ⅰ底界发育大套的铝土质泥岩,主要为潟湖,潮坪,障壁砂坝沉积环境。

层序Ⅱ主要为海侵体系域和高位体系域。在海侵体系域中,由北向南,岩性逐渐变细,在大同1505号钻孔发育有砂砾岩,到了宁武煤田则主要发育煤层与砂泥岩互层。在西山943号钻孔发育了庙沟灰岩,在沁水2069号钻孔也发育一层庙沟灰岩。在沁水2701,霍西109号钻孔所在的地区出现一套粗砂岩沉积。在沁水21号钻孔,海侵体系域最薄。在高位体系域中,由北向南,岩性的种类逐渐变多,灰岩厚度增大,灰岩层数增多,大套的粗砂岩沉积趋少。成煤性变差。在大同宁武煤田有厚煤层发育,往南则煤层变薄。层序Ⅲ主要分为低位体系域、海侵体系域和高位体系域。低位体系域主要以粗砂岩、中砂岩、细砂岩为主,由北向南岩性有变细的趋势。在整个剖面上看,低位体系域煤层不发育。在海侵体系域中,北部的煤层明显没有南部厚。在西山煤田和沁水煤田成煤性较好。宁武煤田的海侵体系域明显较其他煤田厚。在沁水2069号钻孔所在地区主要以粉砂岩、细砂岩为主,没有煤层发育。高位体系域成煤性较海侵体系域差,地层厚度变化不均。

(2)在山西省中部EW向沉积相与层序对比剖面图中自西向东所选的钻孔为:河东ZK41-5号钻孔、宁武201号钻孔、西山943号钻孔、西山杜14号钻孔、沁水P5号钻孔、沁水3-10号钻孔。该地区主要发育本溪组、太原组、山西组等3个含煤地层。其中只有宁武201号钻孔和沁水P5号钻孔揭穿了本溪组。此剖面包含的主要岩性为:煤层、细砾岩、含砾粗砂岩、中粗砂岩、细砂岩、砂岩、石英砂岩、泥岩、砂质泥岩、钙质泥岩、砂质泥岩、铁质泥岩、灰岩、泥质灰岩、铝土质泥岩、铝土岩、菱铁矿层、炭质泥岩、黄铁矿层等。

层序Ⅰ主要为海侵体系域。在海侵体系域,西山杜14号钻孔和河东ZK41-5号钻孔上均出现厚层铝土岩,其中以西山杜14号钻孔所在地区最厚。

层序Ⅱ主要为海侵体系域、高位体系域。在海侵体系域中,地层厚度由西向东总体趋势变化不明显。除了大同煤田,其他煤田均有灰岩发育。煤层厚度由西向东有变薄的趋势。在沁水P5、3-10号钻孔均出现大套中砂岩沉积。在高位体系域中,地层厚度由西向东有逐渐变厚的趋势。砂岩明显变厚,在P5号钻孔出现大套砂岩沉积,成煤性较其相邻钻孔差。灰岩在该体系域中全区发育。

层序Ⅲ主要分为低位体系域、海侵体系域和高位体系域。在低位体系域中,以粗砂岩、中砂岩、石英砂岩为主,主要为分流河道沉积,尤以沁水3-10号钻孔最厚。在海侵体系域中,河东和西山煤田成煤性较好,其中河东ZK41-5号钻孔发育的煤层最厚。在高位体系域中,河东ZK41-5号钻孔出现大套石英砂岩,顶部有薄煤层出现。

岩相古地理分析是通过现存的地层地质特征,尤其是岩相特征研究地质历史时期地理面貌及环境变迁的一种方法。岩相古地理编图不但可以反映沉积时期的古地理面貌,同时还能用以预测沉积矿床的形成和分布(刘宝珺等,1985)。因此,岩相古地理分析一直是矿产预测中不可缺少的手段之一(谢家荣,1948;冯增昭,2003)。

岩相古地理研究是在单剖面和沉积断面详细分析沉积环境的基础上,统计出各种能反映沉积环境的参数,最终编制出岩相古地理图。

2)石炭纪—二叠纪三级层序岩相古地理特征

(1)层序Ⅰ古地理特征。

山西省沉积厚度具有从东南向西北变厚的趋势,变化范围为 20~70m,变化较大,其中山西省的东南部和东北部沉积厚度较薄。在保德县、阳泉市、吕梁市三地之间的地层厚度大,达 50~60m,向两边变薄。本层序是一套碳酸盐岩、滨岸碎屑岩和潟湖铝铁质岩沉积,主要由泥岩、灰岩、砂岩、粉砂岩及薄煤层组成。灰岩厚度百分含量具有从南向北、从东向西变小的趋势,变化区间为 5%~25%,其中,南部和中部含量值较小。在山西省的东北部灰岩含量达到最大值 25%。砂泥比值总体上变化较大,变化区间在 0~2.4 之间,中部和西南部出现两大高值区,东北和东南都较低,总体上,北部较南部砂泥比值低。东北部砂泥比值为 0。山西省泥岩百分含量值变化较大,变化区间为 30%~90%。从东至西,泥岩百分含量大致呈现出从高到低的趋势。其中东南和东北部泥岩百分含量明显比西部要高很多,而中部的阳泉太原之间的泥岩百分含量则变小,是一个低值区。从东到西,砂岩含量明显变大,在山西省的西北部,阳泉太原一线,吕梁和乡宁地区则出现砂岩含量的高值,达 40%以上,在东北部和宁武地区以南,山西省东南部的砂岩百分含量明显较低。经过识别,本层序发育的沉积相主要有三角洲平原相、障壁岛相、潟湖相、潮坪相、碳酸盐陆棚相以及它们之间的组合相。

现对石炭纪—二叠纪三级层序岩相古地理中的各相带进行介绍。

障壁岛相:主要发育于太原阳泉之间,襄汾以北及乡宁西南的地区。以中厚层状、中粗石英砂岩为主。石英含量占 80%~90%,成分成熟度较高,分选好,磨圆较好,结构成熟度也高。具有板状交错层理、双向交错层理,层面具有浪成对称波痕。粒度概率曲线呈 3~4 段式,以跳跃总体为主,少量悬浮总体,缺乏滚动总体。跳跃总体又由 2~3 个不同斜率的次总体组成,代表波浪冲刷和回流的双重作用。

潮坪相之外的地区,岩性为砂质泥岩,灰黑色泥岩具有水平纹理和季节性纹理,含有植物碎屑,并有大量椭球状菱铁质结核,多潟湖相:主要发育在山西省东南及襄汾以南中条古隆起潮沿一定层位顺层产出,表现出停滞缺氧的半咸水盆地的沉积环境。

潮坪—潟湖相:分布在山西省的大部分地区,潮坪可分为砂坪、混合坪、泥坪、潮沟等亚相。砂坪以细粒石英砂岩为主,成分和结构成熟度较高,具有脉状层理和波状层理。混合坪相以细砂岩、粉砂岩和泥岩频繁互层为主要特征,具波状层理和水平层理及垂直的生物潜穴。泥坪以泥岩和砂质泥岩为主,含有大量的生物碎屑。潮沟亚相以中细粒石英砂岩为主,石英含量高,成分和结构成熟度高。

三角洲相:主要发育于山西省的西北部。主要分布在偏关—保德—吕梁一线的地区。

碳酸盐陆棚相:主要发育于山西省东北部及西南部地区。此地区泥岩含量大,砂岩含量低,灰岩含量较高。

潮坪相:主要分布于中条古隆起附近的地区。据等值线、连井对比图及沉积相分析,编制的层序Ⅰ岩相古地图反映该期以海相的潮坪—潟湖沉积为主。

(2)层序Ⅱ古地理特征。

山西省沉积厚度具有从北向南变薄的趋势,变化范围在 35~115m 之间。大同南部地区地层厚达 115m,向南逐渐减小。在山西省的南部地区,由东南向西南方向地层逐渐变薄。河东煤田整体地层厚度较其他地区薄。本层序为过渡相碎屑岩沉积,主要由泥岩、粉砂岩、砂岩及煤层组成。砂岩主要分布于山西省北部地区,且粒度较粗,局部有含砾砂岩和细砾岩。由北向南粒度逐渐变细。灰岩主要集中在山西省的南部地区。个别地区甚至达到50%,北部的灰岩分布地区很少,在山西省的南部灰岩由东向西逐渐变大。在河东煤田的南部地区灰岩含量较其他地区大。总体上,灰岩含量由南向北、由西向东逐渐减小。砂泥比等值线的变化范围较大,在0～3之间。在大同西南部地区砂泥比达到3,在东北部和南部地区砂泥比值较低。在大同西南部地区到保德东部地区的砂泥比值较其他地区大,砂岩含量明显比泥岩含量大很多,由此推断物源方向来自山西省西北部地区。而在乡宁和霍州一线地区的砂泥比值也明显比周围其他地区高。从层序Ⅱ泥岩含量等值线图可以看出,泥岩含量在20%～70%之间变化,南部地区明显比北部地区的泥岩含量值大。呈现逐渐升高的趋势。在砂泥比高的大同西南部地区泥岩含量明显较周围地区小。从层序Ⅱ砂岩含量等值线图可以看出,砂岩含量值在5%～55%之间。在大同的西南部,朔州的西部地区砂岩含量值较大,向东部、南部地区逐渐递减。由此推断在山西省的东南部为靠海一侧,而山西省的西北部为靠陆一侧。

山西省石炭纪—二叠纪层序Ⅱ岩相古地理经过识别,本层序发育的沉积相主要有河流相、上三角洲平原相、下三角洲平原相、潮坪-潟湖相、潮坪相、潟湖相、障壁岛相以及碳酸盐陆棚相等。

河流相:河流相区在层序Ⅱ主要发育于大同煤田以北的地区。河流相是本区大陆沉积体系中最重要的组成部分。主要表现为曲流河性质,由河床滞留相、边滩相、天然堤相、决口扇相等组成。

三角洲平原相:岩性以长石石英砂岩为主,底部有粗粒砂岩,局部含有砾石。正粒序,底部有冲刷面。多种斜层理发育沉积。粒度曲线由2～3段组成,跳跃总体为主,悬浮和滚动总体较少。还常见河道砂体迁移而相互切割的现象。三角洲平原是三角洲的陆上沉积部分,这始于河流第二次分叉处,止于岸线或海平原处。

三角洲平原沉积可以分为上三角洲平原相与下三角洲平原相。上三角洲平原包括分流河道、天然堤、决口扇、泛滥盆地沉积。下三角洲平原包括分流河道、天然堤、决口扇、分流间湾沉积。上三角洲平原主要分布于忻州以北大同以南的地区。下三角洲主要分布于柳林平遥以北忻州以南地区。

潮坪-潟湖相:潮坪-潟湖相是本区重要的沉积相之一,是主要的聚煤环境。主要分布于柳林—平遥一线以南襄汾—沁水以北的地区。

潮坪相:潮坪相主要分布于中条古隆起周围的地区。

潟湖相:主要分布于中条古隆起外的潮坪相之外的地区。

障壁岛相:主要分布于潮坪—潟湖相及碳酸盐陆棚相带之中。在沁水—长治以北及高平地区,砂岩含量大,泥岩含量低,为障壁岛相分布。在乡宁以南及乡宁和霍州之间亦有障壁岛相分布。

碳酸盐陆棚相:主要发育于山西省西南地区。泥岩含量大,砂岩含量低,灰岩含量较高。据等值线、连井对比图及沉积相分析,编制的层序Ⅱ岩相古地理图反映该期以过渡相的三角洲沉积和潮坪-潟湖的海相沉积为主。

(3)层序Ⅲ古地理特征。

在山西省东南部地区的地层厚度较薄。从南到北,从东到西,地层都是逐渐变厚。河东煤田的地层厚度明显比其他周围地区地层要厚很多。砂泥比的变化范围在0.4～2.2之间。山西省北部的砂泥比值比南部要高,在朔州—宁武县一线地区达到最大值2.2。大同地区也出现很高的砂泥比,中南部的砂泥比值比北部地区要均匀,由高值逐渐递减。在乡宁地区,砂泥比达到了1.4。由大同地区到宁武一线地区泥岩含量值逐渐递减,而从宁武地区到中南部地区泥岩含量值则逐渐增大。在南部地区往北也有增大趋势。在柳林和霍州一线地区泥岩含量值达到85%。在河东地区的砂岩含量较低,在宁武和忻州一线地区砂岩含量值较高,达到65%。而从大同到宁武一线的砂岩含量值逐渐增大。在霍州地区砂岩含量很低,为10%。

山西省石炭纪—二叠纪层序Ⅲ岩相古地理图经过识别,本层序发育的沉积相主要有冲积平原相、三角洲平原相、三角洲前缘相、河口坝相、潮坪—潟湖相、潮坪相等。

冲积平原:是由河流沉积作用形成的平原地貌。在河流的下游,由于水流没有上游般急速,而下游的地势一般都比较平坦。河流从上游侵蚀了大量泥沙,到了下游后因水体流速降低,载荷下降,泥沙便沉积在下游。尤其当河流发生水浸时，泥沙在河的两岸沉积，冲积平原便逐渐形成。冲积平原主要分布于山西北部的广大地区。

三角洲平原相：三角洲平原主要分布于山西省中部的广大地区。

三角洲前缘相：三角洲前缘相是三角洲相沉积亚类型之一。三角洲前缘围绕三角洲平原的边缘伸向海洋或湖，呈环带分布。它又可细分为河口坝和远砂坝等。主要分布于柳林—平遥以南，乡宁—襄汾—长治以北的地区。

河口坝相：主要分布于三角洲前缘相带之中砂岩含量高、泥岩含量低的地区。

潮坪—潟湖相：层序Ⅲ的潮坪—潟湖相比层序Ⅱ所分布的地区，其相带分布退至山西南部地区。

潮坪相：主要分布于中条古隆起附近地区。

据等值线、连井对比图及沉积相分析，编制的层序Ⅲ岩相古地理图反映该期以过渡相的三角洲沉积为主。

2. 聚煤规律及控制因素

1) 山西省石炭纪—二叠纪层序Ⅰ沉积期聚煤特征

(1) 层序Ⅰ沉积期聚煤特征。

为了研究层序Ⅰ沉积期的古地理与聚煤规律。特把层序Ⅱ的8-9号煤层（以西山煤田为准）以下包括层序Ⅰ煤层叠加在层序Ⅰ的古地理图上。山西省分为三角洲相、潮坪—潟湖相、潟湖相、潮坪相、障壁岛相及碳酸盐陆棚等六大相带。物源方向主要来自山西省西北部内蒙古古陆（阴山古陆）。海侵方向主要是山西阳泉地区北东方向。山西省的煤层总厚度变化在 0～20m 之间，平均 10m，煤层主要形成于潮坪和潟湖环境，山西省发育一个大型聚煤中心。第一个聚煤中心位于山西朔州一带，煤层最厚可达 20m，为潮坪—潟湖环境成煤。以朔州为中心，向四周递减。其中，往宁武方向煤层厚度逐级递减。在朔州以北大同以南的地区煤层主要厚度为 6～10m。在保德以北出现一个小型聚煤中心，煤层厚度达 16m，而往保德以南则煤层厚度迅速变薄。在山西中部和南部地区煤层厚度明显小于北方，厚度为 0～8m。中部和南部的煤层沿西北到东南厚度逐渐递减。全省以潮坪—潟湖环境成煤为主。

(2) 聚煤作用控制因素分析。

层序Ⅰ的聚煤规律受控于沉积环境、岩性组合及砂泥比等因素。

① 沉积环境。

沉积环境是指形成沉积物堆积时有别于邻区物理的、化学的、生物的或地貌的特征。现代沉积环境可以从这些引起因素加以区分，地史时期中的古环境，也应从这些方面来辨认。因此，研究古代沉积物的沉积环境，基本上是研究地貌，即识别地貌单元。地貌单元的识别，是根据古代沉积物中所保存下来的沉积特征[环境参数——物理的（最重要）、化学的和生物的]，为地貌解释提供最基本的资料，在研究含煤地层的沉积环境时，也不外乎这些地质条件或因素。虽然含煤地层的古环境现已不复存在，但是我们可以通过地层中所产生的地质记录，即沉积物的条件特征、环境标志，并借鉴"将今论古"的原则，从现在的环境入手，查清它们在一定的环境条件下形成的沉积物质的特征，与古环境的沉积特征进行对比，从而推断和恢复古地貌和古水动力条件，重建古沉积环境。潮坪—潟湖环境是煤系沉积和聚煤的主要场所。层序Ⅰ的煤层基本发育在潮坪—潟湖的沉积环境。由于沉积物的充分供给，潟湖被淤浅填平，利于植物生长，形成泥炭堆积。当泥炭堆积速度与地壳下降速度一致时，泥炭向上连续堆积，形成厚煤层或特厚煤层。堆积速度大于下降速度，泥炭堆积向外展，并彼此相连，形成具有底部起伏地形的大型沼泽，当长期稳定下来时，则形成区域内稳定的厚煤层。下降速度大于堆积速度时，则泥炭沼泽被潟湖或潮坪沉积物所覆盖，导致短距离内煤层尖灭和分叉。这种沼泽在泥炭形成过程中受淡水影响较大，硫分含量较低，但厚度变化幅度大，是由于各地受海水影响的差异所致。

②岩性组合及砂泥比。

煤层在剖面上的发育与岩性组合及砂泥岩比率有一定的相关性,在层序Ⅰ中含煤性好的地区,如朔州、宁武和大同保德等地,砂泥岩比值一般在0.2~0.8之间。其他地区煤系砂泥岩比值变化范围大,或者砂泥比变化剧烈的地区含煤性一般较差。在层序Ⅰ中,在山西中北部,发育煤层较好的地区灰岩含量比值在5%~15%之间。而在南部,灰岩含量的变化与中北部大体一致,但由于受砂泥比过高的影响,没有形成较厚的煤层。在灰岩含量最高的东北部地区,其砂泥比值接近于0。故山西省在层序Ⅰ时期,海水深度较大,没有形成适合植物生长的环境。

2)山西省石炭纪—二叠纪层序Ⅱ沉积期聚煤特征

(1)层序Ⅱ沉积期聚煤特征。

层序Ⅱ主要的沉积环境为河流相区、上三角洲平原相区、下三角洲平原相区、潮坪—潟湖相区、碳酸盐陆棚、潮坪和障壁岛相区等。物源方向主要来自山西西北部的内蒙古古陆(阴山古陆)。海侵方向则由山西阳泉以东的地区转移到山西高平地区南东方向。由古地理图上的煤层等厚线可以看出,煤层由北向南逐渐变薄,最厚的煤层出现于大同以南地区,最大煤层厚度达24m,为层序Ⅱ的聚煤沉积中心。沿大同到朔州宁武一带煤层厚度逐渐变薄,在山西中南部,煤层厚度明显变薄,一般厚为2~4m。上三角洲平原及下三角洲平原相区为主要赋煤区。

(2)聚煤作用控制因素分析。

①古气候对聚煤作用的影响。

根据对现代泥炭沼泽的研究,寒带、温带、热带都有可能形成泥炭,但是最有利于促进植物繁茂的有利气候是温带和热带。在热带地区,虽然植物繁殖速度较快,但是高温易于促使植物残体较快分解,不利于泥炭的大量堆积,除非具有一定的覆水条件,而温湿气候最有利于泥炭堆积。古气候环境最终控制着成煤植物的生长、繁殖,是聚煤作用发生的前提条件,温暖潮湿气候有利于成煤植物的生长繁殖,而炎热干旱气候不利于成煤植物生长繁殖。石炭纪—二叠纪全球温暖潮湿的古气候环境是研究山西晚古生代发生聚煤作用的前提条件。层序Ⅱ含煤地层中,生物化石种类繁多,数量丰富,这些化石很少埋藏在它们生活的环境之中,多数是某一个环境的生物群,全部或部分搬运到另一个沉积环境之中得以埋藏的结果,故而从生物群到化石群已经经历了一个复杂的地质过程。

②沉积环境对聚煤作用的影响。

沉积环境是成煤植物生长繁衍的物质基础,是聚煤作用的主要因素之一。从分流间湾到潟湖潮坪再到聚煤沉积中心,沉积物的砂泥比值表现出由高到低的规律变化,因此可以用砂泥比值与含煤系数的相关性来反映沉积环境对聚煤作用的控制作用。聚煤强度中心位于上三角洲平原相区,向海侵方向聚煤作用减弱。障壁岛阻止了海水的进一步入侵,导致水动力条件减弱,障壁岛之后盆地地势降低,水体深度增加,有利于泥炭沼泽和潮坪环境的沉积,利于煤的形成和保存。

3)山西省石炭纪—二叠纪层序Ⅲ沉积期聚煤特征

(1)沉积期聚煤特征。

层序Ⅲ主要的沉积环境为冲积平原相区、河道(分流河道)、三角洲平原相区、三角洲前缘相区、潮坪—潟湖相区、潮坪及河口坝相区。物源方向主要来自山西西北方向的内蒙古古陆,海侵方向来自山西高平地区南东方向。从图上可以看出,层序Ⅲ有2个大型聚煤中心和3个小型聚煤中心,煤层厚度为0~16m。煤层在北中部最为发育,在朔州东部有一个大型的聚煤中心,煤层厚度达10m。在聚煤中心以东方向,煤层厚度变薄。在河东乡宁地区的大型聚煤中心,煤层厚度达16m。在太原古交地区出现一个小型的聚煤中心,煤层厚度达6m。

(2)聚煤作用控制因素分析。

煤层发育受很多地质条件的控制,最重要的是基底沉降和沉积环境(邵龙义等,2006)。前者包括构造活动的强度和频率,后者包括沉积时的岩相古地理条件、古地貌、古植被、古气候、泥炭沼泽类型和沼泽中的水体深度以及地球化学条件等。本区主要聚煤控制因素如下。

古环境:古环境对聚煤作用的控制,主要表现在同一时间内不同的沉积环境类型其聚煤作用差异明显(吉丛伟等,2009),煤主要形成于三角洲平原环境,煤层较厚、煤质较好,而三角洲前缘及潮坪—潟湖环境形成的煤层相对较薄。主采煤层形成于三角洲平原环境的泥炭沼泽中,总体上聚煤条件好,发育的煤层厚,往三角洲前缘及潮坪—潟湖煤层变薄。

①古气候对聚煤作用的影响。

古气候环境最终控制着成煤植物的生长、繁殖,是聚煤作用发生的前提条件,温暖潮湿气候有利于成煤植物的生长繁殖,而炎热干旱气候不利于成煤植物生长繁殖。二叠纪全球温暖潮湿的古气候环境是山西省发生聚煤作用的前提条件。

②沉积环境对聚煤作用的影响。

沉积环境是成煤植物生长繁衍的物质基础,是聚煤作用的主要因素之一。从三角洲前缘到三角洲平原相区的泥炭沼泽再到盆地沉积中心,沉积物的砂泥比值表现出有规律变化。因此,可以用砂泥比值与含煤系数的相关性来反映沉积环境对聚煤作用的控制作用。聚煤强度中心位于三角洲平原中发育的泥炭沼泽,向海侵方向聚煤作用减弱。

3.14.4 煤盆地构造演化及煤田构造

1. 煤盆地构造格局

山西省是我国煤炭资源最丰富的地区,具有工业开采价值的煤层主要为石炭纪—二叠纪和侏罗纪煤层。在聚煤期结束后山西所在的区块经历多次构造运动,含煤地层受其影响严重,聚煤盆地的形态和位置均发生了不同程度的变化。煤田整体格局主要受印支运动、燕山运动和喜马拉雅运动3期构造运动影响,大致以北纬38°线分为南北两个构造部分,北部自中生代以来大幅抬升,五台、阜平隆起区基底出露范围较大,主要煤系地层保存在NNE向的大同、宁武盆地中;南部相对隆起较小,主体构造格架为NNE向的沁水盆地;西部SN展布的河东煤田在格局上视为鄂尔多斯盆地东缘的单斜部分。

山西省含煤区受区域大地构造二级、三级单元划分影响,并且主要以大型断裂控制含煤区的边界,划分为几个大型含煤向斜盆地和裂陷盆地。根据构造运动的改造作用方式、影响程度、分布范围并且在侧重考虑对煤系地层及相关地层影响的条件下,将山西控制含煤岩系的主要构造形式分为三大类:褶皱控煤构造、逆冲控煤构造和伸展控煤构造。

在适宜的古构造、古地理、古气候和古植物条件下发育起来的聚煤盆地,在经历了地质演化历程中地壳运动和构造-热作用的改造后,被分割为不同类型、不同面积的煤田或含煤区。充填于聚煤盆地中的含煤岩系则发生不同程度的变形-变质作用。煤炭资源潜力及其勘查开发前景取决于聚煤作用等原生成煤条件和构造-热演化等后期保存条件综合作用的结果,称为煤炭资源赋存规律。术语"赋存"含有形成和形变的二重含义,相应的成矿区带称为煤系赋存单元或称赋煤单元。

根据不同的地质背景和成因特点,按照含煤时代,构造特征,含煤盆地的地理分布以及地质工作程度等煤炭资源分布条件,结合全国第三次煤田预测成果,目前全省可划分出5个主要赋煤带和六大煤田(表3-14-35)。各赋煤构造单元的构造特征既受山西省的大地构造位置及其地质构造演化的制约,同时也与各成矿区的构造背景密切相关,见表3-14-36。

表 3-14-35 山西省赋煤单元划分表

赋煤区	赋煤带	煤田	矿区（煤产地）
华北赋煤区	鄂尔多斯东缘赋煤带	河东煤田	河曲、河保偏、柳林、离石、石楼隰县、乡宁
	晋北赋煤带	大同煤田宁武煤田	大同(C-P、J)、平朔朔南、宁武轩岗、静乐岚县、宁武(J)、浑源、灵丘、五台、繁峙、阳高、广灵
	晋中赋煤带	霍西煤田	霍州、襄汾
	晋东南赋煤带	沁水煤田西山煤田	阳泉、潞安、晋城、沁源、东山、平遥、安泽、西山古交
	晋南赋煤带		垣曲、平陆

表 3-14-36 山西省赋煤构造单元划分表

赋煤构造区（一级）	赋煤构造亚区（二级）	赋煤构造带（三级）	赋煤坳陷（四级）
华北赋煤构造区	鄂尔多斯盆地赋煤构造亚区	鄂尔多斯盆地东缘单斜赋煤构造带	河保偏坳陷（河保偏矿区）、柳林坳陷（柳林矿区）石楼-乡宁坳陷（石楼-隰县矿区、乡宁矿区）
	晋冀板内赋煤构造亚区	晋西北块坳赋煤构造带	大同坳陷（大同矿区）
		五台-吕梁块隆赋煤构造带	系舟山坳陷（五台煤产地）、离石坳陷（离石矿区）、宁武坳陷（宁武矿区、轩岗矿区、静乐-岚县矿区）
		晋中块坳赋煤构造带	汾西坳陷（霍西煤田西部、北部）
		沁水盆地赋煤构造带	西山坳陷（西山煤田大部）沁水坳陷（沁水煤田大部）
	华北板块北缘赋煤构造亚区	晋北缘块隆赋煤构造带	阳高坳陷（阳高煤产地）
	豫皖板内赋煤构造亚区	中条-王屋块隆赋煤构造带	王屋隆起（垣曲煤产地）
	汾渭裂陷赋煤构造亚区	汾渭裂陷盆地赋煤构造带	大同裂陷盆地西南端（宁武煤田之平朔-朔南矿区）、晋中裂陷（沁水煤田之阳曲矿区、东山矿区北部、平遥矿区）、临汾-运城裂陷（霍西煤田西南部）、芮城裂陷（平陆煤产地）

2. 控煤构造样式

对于华北板块内部的山西省地区而言，在中生代燕山期近 EW 向的挤压应力场作用下，参照现在的板内构造划分特征和形成机制原则，将山西省中生代基本构造由东到西划分为：太行构造山带、山西整体块体（包括晋北隆升带、燕山-五台岩浆岩活动带、沁水构造盆地、豫北-中条岩浆岩活动带）、吕梁构造造山带和鄂尔多斯东缘构造带。因此控煤构造样式主要是区域断裂和褶皱。

1）断裂构造

山西省的主要构造格局形成于中生代，燕山期的整体 NW-SE 向挤压环境是主要断裂形成和继承发展的背景，大部分断裂走向为 NE 向。根据地质及地球物理资料，山西省具有构造区划意义和对煤田地质影响较大的断裂如下：①离石-紫荆山断裂带；②晋获断裂带；③口泉-鹅毛口断裂带；④清交断裂带；⑤太原西山断裂；⑥霍山断裂；⑦春景洼-西马坊断裂；⑧卢家庄-娄烦断裂；⑨中条山山前断裂；⑩横河断裂；⑪唐河断裂；⑫管头-河底断裂。它们控制了大部分的煤田边界和煤系地层的赋存。

（1）离石-紫荆山断裂带。

离石-紫荆山断裂带是鄂尔多斯盆地与晋冀板内构造带两个构造单元的分界线，分布在黄河以东、吕梁山以西,东经111°10′附近,地表露头可见部分为:北起山西兴县交楼申,南经黑茶山、临县汉高山、峪口,继而自离石马头山经金罗,中阳县宋家沟,隰县紫荆山、五鹿山、蒲县黑龙关,至临汾峪里,长约300km,宽0.2～2km。

离石-紫荆山断裂带在离石、马头山以北由多条NNE向雁行排列的逆冲断裂组成,断层面向W倾、倾角60°～80°;离石以南由数条近平行的SN向断裂组成,主要向E倾,倾角50°～85°,断裂带附近多为陡倾甚至直立的三叠系,宽达数百至上千米,亦是断裂带的组成部分。断裂带北段(兴县交楼申-离石),东有太古宙超基性岩呈串珠状展布,离石以西断裂带西侧有燕山期金伯利岩出露,紫金山燕山期碱性岩浆活动亦与离石断裂活动有关。离石以南与其北段特征迥然不同,卷入地层以三叠系为主,未见有岩浆活动;断裂带内部挤压-剪切变形比北段强烈得多,一般是由数条平行的强烈挤压-剪切断层及其间的构造岩块组成,西侧多为地层直立带,东侧多为牵引褶皱或挠曲带。离石-紫荆山断裂活动始于古元古代初期,此后沉积的野鸡山群、黑茶山群、汉高山群分布于该断裂附近,寒武纪、奥陶纪岩相古地理及沉积厚度明显受其控制,三叠纪以来地壳升降呈天平式摆动也基本上以此大断裂为支点;现在该断裂是鄂尔多斯盆地与山西地块的分界线。沿大断裂或两侧有一系列的五台期的超基性岩分布,有滹沱期基性火山岩展布,并有中生代碱性岩和金伯利岩出现,据上述现象此断裂应属于岩石圈断裂。

中阳段,上盘为王家会背斜分布区。整个断裂带的上盘,都是由下古生界或前古生界地层构成.这一现象清晰地表明,断裂带的形成与褶皱隆起息息相关。

由上述可以看出,离石-紫荆山断裂是山西境内延伸最长的一条挤压性断裂带,断裂带的断层面不明显,大部分部位都是由逆断层组成。整个断裂带的断面倾向及逆冲方向,曾发生多次变化,北部断层倾向SEE,东盘向西盘逆冲,新堡至峪口一断,断层面倾向NW。西北盘逆冲于东南盘之上,峪口至中阳一段,断层面倾向W,西盘向东逆冲。在多数地段,断层上盘为背斜分布区,背斜轴向与逆断层走向近平行,断层发育在背斜翼部。如新堡至峪口段,上盘为NE向的芦芽山背斜分布区。

(2)口泉-鹅毛口断裂带。

口泉-鹅毛口断裂带是由一组逆冲推覆构造体组成的断裂构造,展布在大同向斜的东侧,控制了大同煤田的东北部边界,NNE走向,西侧为口泉山脉,其地理范围是:自大同镇川堡,经口泉、鹅毛口、大峪口等地,南至山阴县罗庄。全长约85km。其中大峪口至罗庄段地表出露较少。此外,在拖皮沟附近分支处一条NNW向的逆断层——青磁窑逆断层,长约14km,因为青磁窑逆断层的形成及对大同煤田煤系地层的控制作用与口泉-鹅毛口断裂是一致的,所以在此一并进行讨论。

青磁窑逆断层北起大同市夏庄,经竹林青磁窑,在拖皮沟一带与口泉-鹅毛口逆冲推覆带相交,断层面倾向NE,倾角60°～70°,浅部陡,深部缓,呈弧形状。北东盘逆冲于南西盘之上。上盘为中、古太古界片麻岩,但在夏庄一带,上盘尚存一定厚度的中下寒武统。在青磁窑以北,下盘地层为中侏罗统,在青磁窑以南下盘为中寒武统及石炭系,地层走向与断层走向基本一致。靠近断层面的地层倾角较陡,甚至直立、倒转,远离断层逐渐变换。在竹林寺剖面中,曾见到早期形成的逆断层被晚期的小型推覆体覆盖的现象。表明该断层在形成过程中有多次活动。

在夏庄一带,层序完整的上白垩统助马堡组水平覆盖在青磁窑断层之上,表明青磁窑断层形成于上白垩统之前。

口泉-鹅毛口逆冲推覆带在北部和中部尤其是口泉、鹅毛口一带形迹出露明显,南部过石井和最北部断层特征形迹出露较少,南部界限仍有争议。断层为NE向展布,断层倾角变化较大,中部鹅毛口段倾角平缓处为6°～12°,南北两端和局部地区倾角最大可达80°以上,断距不等,在100～400m之间。本断裂是多期、多阶段活动断裂,主要活动在中生代,新生代以来仍有活动。中生代末期,口泉断裂表现为逆断层活动,新生代以来该断裂控制盆地西侧边界,表现为正倾滑活动。本构造带在形成过程中,经历过两次活动,后期形成的断层切割前期的断层。两次活动的运动方式及方向都相同,皆以向NWW逆冲推覆为主。

口泉-鹅毛口逆冲构造带是大同煤盆地的东部和北部边界,煤层赋存状态由盆地内部向断裂带趋于复杂,在煤田边界推覆结构的影响下,煤层倒立甚至反转,地层被多期断裂切割,煤田地质条件非常复杂。

(3)春景洼-西马坊断裂、卢家庄-娄烦断裂。

春景洼-西马坊断裂与卢家庄-娄烦断裂是宁武煤田的西北和东南边界,它们中间的宁武-静乐坳陷以复式向斜构造形态保存了石炭系—二叠系与侏罗系两套含煤岩系。两条断裂均为逆冲断裂构造。春景洼-西马坊断裂沿宁武-静乐向斜的西翼展布,走向 NE。北起宁武的小狗儿间,经春景洼、东寨、及静乐县的西马坊,在岚县附近潜入新生界盖层之下。地表出露部分长约 90km。该断层的北段断层面倾向为 SEE,倾角 30°～55°,上陡下缓,呈弧形状,东南盘的奥陶系灰岩推覆于石炭系—二叠系之上,下盘地层发生褶皱、破碎;南段的西马坊南至岚城一段,断层面倾向转为 NW,倾角 40°～70°,上陡下缓,西北盘的元古宇逆冲于东南盘的寒武系、奥陶系之上,下盘地层直立甚至倒转。

(4)清交断裂带。

清交断裂控制了西山煤田的南部及东部边界,是晋中裂陷盆地的控制断裂,总体走向 NE,全长 130km 左右。该断裂在地表连续出露(清徐至晋中为隐伏段,又称作田庄断裂),由一组阶梯状正断层组成,断面向 SE 或 E 倾斜,倾角较大。断裂自上新世以来活动强烈,上盘断陷沉降 4600m,沉降中心在清徐—交城一带,普遍错断上新统与更新统地层,局部地段错断全新统,形成了多种类型的构造地貌。

交城断裂总体呈弧形延伸,北起上兰村,向南经柴村、西铭、小井峪、晋祠、清徐、交城、文水至汾阳南一带。依断裂的几何结构和活动特征,交城断裂可分以下 3 段:北段,上兰至小井峪段,走向 NNW,倾向 NE,倾角 22°～50°,由多条正断层组成;中段,清徐以北至小井峪段,走向 NNE,倾向 SE,倾角 40°～80°,由多条正断层组成;南段,清徐以南,走向 NE,由多组正断层组成,倾向 SE,倾角 40°～80°。由于清交断裂的巨大落差,西山煤田的煤系地层直接被错断,上盘裂陷盆地之中的煤系地层被数千米的巨厚新生界覆盖,形成其天然的东南煤田边界。

(5)霍山断裂。

霍山断裂位于霍山西侧。其主体部分南起洪洞县广胜寺一带,向北沿霍山西侧至灵石县峪口、军寨一带,总体走向近 SN 向,长约 60km,是吕梁构造单元与沁水构造单元的分界断裂,也是临汾新裂陷的东北端分界断裂与霍西煤田的东侧构造边界。该断裂属于基底断裂。霍山断裂自中生代以来有多期活动,形成的构造形态极为复杂,是一条重要的控煤构造带。霍山断裂北段在军寨附近是逆断层形迹,倾角 75°～80°,倾向东西摆动。北段由三条斜列状排列的断层组成,由北向南分别为:二爷庙逆断层、峪口逆断层、候家庄逆断层。三条断层的形态在地表表现为正断层形态,主断层面倾向东西摆动,倾角 70°～80°,在候家庄一带,主断层面倾向 W,太古宇太岳山群片麻岩逆冲于倒转的寒武系之上。断层破碎带皆有 20 余米宽,破碎带内岩石破碎十分强烈,挤压透镜体及小褶皱发育,透镜体长轴与断层面走向近平行。小褶皱的轴面走向亦为 SN 向,显示出两条断层皆为挤压性质的逆断层。

南段即兴唐寺-广胜寺断裂带,该断裂带的主断层面倾向 W,倾角 60°左右。东盘为太古宇片麻岩,西盘为寒武、奥陶系,形态上表现为正断层。但从断层带中透镜体及小褶皱以及岩石破碎程度等方面观察,该断层属压性。其正断层形态可能是地貌特征的巧合,也可能是该断裂带在新生代重新活动导致上盘下降,成为张性正断层形态。

(6)太原西山断裂。

太原西山断裂控制了太原西山煤田的西部边界,位于太原西山向斜的西翼。北起娄烦县白家滩,经交城县陈台、榆林及文水县西社等村镇,在文水县神堂村一带被交城断裂截切,全长约 60km。总体沿 SN 向延伸,但局部呈波状弯曲。断层面倾向 W,倾角 60°左右,局部地段(如西社村)地表所见的断层面倾向 E,呈正断层形态。在北段的白家滩—杨家安一带,断层上、下盘皆为中、古太古界变质岩系,仅在局部地段可见到残留在变质岩上的小面积寒武系。此外,主断层伴生有同向或反向倾斜的逆断层。该断层的中段断层上盘为中奥陶统,下盘为石炭系—二叠系。由于植被覆盖较严重,不容易直接看到断层面,但上、下盘地层的构造变形较强烈,突出表现为上盘地层倾角变陡,下盘地层中的派生小断层、小褶皱发育。该断层的南段仍表现为断层W倾,西盘的中奥陶统石灰岩逆冲于东盘的石炭系—二叠系之上,断层面倾角变陡达60°~70°,上、下盘岩层的弯曲变形减弱。

(7) 晋获断裂带。

晋获断裂带在华北含煤盆地区内部延展长度500km,北起河北省获鹿县,向南经山西省和顺县松烟、左权县拐儿、黎城县西井、潞城县、高平县至晋城市西南,总体走向NNE,与太行山走向近于平行。晋获断裂带旁侧沁水煤田的阳泉、潞安、晋城等矿区是我国重要的煤炭生产基地,在山西境内延伸长度约350km,断裂带活动沿走向上的构造变形差异不同程度地控制和影响着矿区内的构造发育,具有长期存在、多期活动的演化历史,中生代为向东扩展的逆冲-褶皱带,新生代构造反转发生局部伸展。由于变形强度、后期隆升、剥蚀和改造的差异,晋获断裂带呈现明显的分段特征。晋获断裂带涉及的地层由太古宇至新生界,断裂带宽度1~8km,构造样式和变形强度沿走向变化较大,可分为北、中、南三段。

北段构造特征:山西境内的晋获断裂带北段为黎城县以北部分,逆冲推覆特征明显,断裂带宽3~8km,由一条主干逆冲断层和一系列分支断层及紧闭伴生褶皱组成,沿走向常呈雁列状。断层面和褶皱轴面西倾,倾角30°~60°,古元古界和太古宇结晶基底向东逆冲于新元古界和下古生界之上,最大地层断距超过1000m。主干断层的断裂带内部结构复杂,断层构造岩多为碎裂化、超碎裂化类,局部出现糜棱岩系列,构造片理发育,反映较深层次的变形环境。断裂带以东,太行山主体由赞皇变质核杂岩构成,太古宇出露,为新生代伸展反转产物。晋获断裂带北段受其影响,中生代末期以来大幅度抬升遭受剥蚀。

中段构造特征:本段由黎城县至长治县庄头断层,呈NNE向延伸长70km。遥感图像上线性构造十分清晰,地表出露斜歪褶皱和逆冲断层组合,西侧被新生代活动的长治正断层所改造。构成断裂带的地层以下古生界为主,断裂带东侧主逆冲断层下盘牵引向斜内局部保存上石炭统煤系,与北段相比,断距明显变小,垂直断距一般不超过200m,断裂带宽度为2~6km,表明晋获断裂带中段地表出露的层位抬高、规模减小。逆冲断层破碎带宽度一般小于20m,断层构造岩以碎裂岩为主,未见糜棱岩类,显示晋获断裂带中段的挤压逆冲变形主要处于较浅层次的脆性变形环境。

南段构造特征:由长治县城以南庄头断层至晋城市冯沟为晋获断裂带南段,该段长90km,南端受EW向构造带的影响,略向西偏转。组成断裂带的地层时代较新,高平以北以上古生界为主;高平至晋城之间由奥陶系和上古生界组成。断裂带宽度减小至2~3km,局部地段变形影响宽度仅1km左右。主干逆冲断层的断层挤压破碎带不甚发育,构造岩均为碎裂岩系列,反映随断裂带出露层位抬高、变形强度减小的趋势。断裂带主体仍表现为由西向东位移的褶皱逆冲性质,但断距进一步减小。在高平以北表明为上古生界组成断展褶皱或断滑褶皱形式,大部分地段被新生界覆盖,出露不好。高平以南,逆冲断层时有显露,晋城一带,逆冲挤压带结构比较明显,该段又称为白马寺断层,构成晋城矿区东部生产矿井的井田边界。

晋获断裂带对煤田的构造控制,首先,断裂带活动决定了煤系赋存状态。中生代沿晋获断裂带由西向东的逆冲位移,使盆地边缘翘起,煤系盖层遭受剥蚀,断裂带西侧诸矿区山西组主采煤层埋深较小,有利开采。新生代时期发生的构造反转,使晋获断裂带以东的太行山与西侧沁水盆地地貌反差增强、北段赞皇核杂岩大幅度伸展隆起,晚古生代煤系剥蚀殆尽,晋获断裂带构成沁水煤田东界。中段长治新断陷为构造反转产物,晋获断裂带东侧逆冲牵引向斜核部保留小型含煤块段。构造反转幅度向南递减,太行山南段以奥陶系和上古生界为主,沿断裂带发育一系列构造低地,形成高平、晋城等含煤盆地,沁水煤田范围跨晋获断裂带。其次,矿区构造复杂程度北大南小。井陉、潞安、晋城矿区均位于晋获断裂带西侧,各矿区均以断层为主要构造样式,以断层密度表征的构造复杂程度呈现由北向南减小的趋势,与晋获断裂带沿走向分段性特征一致,表明矿区内中、小型构造与晋获断裂带之间存在密切的成因联系。最后,断裂带对煤矿区构造发育的影响向盆内递减。阳泉矿区位于沁水向斜仰起端近核部,东距晋获断裂带约60km。矿区内断层稀疏,构造样式以宽缓小褶曲为主,基本上反映了沁水盆地内部的变形特征。井陉矿区位于晋获断裂西侧,其构造演化史较复杂,中生代期间作为逆冲推覆构造上盘,断层发育;新生代以来,由于北部阜平核杂岩系统的伸展滑脱改造,进一步加剧了块体破碎性,构造样式以近SN向正断层为主。井陉矿区和阳泉矿区在构造样式和变形强度方面呈现的明显差异,给出晋获断裂带活动影响宽度的近似数据。

2)褶皱构造

山西省境内主要成煤期为晚石炭世至早二叠世和中侏罗世,成煤期后的构造运动控制了煤层的聚集和分布,中生代燕山运动是山西省现今构造格局的主要制造者,也是现今煤田构造格局的主要影响因素。在挤压环境下形成了一系列NE和NNE向的复式褶皱构造,部分煤系地层因隆起而遭到剥蚀,另外一部分却因坳陷使煤层保存完整。现今山西省大部分煤田都保存在各种向斜形态的构造单元中,如晋东南的沁水复向斜、宁武向斜、太原西山古交向斜、汾西复向斜、大同向斜等。全省控煤褶皱大部分为NE向和NNE向,以不同规模分布于各煤田之中,控制着煤系地层的分布。

(1)大同云岗向斜。

大同云岗向斜位于华北构造单元的西北边缘,是山西块体的北部,为一开阔的不对称向斜构造盆地。其东北以口泉青磁窑断裂为界,东以口泉-鹅毛口断裂与大同断陷盆地相邻,南部为洪涛山背斜。呈长轴状展布,轴向NNE—NE向,向NW倾伏,西北翼宽缓,整体褶皱轴线长约40km,宽15~20km,地层倾角为5°~15°;东南翼陡峻,地层倾角为20°~60°。出露地层东南老、西北新,石炭系—白垩系区域性地倾向盆内。向斜内部构造发育不均衡,东部和东南部构造较复杂,北部和西北部构造简单。内部发育短轴背、向斜,褶皱幅度不大,为宽缓的波状褶曲,轴向多为NE向,两翼产状平缓,平均倾角在为5°~6°。

大同向斜是大同煤田的主体构造形态,煤系地层的分布受其控制,沿向斜两翼煤层埋深较浅,向斜核部煤层埋深变大,北部发育侏罗纪煤系地层,由于东侧褶皱陡峻,煤系地层倾角较大,并且在鹅毛口断裂带附近煤系地层产状变化剧烈,有倒转和直立现象,不利于开采。大同向斜是形成于中生代燕山期的构造盆地,受NW-SE向的挤压应力而形成,东侧基底地层为元古宇。

(2)宁武向斜。

宁武向斜又称宁武-静乐向斜,是一较完整的向斜构造盆地。北以王万庄断层为界,西以春景洼-西马坊断裂为界,东以芦家庄-娄烦断裂为界,南至娄烦。呈NNE向长轴状展布,两端宽,中间窄。两翼地层倾角较大,最大可达40°~50°,向盆内倾斜,盆内中心平缓,倾角一般小于10°,NE-SE长约160km,NW-SE宽约30km,面积约4800km²。中心地层保存较全、较厚,反映出两侧强烈的挤压作用。从盆缘向盆内依次出露奥陶系、石炭系、二叠系、三叠系、侏罗系,石炭系—二叠系和侏罗系含煤地层并存。向斜内部构造发育不均衡,北部构造较复杂,发育有大量NE向和NEE向的正断层;中部构造简单;南部构造较简单,发育规模不大的NE向正断层和次级短轴褶曲。

宁武向斜是宁武煤田的主体赋煤构造,其构造煤层的控制作用可以分为3个部分:北段,宁武-轩岗以北地段,向斜的翘起端发育大量NNE向、NEE向正断层,构成断层束,断层落差大小不一,从10~250m均有,将煤系地层切割成不同的区段。中段,宁武-轩岗到新堡-杜家村一带,是向斜的中段,区内构造简单,两侧煤系地层倾角较大,中间埋深相对较大,产状平缓。南段,新堡-杜家村以南的向斜地区,被第四系覆盖较多,两翼出露的岩层倾角较陡,甚至直立倒转,短轴褶皱和断裂较发育,煤系地层埋深较大。

(3)西山古交复向斜。

太原西山古交向斜是一规模相对较小的构造盆地。其西以白家滩-西社断层为界,东南以清交断裂为界,呈一北宽南窄的倒梨形。盆地主体由石炭系、二叠系、三叠系组成,总体为一轴向近SN、轴部偏

W,西翼较陡、东翼较缓、向 S 倾伏的不对称向斜。

整个复向斜可大致分为两部分:中北部分马兰向斜,自北而南沿狮子河,经镇城底、马兰、水泉源、过三县岭东至云梦山隆起以东,贯穿整个矿区中部,延展 50km;北端轴向转为 NNE 至 NE,中部转向 NW;南端仍基本保持了原来的 SN 轴向,大致呈现 S 形展布。两翼倾角,南端与北端 8°～12°,基本对称;北中部马兰-原相一带,西翼倾角较陡,一般 15°～20°,最大达 35°;中部平缓,一般 5°～8°,枢纽近于水平。就整体而言,属西陡东缓,北端翘起,枢纽向 S、N 倾伏的斜歪倾伏向斜。西南部水峪贯向斜,狐偃山岩体以西,由北而南经古洞道、水峪贯、鲁沿、横岭和东社村东,过文峪河经河底、泉泉寺到矿区南端,略呈 S 形展布,贯穿整个矿区西部,为西陡东缓,两端翘起,相向倾伏的斜歪倾伏向斜。东翼倾角 10°～20°,西翼一般 25°～40°,最大达 60°以上,轴部为三叠系中统二马营组,为吕梁大背斜东翼的坳陷,其间为一系列 SN 向大断裂,受其牵引,在塔上与牛家沟之间出现次一级近 SN 向褶曲,延展 3km。

西山古交向斜是西山煤田的主体控煤构造,褶曲构造东西两端强,煤层倾角明显,如马兰向斜西翼、白家庄井田东部。除马兰向斜为煤田一级主控褶曲构造(轴向为近 NW 向)外,次一级褶曲对煤系地层的控制也较明显,多数为轴向 NE 的宽缓褶曲,并且与 NE 向大中型断层成因关系密切。西山煤田大中断层构造边缘强,内部弱。内部的大中型断层又以远间距分带形式呈 NE 向地垒出现;内部大部分地段以小断层(落差 5～10m)为主,多为延伸较远的 NE 向高角度左行平移正断层。逆断层在煤田东西两端较发育。在白家庄矿、镇城底矿、马兰矿的北翼采区有两组不同走向断裂严重影响工作面布置。

(4)沁水复向斜。

沁水复向斜为一大型向斜构造盆地。其周缘被隆起带和新裂陷所限制。北为五台山隆起,东为太行山隆起,南部边缘为横河断裂,与中条山-王屋山隆起相邻,西为霍山断裂与吕梁构造单元相望,西北和西南部分分别与晋中新裂陷和临汾新裂陷毗邻。

盆地呈长轴状展布,总体地层走向为 NNE 向。由石炭系、二叠系、三叠系组成,区域性地倾向盆内。由于受周边大规模断裂活动的影响和区域挤压应力的作用,盆地内褶皱构造相对发育,以 NNE 向和 SN 向的长轴及短轴波状褶皱为主,EW 向褶皱展布于北部太原东山、阳泉、盂县一带,NE 向褶皱分布在陵川一带。断裂构造局部发育,NEE 向和 NE 向断层主要发育于区内西北部,襄垣、长治一带及翼城、沁水一带多发育近 EW 向或 NEE 向断层带,如文王山、二岗山地垒等。

沁水复向斜为石炭系—二叠系煤层的赋存提供了极好的条件,向斜两翼煤系地层埋藏较浅,局部出露,向斜两翼分别有阳泉矿区、晋城矿区、潞安矿区、沁源矿区等主要煤矿产地,两翼地层倾角较大,并且发育小型短轴不对称褶皱,倾角较大,与盆地走向一致的逆断裂发育,构造相对复杂,不利于煤田开采。向向斜中央过渡煤层埋深加大,内部发育短轴褶皱,倾角一般较小,不超过 20°,并且伴随发育高角度正断层,构造相对稳定,对煤层影响较小。

(5)汾西复向斜。

由两个复向斜组成,即阳泉曲-汾西复向斜和克城-南湾里向斜。西北受龙门山-吕梁山隆起控制,西为离石断裂带中南段。东北与晋中裂陷盆地相邻,东以霍山断裂带与太岳山隆起毗邻,东南以上团柏断层、罗云山断层、龙祠断层与临汾裂陷盆地相接。汾西复向斜总体展布方向为北 NNE,西部较宽广,东部狭窄,长约 130km,宽 15～50km,地层产状平缓,倾角一般 10°～15°,南部倾角较大。次级构造较发育,主要有灵石背斜、偏店断层、孝义断层、汾河断层等。克城-南湾里向斜总体呈近 SN 向展布,发育有一系列雁行斜列的次级褶曲,轴向自北而南依次为 NW 向、NNW 向和 NE 向,为左行斜列的弧形。

汾西复向斜是霍西煤田的主体赋煤构造。分南北两个部分控制着霍西煤田煤系地层。北部阳泉曲-汾西向斜位于吕梁山块隆的南部,分布在孝义市阳泉曲、灵石县、汾西县及以南一带,构成了霍西煤田汾孝区。构造区边界北以三泉断裂、白壁关-偏店断层、马庄断层及煤层露头线为界,南以什林断裂、僧念断层、和平村北断层为界,东以汾介断裂、霍山大断裂为界,西以紫荆山断裂带及煤层露头线为界,西南部以佃坪-东麻姑头村背斜轴部为界。该盆状复向斜是组成吕梁山块隆的主体构造之一,广泛发育石炭纪、二叠纪含煤地层,产状平缓,倾角一般在10°~15°之间;两侧发育中奥陶统,西部较宽广,东部狭窄零星,产状也比较平缓。盆状复向斜中次级构造较为发育,总体走向呈NE向,也有NW向和EW向构造的干扰和叠加,从而使盆状复向斜形成网目状。

南部太林SN向褶断带:位于吕梁山块隆南端,展布在汾西县、蒲县、乡宁县以东一带,构成霍西煤田的蒲县区。构造边界为:北以佃坪-东麻姑头村背斜轴为界,西及西南以紫荆山断裂带为界,东及东南以罗云山断裂、龙祠断裂及和平村北断层为界。总体展布方向为近SN的正弦曲线状复向斜。复向斜槽部地层为二叠系,两翼为石炭系,边部为奥陶系。中部发育有一系列彼此平行或雁行斜列的次级褶曲和断层构造。复向斜及其次级构造的走向及变化与西侧的离石-紫荆山断裂带近于一致,其形成似乎受到该大断裂的强烈影响。

(6)河东单斜。

河东单斜隶属于鄂尔多斯盆地,是其东部边缘部分。其东界和南界为离石-紫荆山断裂带、龙祠断裂、管头-河底断裂,西以黄河与鄂尔多斯盆地主体相连。地层走向近SN,总体向W倾斜,自东向西依次出露石炭系、二叠系、三叠系。东部边缘为陡坡带,地层倾角较大,内部呈现背向斜相间的构造格局。北部为走向近SN、向W倾斜的单斜;中部离石形成典型的东部翘起、向W倾没的鼻状构造;南部为走向NE、倾向NW的单斜。

河东单斜是河东煤田主体赋煤构造,主要分为3个区域,3个区域构造特征差异较大,对煤田控制作用也不同。北部,相当于河保偏矿区,区内构造简单、地层平缓,倾角一般5°~10°,走向近SN向和NNE向,倾向NW或者NWW的单斜构造,对煤系地层的影响较小。中部,南为柳林县张家沟、裴沟,北至临县罗峪-湍水头,东抵离石煤层露头线,西以黄河为界。其位于离石-柳林EW构造线上,由于又处于走向SN的吕梁复背斜西翼上,EW向和SN向的构造带复合上,形成了特有的短轴背向斜及鼻状构造。构造相对复杂,煤系地层受构造影响严重。南部,北起柳林县以南的大部分河东单斜地区,南北长约170km。区内的主要构造线呈SE弧状,在隰县以北以SN向构造为主,隰县以南则逐渐过渡为NE向,地层产状变化随主构造线变化基本一致。

3. 煤的变质规律

1)煤变质作用

温度、压力和时间是促使煤变化的重要因素。其中,温度是导致煤化程度增高的主要因素,依据导致煤变质的热源及其作用方式和变质特征将煤变质作用分为深成变质作用、接触变质作用、区域岩浆热变质作用、动力变质作用、热水变质作用和燃烧变质作用等6种类型。山西晚古生代煤自沉积形成后到三叠纪末,由于地壳活动相对较弱,为煤的持续沉降并连续接受沉积创造了条件,致使煤系上覆地层不断加厚,因此,这个时期,其煤主要受深成变质作用。当进入燕山期后,由于经受强烈的构造运动,尤其是伴随岩浆侵入活动,导致煤所经受的古地温普遍升高,从而使煤继续发生深成变质作用。与此同时,构造-岩浆侵入的活动,又在局部叠加了区域岩浆热变质作用和接触变质作用。所以,山西煤的形成是上述各种煤变质作用综合叠加、相互作用并经过长期演化的结果(胡希康,1957;沈宜厚,2008)。

(1)煤变质类型。

山西省煤变质类型主要有深成变质、岩浆热变质和接触变质3种类型。深成变质是基础,也是山西省最重要的变质类型。岩浆热变质主要是燕山期岩浆活动,叠加于深成变质的基础上,在某些地区(比如沁水煤田南北两端北纬35°和38°带附近,河东煤田北纬38°带离石、柳林、吴堡一线,西山煤田东南部等)成为煤变质的主要因素,控制了煤级的分布。接触变质只是局部的(如河东煤田西南部紫金山附近,由于燕山期岩体与煤系的直接接触,出现一些煤级相对较高的变质带及天然焦),对区域性的变质影响甚微。

(2)煤变质规律。

① 深成变质。

在震旦纪之后的晋宁运动期间,海水由秦岭古洋向北入侵,使长期遭受剥蚀已准平原化的山西遭受大范围海侵并由南向北超覆。此后,地壳发生多次不均衡升降振荡运动,直到中奥陶世末期,随着北秦岭洋的封闭,山西乃至整个华北大多数地区一起上升为陆地。山西省经过自中奥陶世以来的长期剥蚀作用后,于中石炭世又复沉降,开始了晚古生代聚煤作用。区内发育有中石炭世、晚石炭世、早二叠世早期的含煤地层及早二叠世晚期、晚二世早期、晚二叠世晚期及三叠纪非煤系地层。三叠纪末期,煤经历了第一次由沉降而造成的深成变质作用。

② 区域岩浆热变质。

燕山期由于沿北纬38°带岩浆岩侵入的影响,煤层在深成变质的基础上叠加了区域岩浆热变质作用,使煤类达到了以肥煤、焦煤、瘦煤为主的中煤级和高煤级烟煤。河东煤田离石、柳林、吴堡一线。河东煤田离石、柳林、吴华,太原西山煤田,沁水煤田孤偃山、清涂、阳泉存在区域岩浆热变质作用。另外在北纬35°带附近霍西煤田和沁水煤田南部石炭纪—二叠纪煤层在浅埋深处的高变质无烟煤的形成除了受到深成变质作用以外,还由于在这些煤层及煤系地层中存在着岩浆活动造成的区域岩浆热变质作用。

③ 接触变质。

在临县紫金山附近,燕山期岩体侵入煤系地层,部分岩体出露于地表,据此推断,河东煤田紫金山附近可能有接触变质作用发生,围绕岩体可能会有天然焦分布。另外,在西山煤田的狐偃山以及霍西煤田的塔尔山、二峰山附近,也有可能存在接触变质煤。

2)煤变质演化

煤变质演化实际上反映了与构造运动密切相关的热演化史。就华北聚煤区整体而言,石炭纪—二叠纪煤系经历了晚古生代至早中生代(印支运动前)的构造稳定期;中生代构造活动强烈的燕山期和以断裂活动为主的喜马拉雅期。稳定期正常地热场温度较低;燕山期强烈的地壳运动使正常地热场温度普遍升高,同时,在有侵入岩体的地区,使已经增高了的正常地热场又叠加了岩体造成的异常地热场;喜马拉雅期基本上继续了这种热演化特点。地壳热演化史在煤变质演化中表现如下:

印支运动前的稳定期,石炭纪—二叠纪煤经历了因持续沉降而发生的深成变质作用。按三叠纪末期之前的地层厚度和受热时间推算,广泛形成长陷煤、气煤,在沉积厚度最大的山西南部大宁、吉县一带,可达到肥煤变质阶段。这一时期造成的煤级分布与沉积厚度(沉降深度)呈正相关,煤级参数等值线与地层等厚线大体一致。

中生代印支运动使本区基底抬升,三叠系和石炭系—二叠系受到不同程度的剥蚀,北区剥蚀程度大于南区,从而改造了煤层的埋藏深度。燕山运动造成区域正常地热场温度增高,埋藏较深的地区深成变质作用使煤级继续升高,形成中、高变质煤。煤级分布与其埋藏深度密切有关,表现为煤的挥发分等值线、镜质组反射率等值线与煤的埋藏深度大体一致,煤级展布近SN向与岩层走向一致,自浅部沿倾向向深部煤级依次分为焦煤、瘦煤、贫煤。同时在北纬38°带隐伏的燕山期侵入岩体分布区,因区域岩浆热度质作用的叠加,局部改造了近SN向展布的煤纵带,出现了近EW走向分布的高变质烟煤带,煤的挥发分等值线、镜质组反射率等值线改变为近EW向。

另外在有岩浆侵入煤系的地区,如紫金山附近,分布有接触变质煤和天然焦。燕山运动晚期奠定了现今煤田构造格局,煤级分布受后期构造格局控制表现得更加明显。

3)煤化作用对煤质的影响

在煤的形成过程中,已形成的泥炭和腐泥在温度和压力作用下变化为煤的过程,就是煤化作用过程,具体包括成岩作用和变质作用两个阶段。在此过程中,物理化学作用起到主导作用,而温度、压力和时间是促使煤变化的重要因素。其中,温度是导致煤化程度增高的主要因素,依据导致煤变质的热源及其作用方式和变质特征将煤变质作用分为深成变质作用、接触变质作用、区域岩浆热变质作用、动力变质作用、热水变质作用和燃烧变质作用等6种类型(张富强,2007)。

山西省晚古生代煤自沉积形成后到三叠纪末,由于地壳活动相对较弱,为煤的持续沉降并连续接受沉积创造了条件,致使煤系上覆地层不断加厚,因此,这个时期,其煤主要受深成变质作用。当进入燕山期后,由于经受强烈的构造运动,尤其是伴随岩浆侵入活动,导致煤所经受的古地温普遍升高,从而使煤继续发生深成变质作用。与此同时,构造-岩浆侵入的活动,又在局部叠加了区域岩浆热变质作用和接触变质作用。所以,山西煤的形成是上述各种煤变质作用综合叠加、相互作用并经过长期演化的结果。

4)煤盆地构造演化史

山西省所在的华北含煤盆地区周缘被构造活动带所环绕,构造活动带对华北古大陆板块、板内构造格局和构造演化具有显著的控制作用,但这种控制作用随着与板缘的距离增加而递减。由含煤盆地边缘向内部,依次出现强挤压的外环带、弱挤压的内环带和内部变形区(图3-14-6),山西省则处于中部过渡区。

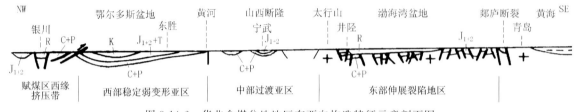

图 3-14-6　华北含煤盆地地区东西向构造特征示意剖面图

主要参考文献

白瑾,徐朝雷,1986.五台山早前寒武纪地质[M].天津:天津科学技术出版社.

白瑾,余致信,颜耀阳,等,1997.中条山前寒武纪地质[M].天津:天津科学技术出版社.

白瑾,王汝铮,郭进京,1992.五台山早前寒武纪重大地质事件及其年代[M].北京:地质出版社.

贝克尔,1980.西澳大利亚条带状含铁建造成因的碳同位素证据[M]//莱普.铁的地球化学.北京:地质出版社.

陈平,柴东浩,1998.山西铝土矿地质学研究[M].太原:山西科学技术出版社.

陈平,柴东浩,1997.山西地块石炭纪铝土矿沉积地球化学研究[M].太原:山西科学技术出版社.

陈平,卢静文,1997.山西铝土矿岩石矿物学研究[M].太原:山西科学技术出版社.

陈平,陈俊明,1996.山西主要成矿区带成矿系列及成矿模式[M].太原:山西科学技术出版社.

陈平,苗培森,1996.五台山早元古代变质砾岩型金矿地质特征[J].华北地质矿产杂志,11(1):105-110.

陈平,苗培森,李胜德,等,1999.山西五台山太古宙绿岩带金矿成矿系统初论[J].前寒武纪研究进展,22(3):14-21.

陈毓川,王登红,2010.重要矿产预测类型划分方案[M].北京:地质出版社.

陈毓川,王登红,2010.重要矿产和区域成矿规律研究技术要求[M].北京:地质出版社.

陈毓川,1993.中国矿床成矿系列图(1:500万)[M].北京:地质出版社.

陈郑辉,陈毓川,2009.矿产资源潜力评价示范研究[M].北京:地质出版社.

程裕淇,陈毓川,赵一鸣,1979.初论矿床的成矿系列问题[J].中国地质科学院报,1(1):32-58.

程裕淇,陈毓川,赵一鸣,等,1983.再论矿床的成矿系列问题[J].地球学报(2):1-64,134-135.

程裕淇,1994.中国区域地质概论[M].北京:地质出版社.

傅昭仁,李德威,李先福,等,1992.变质核杂岩及剥离断层的控矿构造解析[M].武汉:中国地质大学出版社.

高道德,1994.贵州中部铝土矿地质研究[M].贵州:贵州科技出版社.

胡贵明,谢坤一,王守伦,等,1996.华北陆台北缘地体构造演化及其主要矿产[M].武汉:中国地质大学出版社.

黄汲清,任纪舜,姜春发,等,1977.中国大地构造基本轮廓[J].地质学报(2):117-135.

冀树楷,傅昭仁,李树屏,等,1992.中条山铜矿成矿模式及勘查模式[M].北京:地质出版社.

景淑慧,1992.繁峙义兴寨金矿的成矿条件[J].山西地质,7(1):51-64.

黎彤,1978.海相沉积型菱铁矿矿床的成矿地球化学[D].合肥:中国科学技术大学.

李德威,1995.大陆构造与动力学研究的若干重要方向[J].地学前缘,2(2):141-147.

李厚民,陈毓川,李立兴,等,2012.中国铁矿成矿规律[M].北京:地质出版社.

李继亮,王凯性,王清晨,等,1990.五台山早元古代碰撞造山带初步认识[J].地质科学(1):1-11.

李江海,钱祥麟,1991.太行山北段龙泉关剪切带研究[J].山西地质,6(1):17-29.

李江海,钱祥麟,1994.恒山早前寒武纪地壳演化[M].太原:山西科学技术出版社.

李生元,李兆龙,林建阳,等,2000.晋东北次火山岩型银锰金矿[M].武汉:中国地质大学出版社.

李树屏,1993.中条山横岭关型铜矿床地质特征及成因[J].山西地质,8(4):357-366.

李树勋,冀树楷,高志红,等,1986.五台山区变质沉积铁矿地质[M].长春:吉林科学技术出版社.

李兆龙,张连营,樊来鸿,等,1992.山西支家地银矿地质特征及矿床成因[J].矿床地质,11(4):315-324.

林枫,曹国雄,1996.五台山康家沟金矿成矿地质特征[J].华北地质矿产杂志,11(3):68-74.

刘敦一,佩吉,康普斯顿,等,1984.太行山-五台山区前寒武纪变质岩系同位素地质年代学研究[J].地球学报(1):57-84.

刘元常,胡受奚,1959.山西省某地细脉浸染铜矿床研究[J].地质学报,39(4):61-129.

骆辉,陈志宏,沈保丰,1999.五台山太古宙铁建造型金矿的成矿年龄[J].前寒武纪研究进展,22(2):11-17.

骆辉,陈志宏,沈保丰,等,2002.五台山地区条带状铁建造金矿地质及成矿预测[M].北京:地质出版社.

马昌前,1995.大陆岩石圈与软流圈之间的耦合关系——大陆动力学研究的突破口[J].地学前缘,2(2):159-167.

马文念,1992.中国东部前寒武纪地体活化与金的成矿作用[J].地质与勘探(1):16-19.

马杏垣等,1985.中国地质历史过程中的裂陷作用[M]//国家地震局地质研究所.现代地壳运动研究.北京:地震出版社.

马杏垣,白瑾,索书田,等,1987.中国前寒武纪构造格架及其研究方法[M].北京:地质出版社.

马杏垣,刘昌铨,刘国栋,1991.江苏响水至内蒙古满都拉地学断面[J].地质学报,65(3):199-215.

毛德宝,1994.金的成矿作用和地球动力学过程[J].国外前寒武纪地质(1):44-55.

梅华林,1994.内蒙古中南部地区含石榴石基性麻粒岩和紫苏花岗岩变质PTt轨迹和热模拟比较[M]//钱祥麟.华北北部麻粒岩带地质演化.北京:地震出版社.

全国地层委员会,2001.中国地层指南及中国地层指南说明书(修订版)[M].北京:地质出版社.

任纪舜,1983.中国大地构造及其演化[M].北京:科学出版社.

山西省地质矿产局,1989.山西省区域地质志[M].北京:地质出版社.

山西省计划委员会,山西省地质矿产局,1989.山西省非金属矿产及利用[M].太原:山西人民出版社.

沈保丰,孙继源,田永清,等,1998.五台山-恒山绿岩带金矿地质[M].北京:地质出版社.

沈保丰,宋亮生,李华芝,1982.山西省岚县袁家村铁建造的沉积相和形成条件分析[J].吉林大学学报(地球科学版)(A1):31-51,166.

孙大中,胡维兴,李惠民,等,1993.中条山前寒武纪年代构造格架和年代地壳结构[M].北京:地质出版社.

孙大中,李惠民,1991.中条山前寒武纪年代学、年代构造格架和年代地壳结构模式研究[J].地质学报(3):216-231.

孙继源,冀树楷,真允庆,1995.中条裂谷铜矿床[M].北京:地质出版社.

田永清,苗培森,余克忍,1999.紧闭褶皱翼部的剪切变形作用:五台山绿岩带金矿化的一种构造控矿机制[J].前寒武纪研究进展,22(4):18-29.

田永清,1991.五台山-恒山绿岩带地质及金的成矿作用[M].太原:山西科学技术出版社.

田永清,王安建,余克忍,等,1998.山西省五台山—恒山地区脉状金矿成矿的地球动力学[J].华北地质矿产杂志(专辑),13(4):301-456.

王安建,马志红,周永娴,等,1993.晋东北地区义兴寨金矿综合找矿模型[J].地质找矿论丛,8(2):1-15.

王安建,1996.脉状金矿地质与成因[M].长春:吉林科学技术出版社.

王安建,1996.五台山太古宙地质与金矿床[M].长春:吉林科学技术出版社.

王安建,金巍,孙丰月,等,1997.流体研究与找矿预测[J].矿床地质,16(3):278-289.

王凯怡,1996.单颗粒锆石离子探针质谱定年结果对五台造山事件的制约[J].科学通报(12):1295-1298.

王凯怡,郝杰,SIMON WILDE,et al.,2000.山西五台山—恒山地区晚太古—早元古代若干关键地质问题的再认识:单颗粒锆石离子探针质谱年龄提出的地质制约[J].地质科学,35(2):175-185.

王枝堂,孙占亮,1991.灵丘小彦枪头岭岩体的新认识[J].山西地质,6(4):425-436.

伍家善,耿元生,沈其韩,等,1991.华北陆台早前寒武纪重大地质事件[M].北京:地质出版社.

肖庆辉,贾跃明,李晓波,等,1991.中国地质科学近期发展战略的思考[M].武汉:中国地质大学出版社.

徐朝雷,1990.中浅变质岩区填图方法:五台山区构造-地层法填图研究[M].太原:山西科学教育出版社.

徐志刚,1985.从构造应力场特征探讨中国东部中生代火山岩成因[J].地质学报,59(2):109-126.

于崇文,骆庭川,鲍征宇,等,1987.南岭地区区域地球化学[M].北京:地质出版社.

翟明国等,1994.晋冀蒙交界地区高压基性麻粒岩带及其相邻岩石组合的性质[M]//钱祥麟.华北北部麻粒岩带地质演化.北京:地震出版社.

张北廷,1995.支家地银矿区隐爆角砾岩特征及其与成矿的关系[J].华北地质矿产杂志,10(2):20-22.

张京俊,2003.山西省矿床成矿系列特征及成矿模式[M].北京:煤炭地质出版社.

张理刚,1983.稳定同位素在地质科学中的应用[M].西安:陕西科学技术出版社.

中国科学院地质研究所,国家地震局地质研究所,1980.华北断块区的形成与发展[M].北京:科学出版社.

真允庆,姚长富,1992.中条山区裂谷型层状铜矿床[J].桂林工学院学报,12(1):30-40.

郑亚东,常志忠,1985.岩石有限应变测量及韧性剪切带[M].北京:地质出版社.

《中条山铜矿地质》编写组,1978.中条山铜矿地质[M].北京:地质出版社.

COLVINE A C,FYON J A,HEATHER K B,et al.,1988. Archean lode gold deposits in Ontario[M]. Ontario Geological Survey Miscellancous Paper,139:210.

GROVES D I,PHILLPS G N,1987. The genesis and tectonic control on archaean gold deposits of the Western Australian Shield:a metamorphic replacement model[J]. Ore Geol Rev,2:287-322.

HODGSONC J,1991.脉型金矿床有关的剪切构造[J].国外前寒武纪地质(1):14-24.

HODGSON C J,李春明,1991.矿床模式在矿产勘查中的应用(和滥用)[J].国外地质科技(6):44-55.

LEPP H,1964.前寒武纪含铁建造的成因[M]//莱普.铁的地球化学.北京:地质出版社.

PERRY E C,1980.明尼苏达州比瓦比克含铁建造碳酸盐中碳同位素变化的意义[M]//莱普.铁的地球化学.北京:地质出版社.

WANG A J,MA Z H,PENG Q M,1993."Φ" Shaped structure:a new exploration model for veined Gold(silver)Deposits[J]. Resources Geology,16:183-194.